勘探开发梦想云丛书

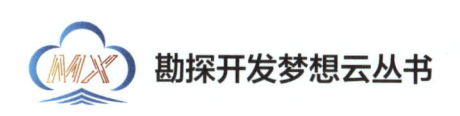

长庆智能油气田

李松泉　石玉江　马建军◎等编著

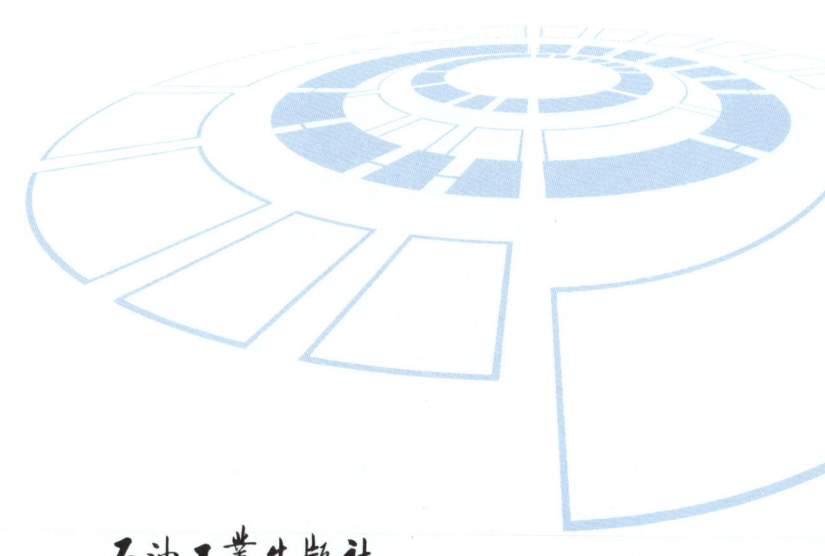

石油工业出版社

内容提要

本书为《勘探开发梦想云丛书》之一，系统总结长庆油田"十二五"以来数字化油田建设成果，以及高质量二次加快发展所带来的新需求、新挑战，详细介绍长庆油田数字化转型智能化发展总体蓝图，以及在技术升级、两化融合、业务转型等方面取得的阶段性成果，并对未来油气田智能化发展进行展望。

本书可供从事数字化转型智能化发展建设工作的管理人员、科研人员及大专院校相关专业师生参考阅读。

图书在版编目（CIP）数据

长庆智能油气田 / 李松泉等编著 .—北京：

石油工业出版社，2021.8

（勘探开发梦想云丛书）

ISBN 978-7-5183-4696-7

Ⅰ.①长… Ⅱ.①李… Ⅲ.①智能技术–应用–油田开发–研究–西安 Ⅳ.①TE34

中国版本图书馆 CIP 数据核字（2021）第 159049 号

出版发行：石油工业出版社

（北京安定门外安华里 2 区 1 号　100011）

网　　址：www.petropub.com

编辑部：（010）64253017　图书营销中心：（010）64523633

经　　销：全国新华书店

印　　刷：北京中石油彩色印刷有限责任公司

2021 年 8 月第 1 版　2021 年 8 月第 1 次印刷

710×1000 毫米　开本：1/16　印张：17.75

字数：280 千字

定价：150.00 元

（如出现印装质量问题，我社图书营销中心负责调换）

版权所有，翻印必究

《勘探开发梦想云丛书》编委会

主　任：焦方正

副主任：李鹭光　古学进　杜金虎

成　员：（按姓氏笔画排序）

丁建宇　马新华　王洪雨　石玉江
卢　山　刘合年　刘顺春　江同文
汤　林　杨　杰　杨学文　杨剑锋
李亚林　李先奇　李松泉　何江川
张少华　张仲宏　张道伟　苟　量
周家尧　金平阳　赵贤正　贾　勇
龚仁彬　康建国　董焕忠　韩景宽
熊金良

《长庆智能油气田》编写组

组　长：李松泉　石玉江

副组长：马建军　李时宣　胡建国　丑世龙

成　员：王　娟　魏　明　仲庭祥　刘　欣

　　　　蔡　亮　安玥馨　李　敏　赵文博

　　　　孟繁平　剡榕雨　田少鹏　郭　和

　　　　亢志刚　解永刚　朱国承　王永平

　　　　王军峰　王海国　毛金辉　池　坤

PREFACE

序 一

过去十年，是以移动互联网为代表的新经济快速发展的黄金期。随着数字化与工业产业的快速融合，数字经济发展重心正在从消费互联网向产业互联网转移。2020年4月，国家发改委、中央网信办联合发文，明确提出构建产业互联网平台，推动企业"上云用数赋智"行动。云平台作为关键的基础设施，是数字技术融合创新、产业数字化赋能的基础底台。

加快发展油气工业互联网，不仅是践行习近平总书记"网络强国""产业数字化"方略的重要实践，也是顺应能源产业发展的大势所趋，是抢占能源产业未来制高点的战略选择，更是落实国家关于加大油气勘探开发力度、保障国家能源安全的战略要求。勘探开发梦想云，作为油气行业的综合性工业互联网平台，在这个数字新时代的背景下，依靠石油信息人的辛勤努力和中国石油信息化建设经年累月的积淀，厚积薄发，顺时而生，终于成就了这一博大精深的云端梦想。

梦想云抢占新一轮科技革命和产业变革制高点，构建覆盖勘探、开发、生产和综合研究的数据采集、石油上游PaaS平台和应用服务三大体系，打造油气上游业务全要素全连接的枢纽、资源配置中心，以及生产智能操控的"石油大脑"。该平台是油气行业数字化转型智能化发展的成功实践，更是中国石油实现弯道超车打造世界一流企业的必经之路。

梦想云由设备设施层、边缘层、基础设施、数据湖、通用底台、服务中台、应用前台、统一入口等8层架构组成。边缘层通过物联网建设，打通云边端数据通道，重构油气业务数据采集和应用体系，使实时智能操作和决策成为可能。数据湖落地建成为由主湖和区域湖构成、具有油气特色的连环数据湖，逐步形成开放数据生态，推动上游业务数据资源向数据资产转变。通用底台提供云原生开发、云化集成、智能创新、多云互联、生态运营等12大平台功能，纳管人工智能、大数据、区块链等技术，成为石油上游工业操作系统，使软件开发不再从零开始，设计、开发、运维、运营都在底台上实现，构建业务应用更快捷、高效，业务创新更容易，成为中国石油自主可控、功能完备的智能云平台。服务中台涵盖业务中台、数据中台和专业工具，丰富了专业微服务和共享组件，具备沉淀上游业务知识、模型和算法等共享服务能力，创新油气业务"积木式"应用新模式，极大促进降本增效。

梦想云不断推进新技术与油气业务深度融合，上游业务"一云一湖一平台一入口""油气勘探、开发生产、协同研究、生产运行、工程技术、经营决策、安全环保、油气销售"四梁八柱新体系逐渐成形，工业APP数量快速增长，已成为油气行业自主安全、稳定开放、功能齐全、应用高效、综合智能的工业互联网平台，标志着中国石油油气工业互联网技术体系初步形成，梦想云推动产业生态逐渐成熟、应用场景日趋丰富。

油气行业正身处在一扇崭新的风云际会的时代大门前。放眼全球，领先企业的工业互联网平台正处于规模化扩张的关键期，而中国工业互联网仍处于起步阶段，跨行业、跨领域的综合性平台亟待形成，面向特定行业、特定领域的企业级平台尚待成熟，此时，稳定实用的梦想云已经成为数字化转型的领跑者。着眼未来，我国亟须加强统筹协调，充分发挥政府、企业、研究机构等各方合力，把握战略窗口期，积极推广企业级示范平台建设，抢占基于工业互联网平台的发展主动权和话语权，打造新型工业体系，加快形成培育经济增长新动能，实现高质量发展。

《勘探开发梦想云丛书》简要介绍了中国石油在数字化转型智能化发展中遇到的问题、挑战、思考及战略对策，系统总结了梦想云建设成果、建设经验、关键技术，多场景展示了梦想云应用成果成效，多维度展望了智能油气田建设的前景。相信这套书的面世，对油气行业数字化转型，对推进中国能源生产消费革命、推动能源技术创新、深化能源体制机制改革、实现产业转型升级都具有 重大作用，对能源行业、制造行业、流程行业具有重要借鉴和指导意义。适时编辑出版本套丛书以飨读者，便于业内的有识之士了解与共享交流，一定可以为更多从业者统一认识、坚定信心、创新科技作出积极贡献。

中国科学院院士

PREFACE

序 二

当今世界，正处在政治、经济、科技和产业重塑的时代，第六次科技革命、第四次工业革命与第三次能源转型叠加而至，以云计算、大数据、人工智能、物联网等为载体的技术和产业，正在推动社会向数字化、智能化方向发展。数字技术深刻影响并改造着能源世界，而勘探开发梦想云的诞生恰逢其时，它是中国石油数字化转型智能化发展中的重大事件，是实现向智慧油气跨越的重要里程碑。

短短五年，梦想云就在中国石油上游业务的实践中获得了成功，广泛应用于油气勘探、开发生产、协同研究等八大领域，构建了国内最大的勘探开发数据连环湖。业务覆盖 50 多万口油气水井、700 个油气藏、8000 个地震工区、40000 座站库，共计 5.0PB 数据资产，涵盖 6 大领域、15 个专业的结构化、非结构化数据，实现了上游业务核心数据全面入湖共享。打造了具有自主知识产权的油气行业智能云平台和认知计算引擎，提供敏捷开发、快速集成、多云互联、智能创新等 12 大服务能力，构建井筒中心等一批中台共享能力。在塔里木油田、中国石油集团东方地球物理勘探有限责任公司、中国石油勘探开发研究院等多家单位得到实践应用。梦想云加速了油气生产物联网的云应用，推动自动化生产和上游企业的提质增效；构建了工程作业智能决策中心，支持地震物探作业和钻井远程指挥；全面优化勘探开发业务的管理流程，加速从线下到线上、从单井到协同、从手工到智能的工作模式转变；推进机器人巡检智能工作流程等创新应用落地，使数字赋能成为推动企业高质量发展的新动能。

《勘探开发梦想云丛书》是首套反映国内能源行业数字化转型的系列丛书。该书内容丰富，语言朴实，具有较强的实用性和可读性。该书包括数字化转型的概念内涵、重要意义、关键技术、主要内容、实施步骤、国内外最佳案例、上游应用成效等几个部分，全面展示了中国石油十余年数字化转型的重要成果，勾画了梦想云将为多个行业强势赋能的愿景。

  没有梦想就没有希望，没有创新就没有未来。我们正处于瞬息万变的时代——理念快变、思维快变、技术快变、模式快变，无不在催促着我们在这个伟大的时代加快前行的步伐。值此百年一遇的能源转型的关键时刻，迫切需要我们运用、创造和传播新的知识，展开新的翅膀，飞临梦想云，屹立云之端，体验思维无界、创新无限、力量无穷，在中国能源版图上写下壮美的篇章。

中国科学院院士

FOREWORD TO SERIES

丛书前言

党中央、国务院高度重视数字经济发展，做出了一系列重大决策部署。习近平总书记强调，数字经济是全球未来的发展方向，要大力发展数字经济，加快推进数字产业化、产业数字化，利用互联网新技术新应用对传统产业进行全方位、全角度、全链条的改造，推动数字经济和实体经济深度融合。

当前，世界正处于百年未有之大变局，新一轮科技革命和产业变革加速演进。以云计算、物联网、移动通信、大数据、人工智能等为代表的新一代信息技术快速演进、群体突破、交叉融合，信息基础设施加快向云网融合、高速泛在、天地一体、智能敏捷、绿色低碳、安全可控的智能化综合基础设施发展，正在深刻改变全球技术产业体系、经济发展方式和国际产业分工格局，重构业务模式、变革管理模式、创新商业模式。数字化转型正在成为传统产业转型升级和高质量发展的重要驱动力，成为关乎企业生存和长远发展的"必修课"。

中国石油坚持把推进数字化转型作为贯彻落实习近平总书记重要讲话和重要指示批示精神的实际行动，作为推进公司治理体系和治理能力现代化的战略举措，积极抓好顶层设计，大力加强信息化建设，不断深化新一代信息技术与油气业务融合应用，加快"数字中国石油"建设步伐，为公司高质量发展提供有力支撑。经过20年集中统一建设，中国石油已经实现了信息化从分散向集中、从集中向集成的两次阶段性跨越，为推动数字化转型奠定了坚实基础。特别是在上游业务领域，积极适应新时代发展需求，加大转型战略部署，围绕全面建成智能油气田目标，制定实施了"三步走"战略，取得了一系列新进步新成效。由中国石油数字和信息化管理部、勘探与生产分公司组织，昆仑数智科技有限责任公司为主打造的"勘探开发梦想云"就是其中的典型代表。

勘探开发梦想云充分借鉴了国内外最佳实践，以统一云平台、统一数据湖及一系列通用业务应用("两统一、一通用")为核心,立足自主研发,坚持开放合作,整合物联网、云计算、人工智能、大数据、区块链等技术,历时五年持续攻关与技术迭代,逐步建成拥有完全自主知识产权的自主可控、功能完备的智能工业互联网平台。2018年,勘探开发梦想云1.0发布,"两统一、一通用"蓝图框架基本落地;2019年,勘探开发梦想云2.0发布,六大业务应用规模上云;2020年,勘探开发梦想云2020发布,梦想云与油气业务深度融合,全面进入"厚平台、薄应用、模块化、迭代式"的新时代。

  勘探开发梦想云改变了传统的信息系统建设模式,涵盖了设备设施层、边缘层、基础设施、数据湖、通用底台、服务中台、应用前台、统一入口等8层架构,拥有10余项专利技术,提供云原生开发、云化集成、边缘计算、智能创新、多云互联、生态运营等12大平台功能,建成了国内最大的勘探开发数据湖,支撑业务应用向"平台化、模块化、迭代式"工业APP模式转型,实现了中国石油上游业务数据互联、技术互通、研究协同,为落实国家关于加大油气勘探开发力度战略部署、保障国家能源安全和建设世界一流综合性国际能源公司提供了数字化支撑。目前,中国石油相关油气田和企业正在以勘探开发梦想云应用为基础,加快推进数字化转型智能化发展。可以预见在不远的将来,一个更加智能的油气勘探开发体系将全面形成。

  为系统总结中国石油上游业务数字化、智能化建设经验、实践成果,推动实现更高质量的数字化转型智能化发展,本着从概念设计到理论研究、到平台体系、到应用实践的原则,中国石油2020年9月开始组织编撰《勘探开发梦想云丛书》。该丛书分为前瞻篇、基础篇、实践篇三大篇章,共十部图书,较为全面地总结了"十三五"期间中国石油勘探开发各单位信息化、数字化建设的经验成果和优秀案例。其中,前瞻篇由《数字化转型智能化发展》一部图书组成,主要解读数字化转型的概念、内涵、意义和挑战等,诠释国家、行业及企业数字化转型的主要任务、核心技术和发展趋势,对标分析国内外企业的整体水平和最佳实践,提出数字化转型智能化发展愿景;基础篇由《梦想云平台》《油气生产物联网》《油气人工智能》三部图书组成,主要介绍中国石油勘探开发梦想云平台的技术体系、建设成果与应用成效,以及"两统一、一通用"的上游信息化发展总体蓝图,并详细阐述了物联网、人工智能等数字技术在勘探开发领域的创新应用成果;实践篇由《塔里木智能油气田》《长庆智能油气田》《西南智能油气田》《大港智能油气田》《海外智能油气田》《东方智能物探》六部图书组成，分别介绍了相关企业信息化建设概况，以及基于勘探开发梦想云平台的数字化建设蓝图、实施方案和应用成效，提出了未来智能油气的前景展望。

该丛书编撰历经近一年时间，经过多次集中研究和分组讨论，圆满完成了准备、编制、审稿、富媒体制作等工作。该丛书出版形式新颖，内容丰富，可读性强，涵盖了宏观层面、实践层面、行业先进性层面、科普层面等不同层面的内容。该丛书利用富媒体技术，将数字化转型理论内容、技术原理以知识窗、二维码等形式展现，结合新兴数字技术在国际先进企业和国内油气田的应用实践，使数字化转型概念更加具象化、场景化，便于读者更好地理解和掌握。

该丛书既可作为高校相关专业的教科书，也可作为实践操作手册，用于指导开展数字化转型顶层设计和实践参与，满足不同级别、不同类型的读者需要。相信随着数字化转型在全国各类企业的全面推进，该丛书将以编撰的整体性、内容的丰富性、可操作的实战性和深刻的启发性而得到更加广泛的认可，成为专业人员和广大读者的案头必备，在推动企业数字化转型智能化发展、助力国家数字经济发展中发挥积极作用。

中国石油天然气集团有限公司副总经理 焦方正

FOREWORD ●●●

前　言

　　长庆油田位于鄂尔多斯盆地，是近年来崛起的特大型油气田，具有生产区域广、资源体量大、油气并举、劳动力密集等基本特征；油气藏地质条件复杂、储层物性差、资源品位低，属于典型的"低压、低渗透、低丰度"特征油气藏，勘探开发难度大；油气田所处干旱和半干旱的戈壁荒漠、黄土高原气候带，生态脆弱、环境敏感，安全环保风险高。五十年来，几代长庆石油人弘扬以"苦干实干、三老四严"为核心的石油精神，顶风冒雪，战天斗地，植根高原找油、驻守荒漠寻气，铆足干劲增储上产，用忠诚担当践行着"我为祖国献石油"的爱国誓言，为保障国家能源安全建功立业。2008 年，按照国家关于大力推进"工业化和信息化"融合，加快走新型工业化发展道路的重要指示，长庆油田制定了油气产量突破 5000 万吨油当量的发展目标，将现代信息科技、自动控制和网络工程等前沿技术与生产管理进行有机结合，开启了以油气田数字化建设探索与深度应用为抓手的现代化国际能源公司管理实践新征程。经过探索实践，形成支持业务发展的"三端、五系统、三辅助"数字化建设总体构架，建成了国内油气田企业最大规模的油气生产物联网系统。数字化与油气开发的融合，促进了发展效率提升、发展动力转换，化解了生产规模持续扩大对用工刚性增长的矛盾。2013 年油气产量突破 5000 万吨油当量，并持续稳产 8 年，实现了增产、增量、增效不增人，用工总量始终控制在不超 7 万人。2020 年油气产量突破 6000 万吨油当量，攀上国内油气田产量最高峰，开创了中国石油工业发展史上的新纪元。

　　传统管理模式工作界面多，信息层层传达，效率低。通过数字化油气田建设，实现了企业现代化管理质量提升、效益提升，但数据格式不统一、系统烟囱林立、信息孤岛散布等诸多问题也应运而生，为"高质量、高效益"发展带来新挑战和新需求。"十三五"以来，以梦想云平台建设及推广应用为主要标志的上游业务数字化转型智能化发展取得了重大进展。利用信息化管理手段全面重塑企业生产经营管理模式，实现"数据赋能、管理赋能"，进一步"盘活企业管理存量资源、激发企业管理增量资源"，促进企业发展方式和管理模式变革创新，成为企业从工业经济时代迈向数字经济时代的必然选择。

2018年，长庆油田制定"二次加快发展"战略规划，将"稳油增气"调整到"油气双增"轨道，规划到2025年油气产量突破6800万吨油当量，建成"主营业务突出、生产绿色智能、资源高度共享、管理架构扁平、质量效益提升"具有长庆特色的"油公司"模式。

站在新起点，面对新挑战，长庆油田大力推进数字化、可视化、自动化、智能化发展，以高水平数字化转型支撑油田公司高质量发展。以勘探开发梦想云为基础，搭建长庆油田区域数据湖，实现勘探开发一体化、地质工艺一体化、生产经营一体化应用，绘就长庆油田宏伟新蓝图，建设行业领先的智能油气田。

本书为《勘探开发梦想云丛书》之一，全书共分为四章，第一章从长庆油田基本概况入手，介绍长庆油田数字化发展历程及建设成果。第二章主要介绍长庆油田新时期面临的机遇、挑战及数字化转型蓝图。第三章围绕梦想云，重点介绍长庆油田数字化转型成效，主要包括梦想云本地化部署、智能中台、地质工艺一体化、生产运行管控、精细油藏研究、精益运营管理等内容。第四章对智能油田进行展望，主要包括一体化运营体系、协同化应用场景、智能化生产管控、流程化管理机制四部分内容。

《长庆智能油气田》由李松泉任总策划，李时宣、胡建国完成全书结构设计，主要作者有石玉江、马建军、王娟、丑世龙、魏明、仲庭祥、刘欣、蔡亮、安玥馨、李敏、赵文博、孟繁平、剡榕雨、田少鹏、郭和、亢志刚、解永刚、朱国承、王永平、王军峰、王海国、毛金辉、池坤。此外，王博、杜宁波、吴杨、高琰、马丽涛、许丽在资料收集和文字方面予以帮助。本书在编写过程中，得到中国石油勘探与生产板块原科技信息主管领导、梦想云蓝图提出和建设推动者杜金虎教授的悉心指导和大力支持，多次通稿审稿，时付更、金平阳、丁建宇、李群、马涛、赵秋生、高玉龙、黄伟和李世红也提出了宝贵的意见，在此一并表示衷心感谢！

油气田智能化建设永远在路上。用"信息推动，智能创新"推动高质量发展，全力保障国家能源安全，是长庆油田的现实需要和必由之路。本书虽几经修改，但总有未能准确涵盖之处，加之编写人员业务知识有限，书中难免有不妥之处，敬请读者批评指正。

长庆油田介绍

目录

第一章 数字化油气田建设成果

本章从长庆油田资源、地域特征和艰苦创业的奋斗历程入手，重点介绍了"十三五"以来在发展、质量、效益方面的重大成果，详细介绍了数字化建设历程、体系、技术创新和成效。

- **第一节　油田概述** /02
  - 一　鄂尔多斯盆地特征 /02
  - 二　长庆油田地域特征 /02
  - 三　长庆油田发展历程 /03
- **第二节　数字化建设历程** /07
  - 一　数字化建设历程 /07
  - 二　数字化管理体系 /14
  - 三　数字化技术应用 /25
- **第三节　数字化建设成效** /53
  - 一　数字化助推生产组织方式的转变 /53
  - 二　数字化助推生产发展方式和科研方式的转变 /59
  - 三　全方位可视化监控、安全环保风险控制能力得到大大加强 /64
  - 四　构建新型劳动组织架构，推动企业数字化转型 /70

第二章 数字化转型的总体蓝图

本章围绕长庆油田在快速发展中面临的机遇和挑战，从国家、中国石油总部、中国石油上游业务板块、长庆油田四个层次分析了长庆油田数字化转型所面临的重要机遇和挑战，重点介绍了长庆油田数字化转型的总体设计、转型基础、转型思路、转型目标及转型方向。

- 第一节　面临的机遇　　　　　　　　　　　　　　　　　　/76
  - 一　数字化转型智能化发展是企业高质量发展的客观需要　　/76
  - 二　"油公司模式"改革对油气田智能化发展提出了新要求　　/78
  - 三　高质量二次加快发展为油田数字化转型带来了新机遇　　/79
  - 四　新一代信息技术为数字化转型智能化发展创造了条件　　/80
  - 五　精益生产管理需求是油田数字化转型智能化发展的源动力　/80
- 第二节　面临的挑战　　　　　　　　　　　　　　　　　　/81
  - 一　"信息孤岛"制约着数字化转型智能化发展　　　　　　/81
  - 二　报表类型多，人工录入工作量大　　　　　　　　　　/85
  - 三　持续稳产和用工矛盾凸显为油田数字化转型提出了新挑战　/86
- 第三节　数字化转型蓝图　　　　　　　　　　　　　　　　/87
  - 一　转型的基础　　　　　　　　　　　　　　　　　　　/87
  - 二　转型思路　　　　　　　　　　　　　　　　　　　　/91
  - 三　转型目标　　　　　　　　　　　　　　　　　　　　/93
  - 四　转型蓝图　　　　　　　　　　　　　　　　　　　　/93
  - 五　转型方向　　　　　　　　　　　　　　　　　　　　/98

本章围绕梦想云本地化部署和智能中台建设，重点从地质工艺一体化、生产运行管控、精细油藏研究、精益运营管理四个方面详细介绍了长庆油田数字化转型成果。

第三章 数字化转型成果

- 第一节 梦想云本地化部署　　　　　　　　　　　　**/102**
  - 一　梦想云在长庆生根　　　　　　　　　　　　/102
  - 二　云平台 IaaS 层集成　　　　　　　　　　　　/106
  - 三　区域数据湖环境搭建　　　　　　　　　　　/107
  - 四　数据管理模块　　　　　　　　　　　　　　/110
  - 五　数据入湖　　　　　　　　　　　　　　　　/112
  - 六　数据治理　　　　　　　　　　　　　　　　/117
  - 七　系统整合　　　　　　　　　　　　　　　　/121
- 第二节　智能中台　　　　　　　　　　　　　　　**/125**
  - 一　技术中台　　　　　　　　　　　　　　　　/126
  - 二　数据中台　　　　　　　　　　　　　　　　/135
  - 三　业务中台　　　　　　　　　　　　　　　　/139
- 第三节　地质工艺一体化　　　　　　　　　　　　**/142**
  - 一　智能井管理　　　　　　　　　　　　　　　/142
  - 二　大数据分析应用　　　　　　　　　　　　　/151
- 第四节　生产运行管控　　　　　　　　　　　　　**/159**
  - 一　智能装备应用　　　　　　　　　　　　　　/159
  - 二　无人值守应用　　　　　　　　　　　　　　/176
  - 三　生产现场管控　　　　　　　　　　　　　　/184
  - 四　作业闭环管理　　　　　　　　　　　　　　/196
  - 五　生产调度指挥　　　　　　　　　　　　　　/199
- 第五节　精细油藏研究　　　　　　　　　　　　　**/203**
  - 一　三维地震体数据应用　　　　　　　　　　　/203
  - 二　油藏智能诊断与预警系统　　　　　　　　　/208

三　智能化测井解释评价技术　　　　　　　　　　/212
　　四　水平井监控与地质导向　　　　　　　　　　　/214
　　五　油气藏协同研究环境　　　　　　　　　　　　/218
● 第六节　精益运营管理　　　　　　　　　　　　　　/221
　　一　员工智能服务　　　　　　　　　　　　　　　/222
　　二　两册管理　　　　　　　　　　　　　　　　　/225
　　三　业财融合　　　　　　　　　　　　　　　　　/227
　　四　设备管理　　　　　　　　　　　　　　　　　/230
　　五　物资共享　　　　　　　　　　　　　　　　　/234
　　六　车辆共享　　　　　　　　　　　　　　　　　/236

第四章　智能油田展望

基于勘探开发梦想云，围绕精益生产、整合运营、人财物精准管理、全局优化，配套"油公司"运行模式改革，突出全域数据管理、全面一体化管理、全生命周期管理、全面闭环管理，建成大科研、大运营、大监督体系，形成新的智能化业务场景，建成实时感知、透明可视、智能分析、自动操控的智能油田。

● 第一节　一体化运营体系　　　　　　　　　　　　　/240
　　一　大科研体系　　　　　　　　　　　　　　　　/240
　　二　大运营体系　　　　　　　　　　　　　　　　/240
　　三　大监督体系　　　　　　　　　　　　　　　　/241
● 第二节　协同化应用场景　　　　　　　　　　　　　/242
　　一　生产运行自动化　　　　　　　　　　　　　　/242
　　二　协同一体化管理　　　　　　　　　　　　　　/243
　　三　智能化科学研究　　　　　　　　　　　　　　/245
　　四　扁平化劳动组织架构　　　　　　　　　　　　/247
● 第三节　智能化生产管控　　　　　　　　　　　　　/248
● 第四节　流程化管理机制　　　　　　　　　　　　　/256

结束语　　　　　　　　　　　　　　　　　　　　　　　/260

参考文献　　　　　　　　　　　　　　　　　　　　　　/261

第一章
数字化油气田建设成果

本章从长庆油田资源、地域特征和艰苦创业的奋斗历程入手,重点介绍了"十三五"以来在发展、质量、效益方面的重大成果,详细介绍了数字化建设历程、体系、技术创新和成效。

第一节 油田概述

一 鄂尔多斯盆地特征

鄂尔多斯盆地位于中国中部，北起阴山、大青山，南抵秦岭，西至贺兰山、六盘山，东达吕梁山、太行山，总面积37万平方千米，是中国第二大沉积盆地。

盆地油气资源丰富，石油资源量169亿吨，天然气资源量16.3万亿立方米，资源探明程度中等，勘探开发潜力较大。油气藏具有典型的低渗、低压、低丰度特征，70%以上储层渗透率小于1毫达西，被形象描述为"磨刀石"，油气井自然产能极低，油井日均产量1.3吨，气井日均产量不足1万立方米，油气田开发难度很大（图1-1-1）。

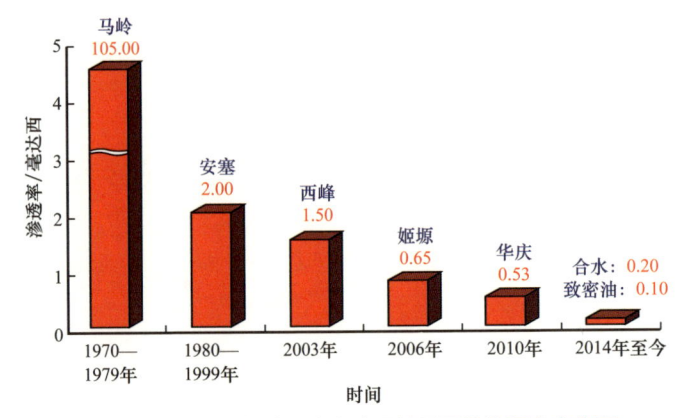

图1-1-1 盆地油田主力油层储层平均渗透率变化图

二 长庆油田地域特征

长庆油田是中国石油的地区分公司，主营鄂尔多斯盆地油气勘探开发业务，工作区域横跨陕、甘、宁、内蒙古4个省区，点多、线长、面广，北部是荒原大漠，南部是黄土高原，一线工作条件艰苦，生态环境脆弱。

长庆油田现有油水气井 87000 余口、场站 3100 余座，均分布在荒原大漠、梁峁沟壑或老少边穷地区，存在交通不便、社会依托条件差、生产管理和现场组织难度较大等问题（图 1-1-2 至图 1-1-5）。

● 图 1-1-2　梁峁之间的倒班点

● 图 1-1-3　沙漠中的天然气处理厂

● 图 1-1-4　黄土高原上的采油井

● 图 1-1-5　沙漠深处的采气井

油区所在的南部生产区域山大沟深，自然保护区、水源保护区众多，油区内水系发育，现有黄河一级支流无定河水系、延河水系、渭河水系，二级支流北洛河水系（葫芦河）、泾河水系（马莲河、蒲河）等 5 条主要河流，10 个水源保护地和 16 座水库分布其中，生态环境脆弱。

三　长庆油田发展历程

栉风沐雨斩荆棘，峥嵘岁月铸辉煌。长庆油田成立 50 年以来，先后历经会战指挥部、石油勘探局、重组改制和重组整合等组织变革。几代长庆石油人坚

— 03 —

守"我为祖国献石油"的崇高使命，扎根西部、为油奉献，推动油田逐步发展壮大。

艰苦创业阶段（1970—1983年）：1970年10月，国务院、中央军委签发文件，成立"兰州军区陕甘宁石油勘探指挥部"，11月陕甘宁石油会战协作会后，指挥部设在甘肃宁县长庆桥临时基地，定名为"兰州军区长庆油田会战指挥部"。1971年，以甘肃庆城、甘肃华池、陕西吴旗、宁夏红井子为重点全面展开勘探会战，以中浅层的构造型油气藏为主，实现了油田成功起步，并快速形成了百万吨规模生产能力（图1-1-6，图1-1-7）。

● 图1-1-6　马岭油田　　　　　● 图1-1-7　红井子油田

油气并举阶段（1983—2007年）：自20世纪80年代末期，安塞油田、靖安油田、靖边气田先后投入勘探开发，自此拉开了长庆大油气区崛起的帷幕。进入21世纪后，姬塬油田、西峰油田、榆林气田相继投入规模开发，连续跨越1000万吨、2000万吨（图1-1-8）。

● 图1-1-8　油气并举阶段

加快发展阶段（2008—2013年）：2008年10月，中国石油党组批准了长庆油田建设5000万吨油当量发展规划，全国最大的致密气田——苏里格气田、首个超低渗透油田——华庆油田相继实现规模开发，2013年油气产量跨越5000万吨油当量（图1-1-9）。

图1-1-9 快速发展阶段

稳步发展阶段（2014—2018年）：对大规模建设、大油田管理模式进行总结完善优化提升，不断转变发展方式，保持5000万吨油当量以上持续高效稳产，实现了"稳油增气、持续发展"。

二次加快发展阶段（2018年以来）：确立二次加快发展目标。2020年，油气产量一举突破6000万吨油当量，创造了中国油气产量新纪录（图1-1-10）。

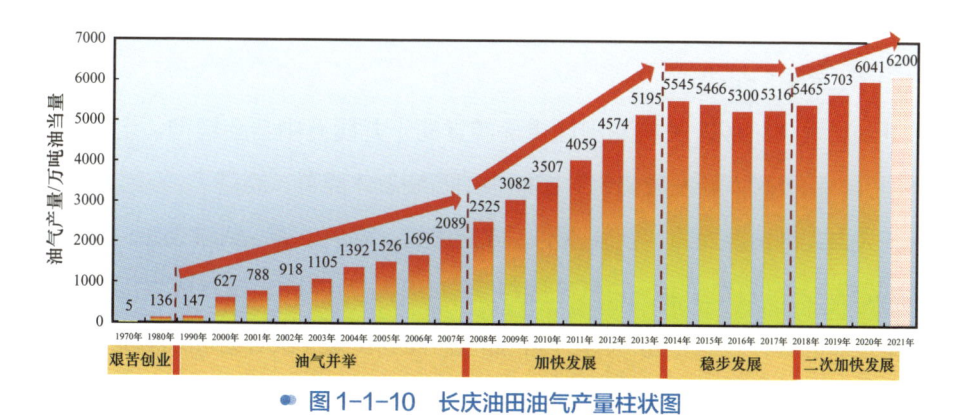

图1-1-10 长庆油田油气产量柱状图

近年来，长庆油田新增油气探明储量占中国石油新增储量的一半以上，目前已发现并成功开发油田34个、气田13个。2020年，油气产量突破6000万吨油当量，原油年产量占全国总产量的1/8，天然气年产量占全国总产量的1/4，累计生产油气超7.6亿吨油当量，建成了中国首个国家级百万吨页岩油开发示范区和20亿立方米致密气水平井高效开发示范区。2021年油气产量将突破6200万吨油当量，创造了国内石油工业发展史上新的里程碑。

长庆智能油气田

经过开发建设，长庆油田现有采油单位14个、采气单位10个、输油单位3个，以及其他科研、生产等辅助单位，用工总量6.8万余人，总资产3686亿元。西气东输、陕京线等13条主干线在长庆交汇，是中国天然气的中心枢纽，承担着向京津冀、周边省区等40多个大中城市供气任务，连续24年向北京、天津、西安等50多个大中城市供应天然气超过4700亿立方米，相当于替代标煤5.7亿吨，减少二氧化碳排放近7亿吨，高峰期日供气量突破1.5亿立方米，可满足4.5亿居民用气需求。

长庆油田始终将深化改革作为高质量发展的强大引擎。深入推进治理体系与治理能力现代化，着力构建"油公司"模式，形成了主业突出、辅业精干、协同发展的良好格局。深度推进两化融合，将千里油区变成了智能指挥、远程控制的现代化生产线，建成了国内领先的智能油气田。创新实施勘探开发一体化、生产建设集约化、运行管控智能化、经营管理精益化、企业发展共享化的"五化"管理模式，"十三五"以来，完全成本逐年下降，劳动生产率持续提高，企业收入、利润等主要经营指标达到行业领先水平，创造了传统油气田转型升级、效益发展的成功典范（图1-1-11至图1-1-15）。

进入新发展阶段，长庆油田认真落实党的十九届五中全会精神，全面贯彻新发展理念，积极融入新发展格局，按照中国石油总体部署，制订了"三步走"发展目标，大力实施资源保障、创新驱动、效益优先、绿色低碳、人才强企、品牌价值"六大战略"。到2025年，油气产量将突破6800万吨油当量，成为国内油气田高质量发展的标杆企业；到2035年，油气产量将突破7000万吨油当量并长期稳

● 图1-1-11 勘探开发一体化　　　　● 图1-1-12 生产建设集约化

第一章　数字化油气田建设成果

● 图 1-1-13　运行管控智能化　　　　● 图 1-1-14　经营管理精益化

● 图 1-1-15　企业发展共享化

产，成为国有企业高质量发展的典范；到 21 世纪中叶，全面建成国际一流的现代化油公司。

第二节　数字化建设历程

2008 年以来，长庆油田按照党中央提出的"走信息化与工业化融合的新型工业化道路"的要求，积极推行标准化设计、模块化建设、数字化管理、市场化运作的"四化"管理模式，在实现两化融合、转变发展方式上取得了显著成效。

一　数字化建设历程

按照"统筹规划、统一部署、分步实施"的原则，长庆数字化油田建设历经先导实验技术攻关、示范引领规模建设、集成应用提升应用三个发展阶段（图 1-2-1）。

— 07 —

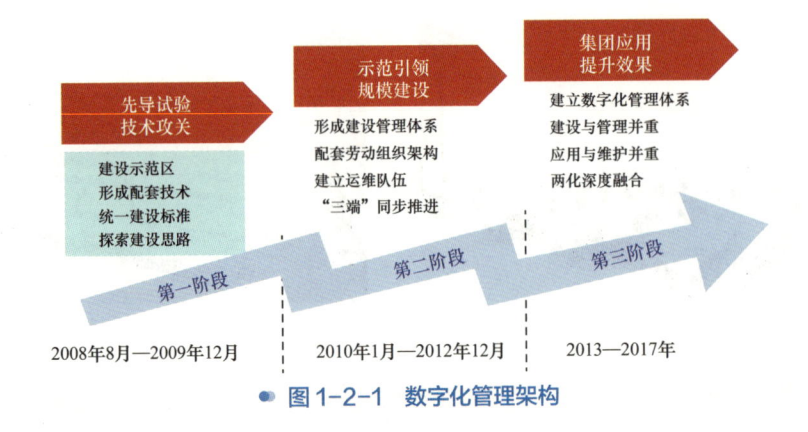

```
先导试验          示范引领          集团应用
技术攻关          规模建设          提升效果

                形成建设管理体系    建立数字化管理体系
建设示范区       配套劳动组织架构   建设与管理并重
形成配套技术     建立运维队伍       应用与维护并重
统一建设标准     "三端"同步推进     两化深度融合
探索建设思路

   第一阶段           第二阶段           第三阶段

2008年8月—2009年12月  2010年1月—2012年12月  2013—2017年
```

图1-2-1　数字化管理架构

1. 第一阶段

技术研发、先导试验、建立标准、形成制度、新建产能同步配套建设。2006年，长庆油田开始在苏14区块探索气田数字化管理建设模式，至2008年完成2个处理厂、62座站点、2800余口气井的数字化管理建设，苏里格气田指挥中心建成；2008年10月，长庆油田组建数字化管理项目经理部，标志着油田数字化建设全面启动。在充分借鉴苏里格气田数字化管理的理念和扁平化管理思路的基础上，制定建设标准、统筹推进全油田数字化建设。

按照试验先行的思路，实施了7个数字化管理试验点、2个超低渗透油藏数字化示范区、1个老油田数字化示范区。先导性试验分两步走：单点试验，在充分调研、论证的基础上，从4家采油单位中选择7个增压点、15个井场进行先导性试验。研究生产环节关键点，确定监控内容，明确基本生产单元所实现的功能。2008年12月，建成白155数字化先导示范区，包含3座试验点、119口油井、57口注水井。形成了以数据自动采集、设备远程监控、电子巡井、异常报警为框架的基本生产单元数字化建设模式。

数字化技术带来了高效益。在苏里格气田实施数字化管理前，人工巡井是3天一次；实施数字化管理后，控制平台可进行每分钟电子巡井一次，巡井频率是人工巡井的800多倍。实施数字化管理前，关井需要人工到井场手工操作，时间少则几十分钟，多则几个小时；实施数字化管理后，员工可以直接在操作室实现自动开关井，只需要几十秒的时间。

第一章　数字化油气田建设成果

　　2009年8月，按照产能建设与数字化同时设计、同时建设、同时运行的"三同时"建设思路，建成华庆油田数字化示范区和西峰老油田数字化示范区（图1-2-2）。由油气产销在线监测、油气集输在线监控、产能建设动态管理、重点油气田在线监控、安全环保应急管理和矿区综合治理六大子系统构成的"数字化生产管理系统1.0版"建成（图1-2-3）。

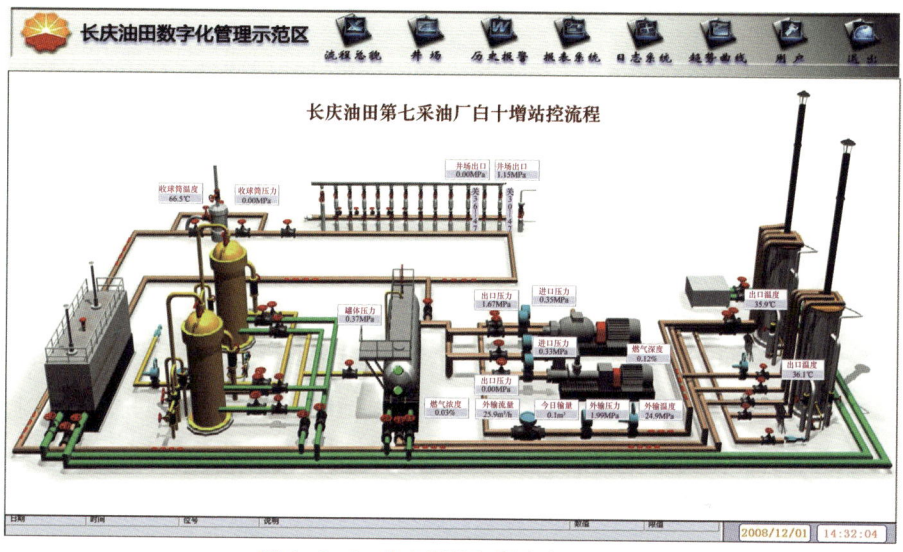

● 图1-2-2　白十增数字化试验区站控系统

● 图1-2-3　厂级数字化生产管理系统

试验过程以前端井、站和管线等为物联对象，通过生产工艺过程、生产管理流程的分析、关键点分析，结合装备的网络化、智能化发展趋势，研究底层嵌入式技术集成应用，研究长庆油田物联网架构。重点开展了以井场视频智能闯入分析报警技术、抽油机远程启停技术、井场自动投球、注水井远程调配、油井工况自动诊断、油气混输与密闭注水为方向的集成橇装技术研究攻关。

初步形成了《井场和增压点数字化管理建设要求》《联合站数字化管理建设要求》等4项企业标准；发布了《井（站）数字化管理项目建设实施意见（试行）》《数字化管理项目建设施工队伍准入管理办法（试行）》等管理制度，确定了数字化管理项目建设主要产品和控制价格。

2. 第二阶段

系统的形成了长庆油田数字化管理体系架构，描绘了油气田数字化建设整体蓝图，全面开展现场建设。紧跟"互联网+"时代趋势，根据主营业务，系统化提出了"三端、五系统、三辅助"数字化管理架构，达到业务流与数据流统一、行政管理与业务管理统一的一体化管理。按照"业务驱动、以用促建、统一规划"的思路，通过规模化建设与应用，有力支撑了5000万吨油当量级现代化大油田建设。

前端以基本生产单元过程控制为核心，以站（增压点、集气站、转油站、联合站、净化厂/处理厂）为中心辐射到井，构成基本生产单元（图1-2-4）。按照地面装备小型化、集成化、橇装化的技术思路，围绕"井、线、站一体化"和"供、注、配一体化"，研发油气井生产控制所需的系列配套装备，推广应用数字化新设备新工艺，使油气水井与场站实现数字化管理。

中端以基本集输单元运行管理为核心，以联合站（净化厂/处理厂）为中心，与辐射到站（转油站、集气站）和外输管线构成基本集输单元。建设油气集输、安全环保与应急抢险一体化的安全环保风险感知和预警系统，形成输油泵、集输管线与环境敏感区的安全环保"三道防线"和公司、厂（处）、作业区、岗位"四级责任"体系，提高生产运行系统的风险预警和远程控制能力（图1-2-5，图1-2-6）。

第一章　数字化油气田建设成果

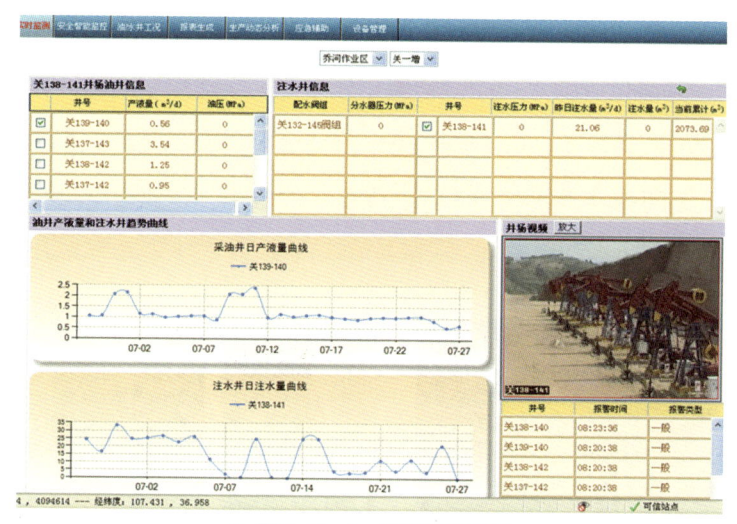

● 图 1-2-4　前端站控系统

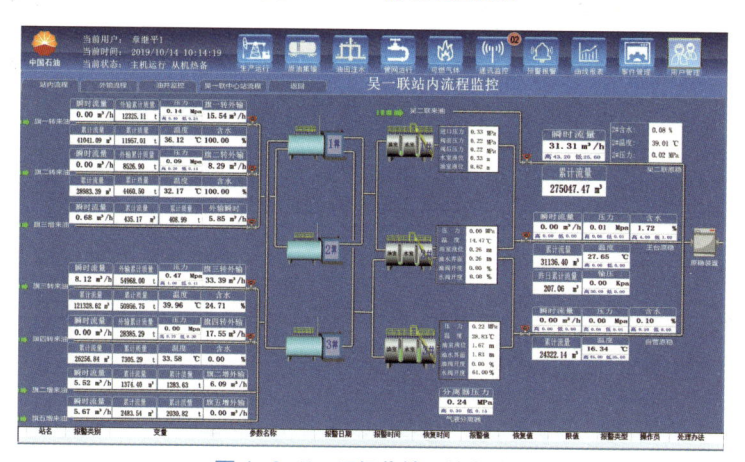

● 图 1-2-5　厂级集输系统在线监控

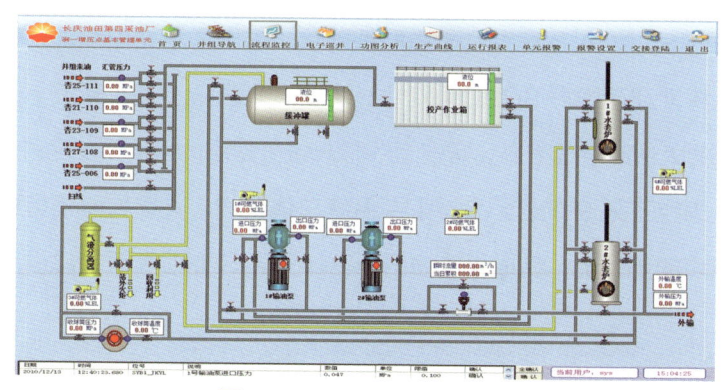

● 图 1-2-6　站点集输流程监控图

后端建立数字化油气藏研究与决策支持系统（RDMS V2.0），构建了新型科研组织模式，并通过 RDMS V2.0 研究工作平台，实现数据推送、专业软件集成应用、成果实时共享传递，有效提升油气藏开发管理水平。同时，配套推进企业资源计划系统（ERP）和管理信息系统（MIS）的应用，有效提高决策管理的科学化水平（图1-2-7）。

图 1-2-7　数字化油气藏研究与决策支持系统

3. 第三阶段

建设管理并重、应用维护并重，全面提升运行效果，促进管理提升。初期数字化系统场站、井场数据分别由 PLC 和远程控制终端（RTU）采集至站控，站控通过 OPC 方式转发至采油厂服务器，再推送至公司数字化生产指挥系统。站控系统主要部署在各站点，主要应用功能为视频监控和工况分析，作业区无法对产量运行、生产情况进行全面有效的管控。

在国内外 SCADA 系统综合研究的基础上，提出了对站控系统升级。按照低成本思路，探索利用国产 SCADA 软件，建设作业区 SCADA 系统。建立以产量监控为核心的大生产管理格局，实现上下游一体化监控，强化作业区对生产现场的全面管控；确定了采油作业区 SCADA 系统总体架构、关键性能指标和系统功能模块，在试点的基础上，完成长庆油田所辖作业区 SCADA 系统建设部署全覆盖（图1-2-8）。

图 1-2-8　作业区 SCADA 系统功能模块

在作业区 SCADA 系统升级的同时，持续完善中端生产指挥系统和后端数字化油气藏研究与决策支持系统，促进数字化与油气田生产、科研的深度融合。探索数字化运行维护保障体系建设，建设和完善"四统一、一调动、一完善"的数字化运维管理规范，即统一运维流程、统一资费标准、统一设备标准、统一验收标准，充分调动生产单位数字化维护的积极性，做到管理向运维延伸、应用向管理渗透。图 1-2-9 描绘了长庆油田数字化蓝图，为智能油田建设打下基础。

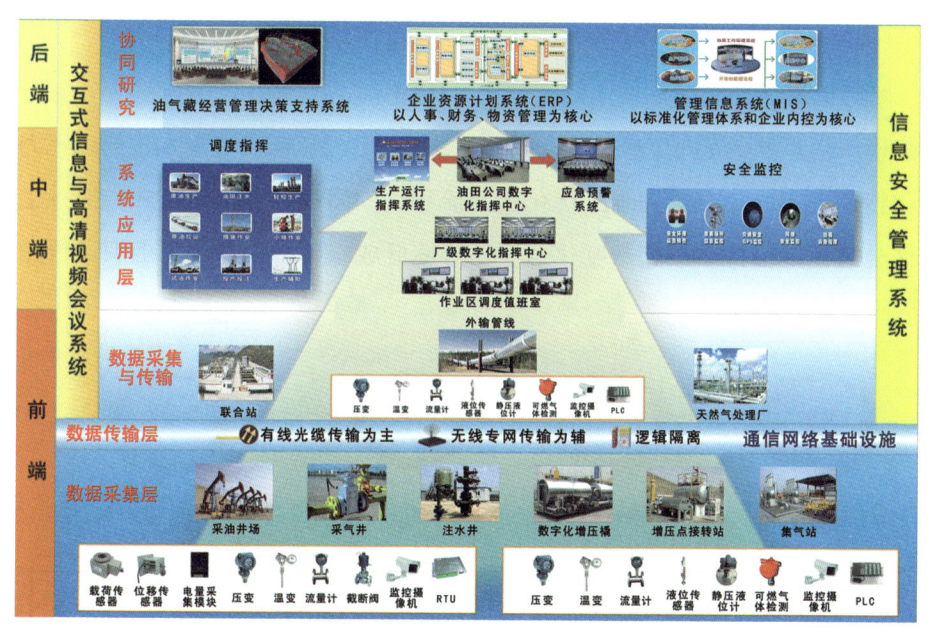

图 1-2-9　数字化油气田总体蓝图

长庆油田作业区级 SCADA 系统的建设和应用，使油田作业区数据管理由"分散采集、逐级汇总、层层上报"向"源头采集、集中管理、分散控制"转变。采油管理工作实现前端无人值守站/井、高效集中化管理，全面提升了油气生产决策的及时性和准确性，有效降低了运行成本和安全风险。同时通过模版化的施工，实现了易维护、易移植、易推广。随着一大批数字化新技术在鄂尔多斯盆地千里油区开花结果，员工充分感受到了现代化油气田管理的魅力。

二、数字化管理体系

1. 建设目标

以信息化、数字化为抓手，以提高生产效率、减轻劳动强度、提升安全生产保障水平、降低安全风险为目标，并通过劳动组织架构和生产组织方式的变革，实现油气田现代化管理。

2. 建设思路

紧跟信息化、数字化技术发展动向，按照"两高、一低、三优化、两提升"的建设思路，重点面向生产一线，以单井、管线、站（库）等基本生产单元为数字化管理的重心和基础，全面优化工艺流程、地面设施、管理模式，提升生产管理全过程的监控水平和数字化水平，打造低成本建设、高效率组织运行的数字油田（图1-2-10）。

两高	一低	三优化	两提升
高水平 高效率	低成本	优化工艺流程 优化地面设施 优化管理模式	提升工艺过程的监控水平 提升生产管理过程智能化水平

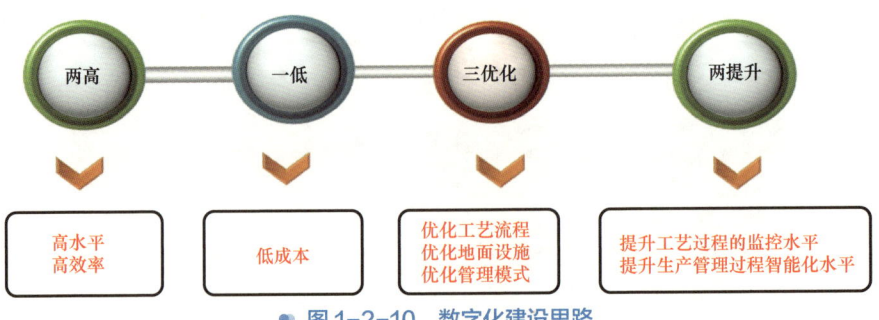

● 图1-2-10　数字化建设思路

高水平——建成井站实时数据采集、电子巡井、危害预警、智能诊断油井机泵工况、生产指挥的智能专家系统。

高效率——通过数字化管理系统的应用，提高操作人员的工作效率、生产运行的管理效率、油气田开发的综合效率。

低成本——从项目建设投资和运行成本角度综合考虑费用投入，坚持低成本发展思路，通过标准化设计、市场化运作，在综合成本不上升的情况下实现数字化管理。

优化工艺流程——在确保安全环保的前提下，对工艺流程、生产设施简化优化，降低建设投资、减少管理流程。

优化地面设施——不追求单台设备的高水平，以系统的最佳匹配为标准，对站场关键设备进行优化。设备尽可能露天设置，尽可能集中摆放。

优化管理模式——精干作业区，取消井区，实行扁平化管理。

3. 建设原则

着眼长远，数字化建设应用以"三结合、五统一、一转变"为建设原则，即与生产、安全、岗位相结合，坚持标准统一、技术统一、平台统一、设备统一、管理统一，构建数字化管理模式下的油田生产运行管理新模式，促进传统油气田生产思维方式的转变，并形成可复制可推广的数字化管理运行模式（图1-2-11）。

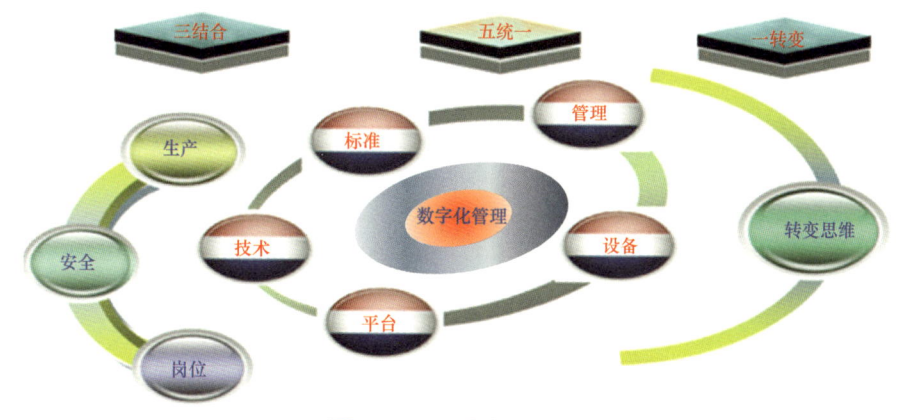

● 图1-2-11 数字化建设原则

4. 数字化管理构架

按照生产前端、中端和后端三个层次，搭建了"三端、五系统、三辅助"的数字化管理架构（图1-2-12）。按照生产数据的采集与传输、生产运行调度指挥和油气藏科学研究、经营管理把数字化建设分为前端、中端和后端三个层次；整体规划建设作业区生产管理SCADA系统、生产运行指挥和应急预警系统、数字化油气藏研究与决策支持系统、企业资源计划系统和管理信息系统五大系统；同步配套交互式高清系统、基础通信网络和信息安全管理三个辅助系统的建设。

层次	系统	三辅助
后端	● 数字化油气藏研究与决策支持系统（RDMS V2.0） ● 企业资源计划系统（ERP） ● 管理信息系统（MIS）	● 信息安全管理
中端	● 生产运行指挥和应急预警系统	● 基础通信网络
前端	● 作业区生产管理SCADA系统	● 交互式高清系统

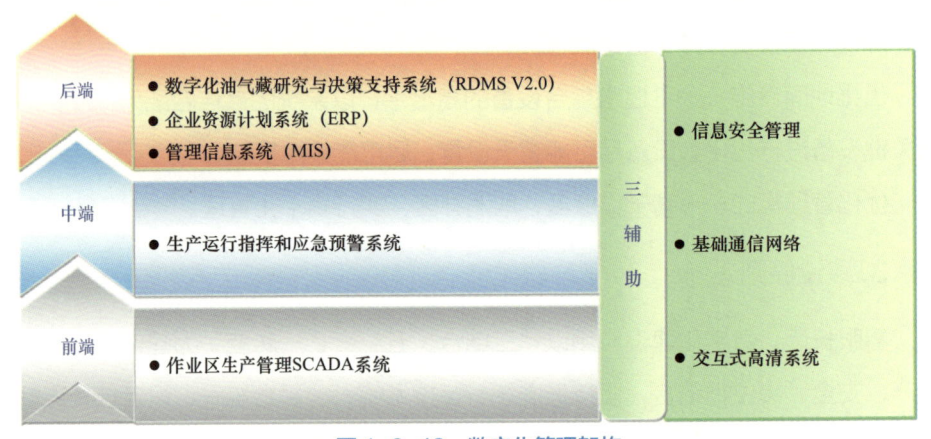

● 图1-2-12　数字化管理架构

1）前端

前端是数字化管理的基础，以油气基本生产单元过程控制为核心，重点实现对单井、管线、站（库）等基本生产单元的生产过程控制和管理。通过前端基础数据的采集、关键技术的开发应用，实现电子巡井、智能预警、动态监视、远程控制，达到井场保生产、站场保安全的目的。

井场数字化建设主要设备有：井场RTU、油井示功图参数采集设备、抽油机运行监测与控制设备、井场集油管线压力检测变送器、稳流配水阀组的参数检测与控制设备、自动投球装置、井场视频监视设备、井场通信设备等（图1-2-13）。

实现的功能包含：油水井生产数据采集、抽油机电机电量参数监测、抽油井远程启停控制、注水井远程调配、水源井远程启停、井场视频实时监控、闯入智能分析、井场远程语音警示等，达到井场生产数据实时采集、电子巡井、危害识别、风险预警、油井工况智能诊断（图1-2-14）。

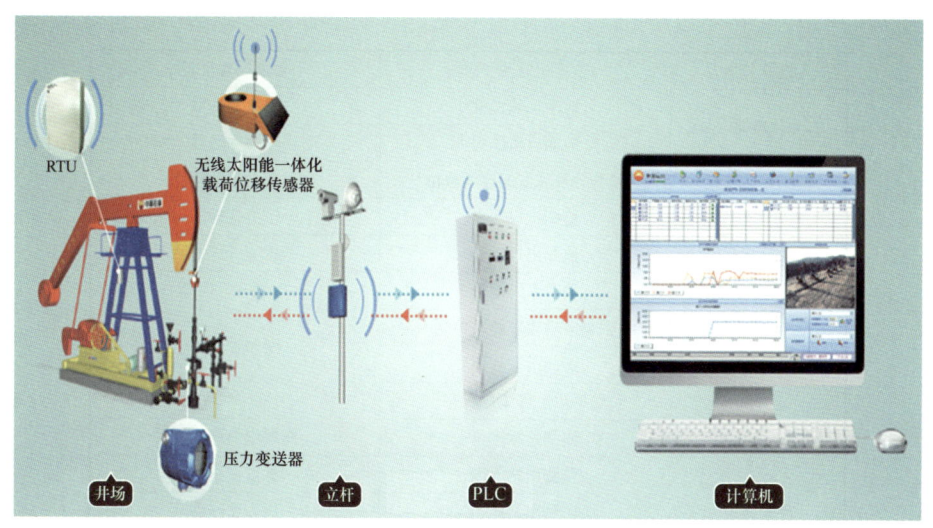

● 图 1-2-13 增压点建设内容统计图

● 图 1-2-14 井场生产数据采集与监控

站点数字化建设覆盖增压点、注水站、供水站及联合站。增压点以确保站场平稳安全生产为重点。采集缓冲罐和应急罐两个液位，来油和外输两个温度，来油、输油泵进出口、外输四个压力，外输流量，输油泵三相电参；实现站内生产过程实时数据采集、生产运行状态的监控、电子巡井和智能预警报警等功能（图1-2-15，图1-2-16）。

设备名称	数字化监测要求	要求设置仪表
收球筒	监测加热温度	温度变送器
	监测出口压力	压力变送器
密闭分离装置	监测分离装置的连续液位	防爆电热液位计
输油泵	监测进口压力	压力变送器
	监测出口压力	压力变送器
	调节泵的输量	变频控制柜
	根据要求实现停泵控制	
	监测运行频率	
	监测启、停工作状态	
投产作业箱	监测连续液位	防爆电热液位计
外输阀组	监测出站温度	温度变送器
	监测出站压力	压力变送器
	监测出站流量	流量指示变送器

● 图1-2-15　增压点建设内容统计

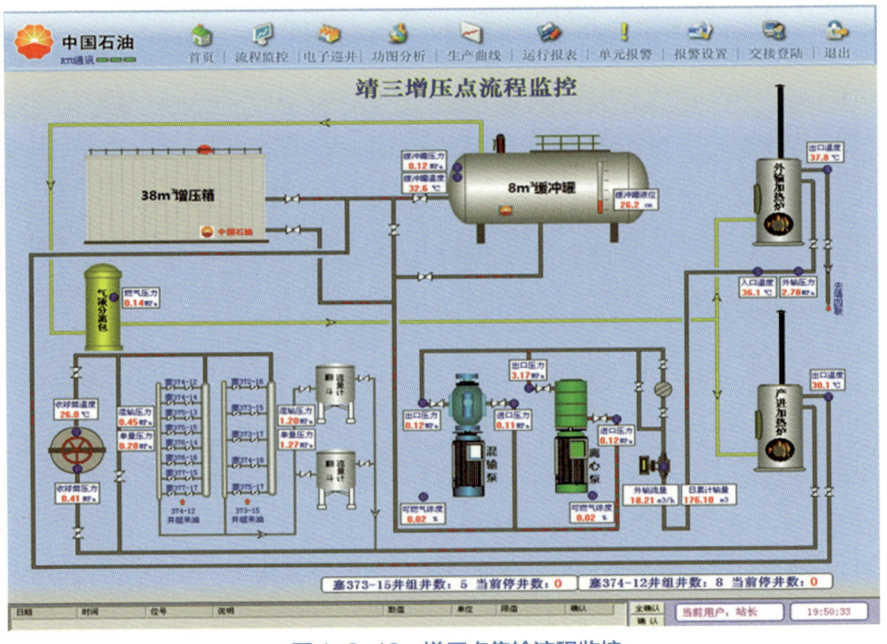

● 图1-2-16　增压点集输流程监控

第一章 数字化油气田建设成果

注水站采集水罐液位和污水池两个液位，喂水泵出口、注水泵进口、各条注水干线三个压力，注水泵出口、各条注水干线、各注水井的三个流量，注水泵三相电参。主要实现远程监测各注水井的注水流量、压力，远程设定注水量；实时显示生产过程参数，重要生产过程联锁控制，并对报警信息进行提示和记录等（图1-2-17，图1-2-18）。

设备名称	数字化监测要求	要求设置仪表
喂水泵	监测出口压力	压力变送器
	监测启、停工作状态	采集配电柜信号
注水泵	监测启、停工作状态	采集配电柜信号
注水干线	监测各注水干线压力	压力变送器
	监测各注水干线流量	流量计
污水池	监测连续液位，超限报警	顶装式浮球液位计（变送型）
原水罐	监测连续液位，超限报警	静压式液位变送器
清水罐	监测连续液位，超限报警	静压式液位变送器
反冲洗水罐	监测连续液位，超限报警	静压式液位变送器

● 图1-2-17 注水站建设内容统计

● 图1-2-18 注水站集输流程监控

— 19 —

供水站采集水罐液位，供水泵出口管汇、供水泵进口管汇两个压力，水源井产水、供水泵出口管汇两个流量，供水泵三相电参。完成站内重要生产参数的集中监控，并实现所辖水源井供水流量、供水压力及深井泵的运行状态监视，实现远程启、停深井泵；当深井泵出现过载、断相或短路等故障时，实现自动停泵保护（图1-2-19，图1-2-20）。

设备名称	数字化监测要求	要求设置仪表
注水泵	监测启、停工作状态	采集配电柜信号
供水总管	监测供水压力	压力变送器
	监测供水流量	流量计
调节水罐	监测连续液位，超限报警	静压式液位变送器

● 图1-2-19 供水站建设内容统计

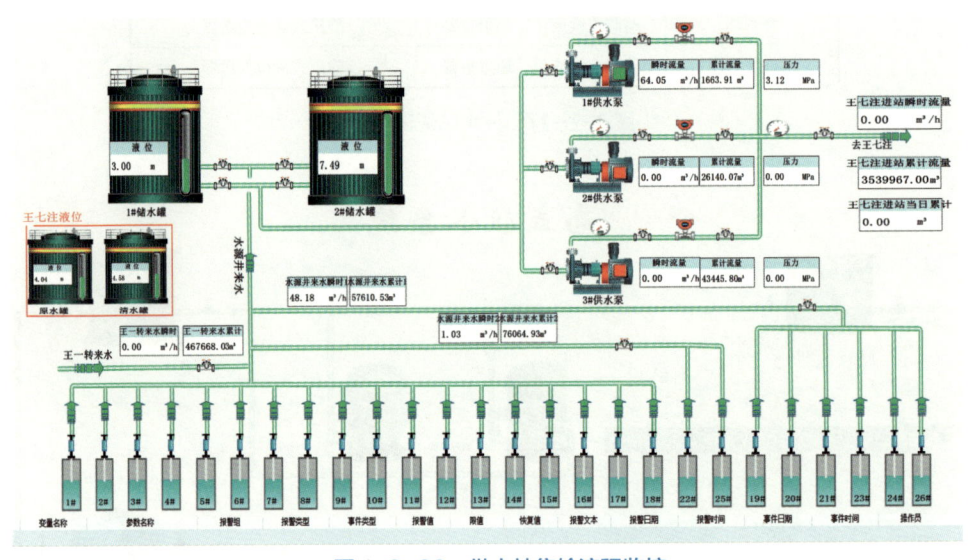

● 图1-2-20 供水站集输流程监控

联合站油系统采集储油罐、三相分离器、污油箱三个液位，各路来油、收球筒出口、输油泵进出口、外输四个压力，收球筒、各路来油、三相分离器进口、外输、储油罐五个温度，各路进站流量和出站流量，输油泵三相电参和输油泵启停状态（图1-2-21）。

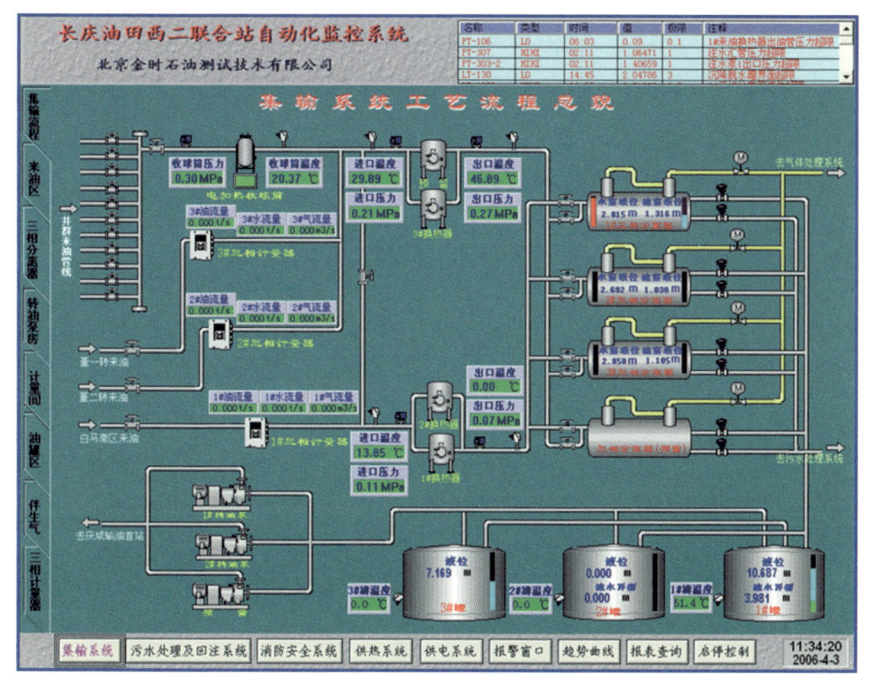

● 图 1-2-21 联合站控系统

水系统采集水罐、污油箱、污水池三个液位，喂水泵出口、各注水干线、过滤器进出口三个压力，各注水干线流量，注水泵三相电参和注水泵启停状态。

消防系统采集消防水罐液位，消防泵进出口压力，消防泵启停状态。

通过油系统、水系统、消防系统的建设，实现站内生产过程实时数据采集、生产运行状态的监控、电子巡井、智能预警报警、来油管线异常报警等功能，改变传统的人工大罐量油，让员工远离高温、高压、有毒有害气体区域巡检与操作，降低现场操作安全风险。

2）中端

中端是数字化管理的关键，以生产指挥调度、安全环保监控、应急抢险为核心，建设生产运行指挥系统和安全环保风险感知系统，为生产指挥人员提供快捷、高效的生产管理平台。

数字化生产指挥系统，包含采油厂（采气厂）生产指挥系统、油田公司数字化生产指挥系统两级（图 1-2-22）。

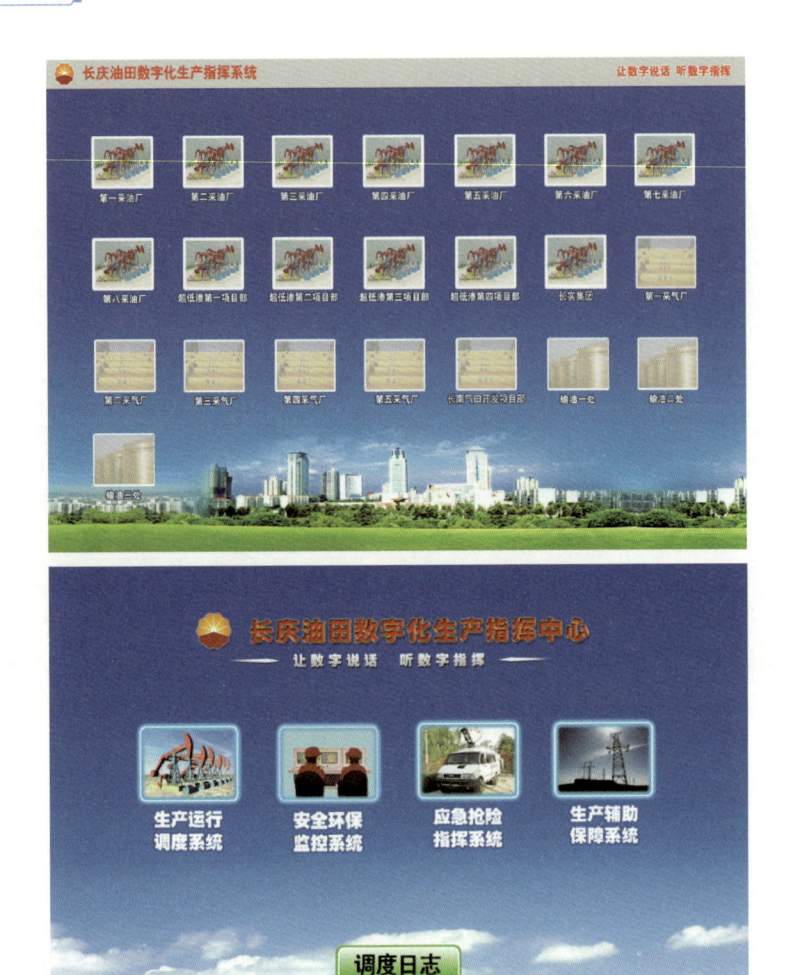

● 图1-2-22　生产运行指挥系统

采油厂数字化生产指挥系统主要包括生产运行调度、安全环保监控、应急抢险管理、开发动态监控四个子系统，实现"同一平台，信息共享，多级监视，分散控制"；采气厂数字化生产指挥系统主要包括生产运行管理、采气工程子系统、地质专家子系统。实现对气田井、站、处理厂和管网等生产装置运行情况的监视，电子自动巡井、异常情况紧急远程关断。

公司数字化生产指挥系统主要包括油气生产在线监控、油气集输在线监控、产能建设动态管理、重点油气田监控、安全环保监控、应急抢险指挥及矿区综治等，实现对生产运行的实时监控，作业队伍科学调度，应急抢险在线指挥。

其中安全环保监控系统包括油田安全环保监控、气田安全环保监控、车辆GPS安全监控系统，实现危险预警、紧急停车、视频监控、应急车辆调度、信息管理等功能。以确定因素应对不确定因素，确保重要油气设施安全环保目标的全面受控（图1-2-23）。

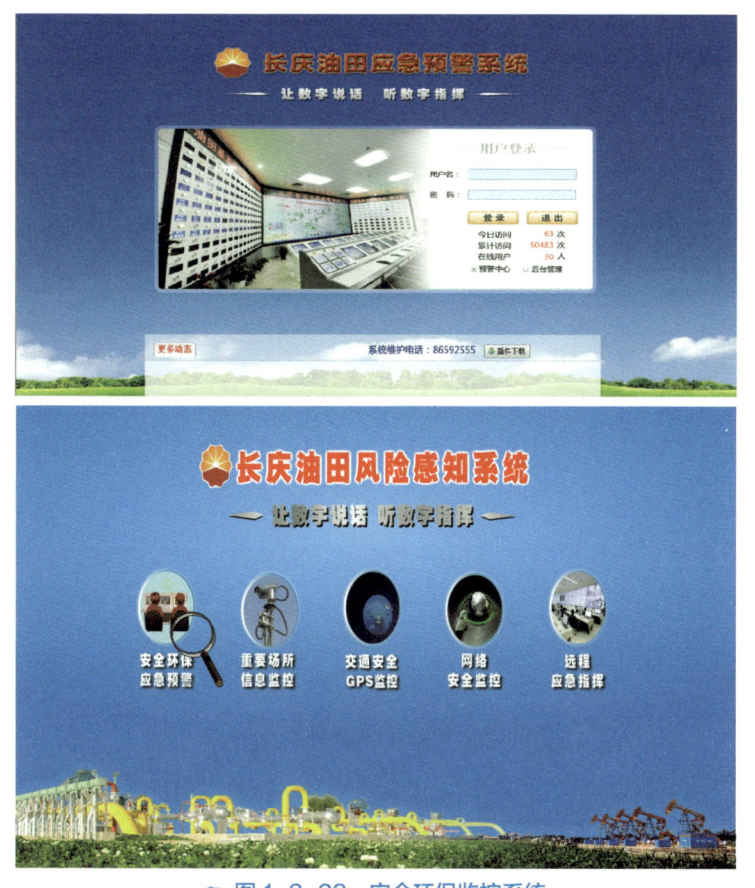

● 图1-2-23　安全环保监控系统

3）后端

后端是数字化建设的核心，包括 RDMS V2.0、ERP 和 MIS，为科学研究、企业生产经营管理提供了平台。

RDMS V2.0 以油气藏精细描述为核心，涵盖油气藏勘探、评价、开发、稳产阶段所有业务（图1-2-24）。充分利用现有软、硬件资源，为决策和科研人员创造集数据流、工作流、软件集成于一体化多学科协同工作的环境，实现数据收集自动化，业务运作流程化，生产、研究和决策工作协同化。

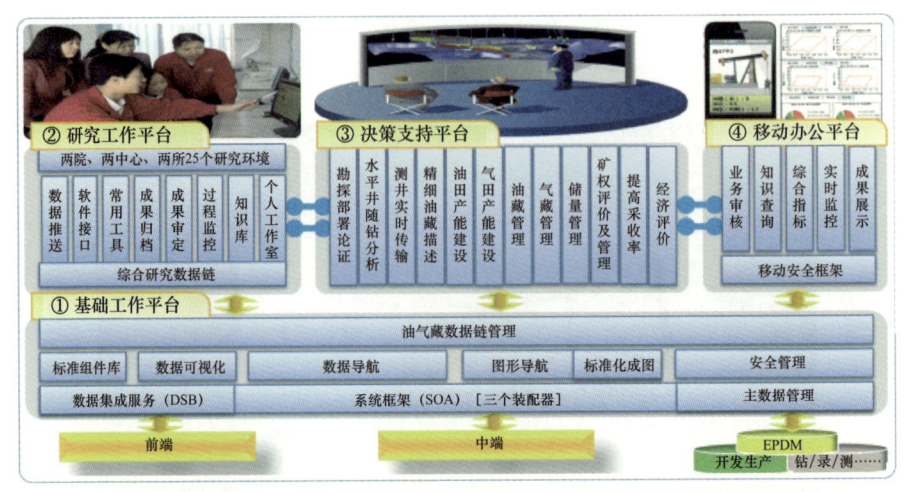

● 图1-2-24　数字化油气藏研究决策支持系统示意图

ERP是将财务、计划、采购、销售、生产、库存等业务功能综合集成的信息系统，强调业务流程的规范、统一及标准化，重点实现以人、财、物信息为核心的经营管理信息系统高度集成，进一步缩短管理环节，提高企业的经营管理水平（图1-2-25）。

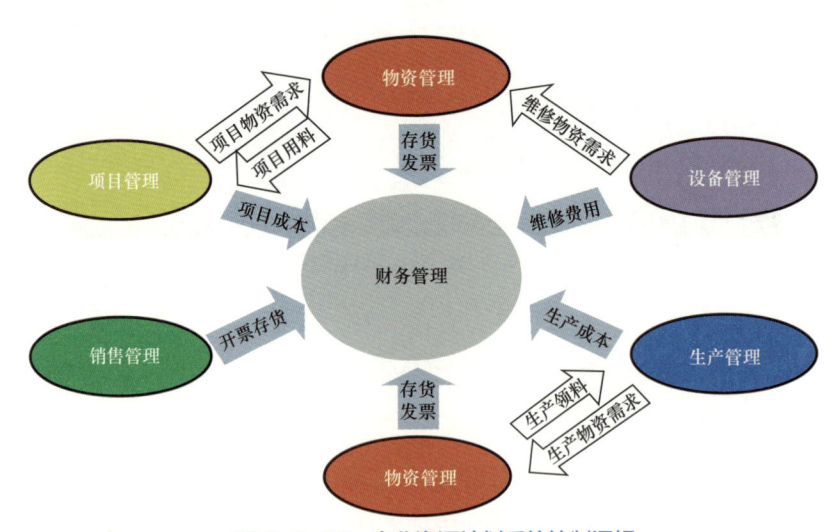

● 图1-2-25　企业资源计划系统控制逻辑

MIS 以标准化体系建设为龙头，按照企业内控工作要求，整合和开发以流程管理为核心的 MIS 系统，打破"各自为政"的"信息孤岛"，着眼于企业资源共享、集成与互动，逐步建立起适合企业自身标准化管理的 MIS 系统。

借助数字化，长庆油田生产管理实现了三个飞跃：从人工搜集信息到计算机辅助处理；从提供选择结果到自动生成分析报告、应急处置方案；从打造信息组合到提供连续的信息流。而这三个飞跃，为控制用工总量、优化劳动组织结构、提升管理效能、提高员工素质、降低成产成本等综合效应提供了支撑。

三、数字化技术应用

利用日新月异的信息化技术，集成创新，不断研究、试验与推广应用，形成了电子巡井技术、智能控制技术、数字化集成控制技术、油气生产数据链技术和数字化管理系统五大数字化管理技术系列。本节重点介绍电子巡井技术、智能控制技术、油气生产数据链技术和数字化管理系统，数字化集成控制技术在第三章"智能装备应用"一节中专题论述。

1. 电子巡井技术

主要包含油井工况诊断和功图计量技术、井场视频智能分析与控制技术、油水井远程控制技术。

功图数据采集技术由功图采集设备和数据处理模块组成。功图采集设备由安装在抽油机上的载荷传感器和角位移传感器组成，主要功能是实时采集井口载荷和位移数据，并传输到数据处理 RTU。功图采集设备分两种，一种是一体化载荷位移传感器，另外一种是分体式载荷传感器和角位移传感器（图 1-2-26，图 1-2-27）。

油井工况自动诊断技术基本原理：利用计算机技术，采用多边形逼近法和矢量特征法对泵示功图进行工况识别、分析，提取泵功图中的四个及所组成的矢量特征，综合考虑气体、结蜡等因素对泵功图有效冲程的影响，与标准示功图矢量特征库进行比较，确定工况状况。

图 1-2-26　一体化载荷位移传感器 　　　　图 1-2-27　分体式载荷位移传感器

经研究，建立了阀漏失、气体影响、碰泵等 12 种常见的标准示功图矢量特征库（图 1-2-28）。

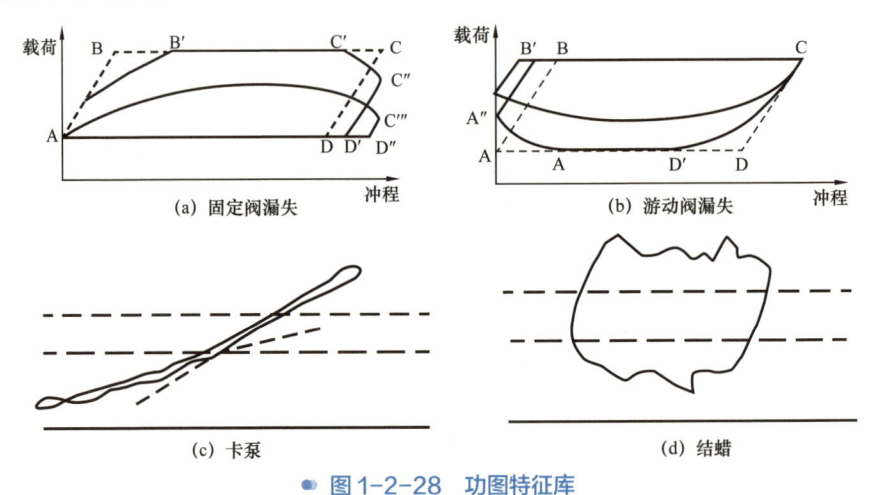

(a) 固定阀漏失　　(b) 游动阀漏失

(c) 卡泵　　(d) 结蜡

图 1-2-28　功图特征库

油井功图计量技术：依据抽油机深井泵工作状态与油井产液量变化关系，把定向井有杆泵抽油系统视为一个复杂的振动系统，研究建立定向井有杆泵抽油系统的力学、数学模型及算法。在一定的边界条件和初始条件（如周期条件）下，对外部激励（地面功图）产生响应（泵功图）。计算在不同井口示功图激励下的泵功图响应，采用矢量特征法对泵功图进行分析及故障进行识别，确定泵的有效冲程和油井产液量（图 1-2-29，图 1-2-30）。

由于抽油井的情况较为复杂，在生产过程中，深井泵将受到制造质量、安装质量，以及砂、蜡、水、气、稠油和腐蚀等多种因素的影响，实测示功图的形状很不规则，对油井工况诊断和产量计量进一步研究完善提出了新的挑战。

第一章　数字化油气田建设成果

● 图1-2-29　功图计量软件

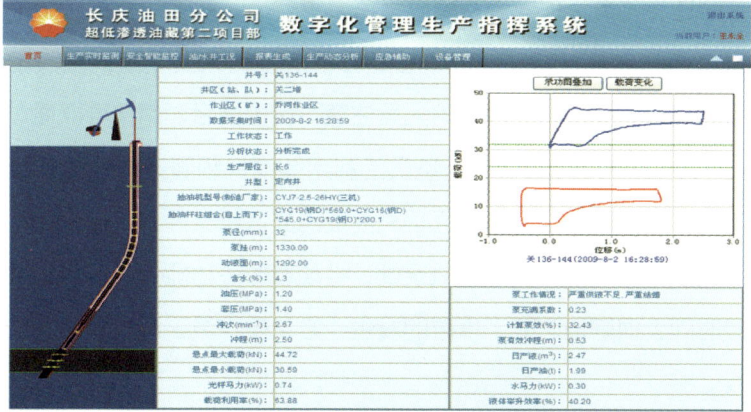

● 图1-2-30　油井示功图计量系统

— 27 —

井场智能视频监控技术主要解决井场无人值守后的安全生产管理。由于抽油机一直处于不停的运转状态，抽油机运转所形成的阴影以及雨、雪、大风等各种天气的影响，使得井场环境一直处在动态变化之中。研发复杂背景下具有模式识别功能的嵌入式视频监控技术，自动对进入井场人员移动侦测，智能识别与判断，语音报警提醒，实现井场远程可视、可控。

井场智能视频监控系统集视频采集、视频压缩、视频分析、网络传输等功能为一体，主要由前端硬件、传输、控制、电视墙显示和报警五个部分组成（图1-2-31）。

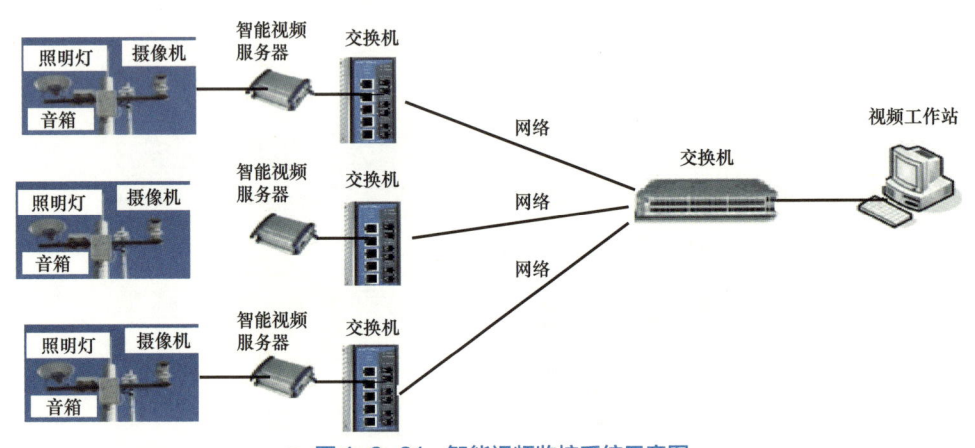

● 图1-2-31 智能视频监控系统示意图

主要功能：能够提供完善的实时监控、告警查询、设备管理、权限控制、录像策略、图像管理、人员管理等。监控界面如图1-2-32所示。

入侵自动侦测告警、自动录像。自动分析入侵的人员或车辆，锁定目标，并自动放大告警通道的画面，提醒安防人员注意。在告警后，用户可以通过界面使用PTZ功能，拉近目标进行确认。当班员工利用智能视频服务器的语音喊话、播放音频文件功能，通过网络监控平台远程喊话或播放音频文件，威慑入侵者。出现报警能够自动触发录像功能，具有定时录像、手动录像等功能，节省了巡井及取证所占用的大量时间，很好地防范了事故的发生，方便操作员工对井场情况的掌握，降低劳动强度。

第一章　数字化油气田建设成果

● 图1-2-32　监控界面

2. 智能控制技术

通过智能控制，能够改变传统的人工操作，最大限度地减轻员工的工作强度。远程控制技术主要包含油井远程启停、注水井远程调配注、水源井智能控制与保护、输油泵变频控制输油技术、气井智能保护技术。

油井远程启停技术：抽油机远程控制终端（RTU）主要由控制模块、接口模块、电源模块、控制继电器等几部分组成。能够实时监测抽油机电机电压、电机电流、启停状态，完成抽油机远程启停控制、停机报警、抽油机运行时间记录等功能。

抽油机远程启停需要站控值班人员确认安全后执行（图1-2-33）。通过井场视频观察需要操作的抽油机周围环境是否安全，站控值班语音喊话提醒现场作业人员注意安全。选择需要执行操作的油井名称，点击"启井（停井）"即可执行油井的启动（停止）操作，输入启停井密码，确认后才能进行下一步工作。

当命令发送成功后，现场RTU会用语音再次警示井场施工人员远离抽油机。抽油机远程启动后，现场将延时启动1分钟，同时广播提示"抽油机将在1分钟后启动，请远离井场"，最后警示音为10秒倒计时，提示完成后，抽油机自动启动（停止）。

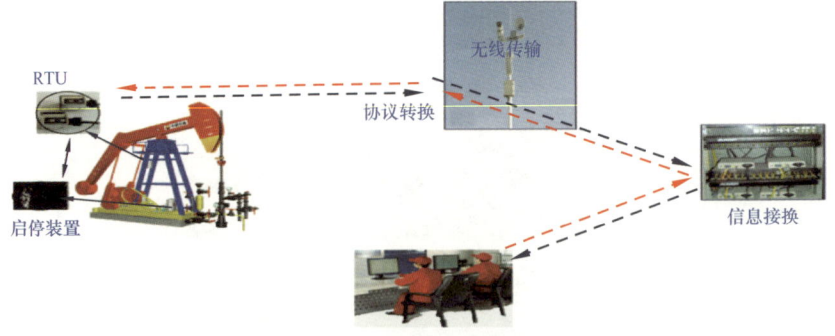

● 图1-2-33　油井远程启停控制

注水井远程调配注，利用计算机技术和数据通信技术，远程设定注水井配注水量。通过站控系统给注水井RTU下达调配指令，注水井RTU控制注水井流量控制阀开度，实现注水井量远程调配（图1-2-34）。

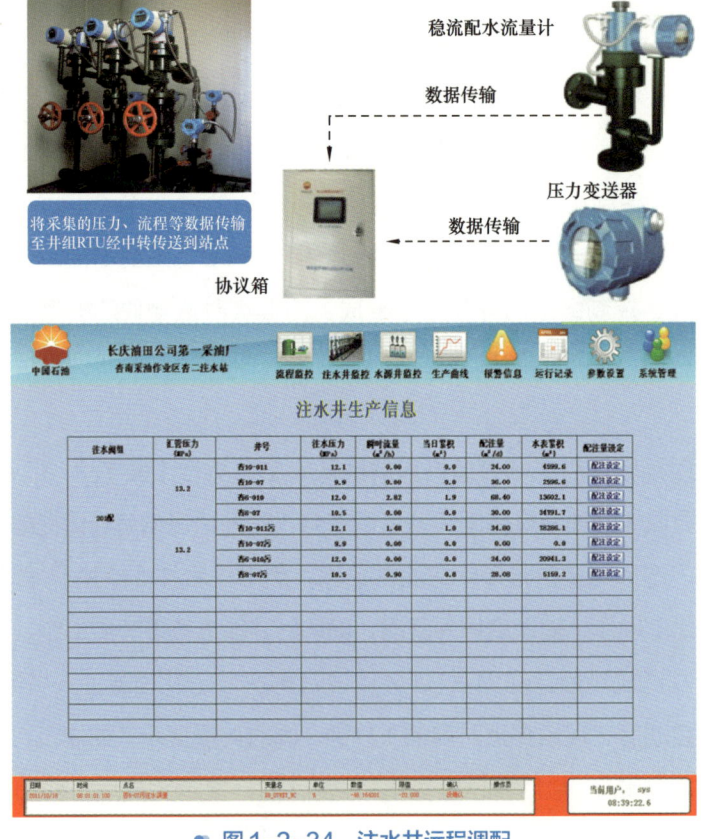

● 图1-2-34　注水井远程调配

动作选择需要设定的注水井，在"设定配注"栏内输入日配注量，点击"注水量设定"按钮，输入操作密码将配注值写入控制器中，完成注水井远程调配。

水源井智能保护与控制技术：主要由井口电磁流量计、水源井自动保护智能控制模块和智能控制软件组成，通过站控系统，实现水源井采水量、电潜泵三相电参数以及水源井运行状态实时监测，操作员工能够发送指令，远程启停水源井（图1-2-35）。

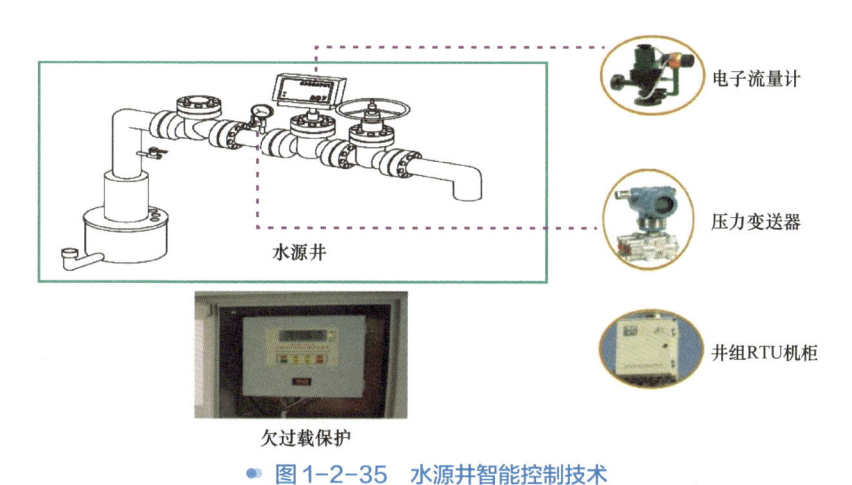

● 图1-2-35　水源井智能控制技术

电磁流量计用于采水量的计量，为智能诊断分析水源井运行工况提供依据（图1-2-36）。采用最新的单片机技术，具有RS485远程通信接口，DC4～20mA模拟量输入、输出，方便与PLC、PC等控制机组成网络系统，主要对电潜泵的卡泵、空抽、过载、欠载、缺相、漏电/短路等实现保护，实现电动机运行的远程监控，远程启停电潜泵（图1-2-37）。

● 图1-2-36　水源井井口流量计　　● 图1-2-37　水源井控制柜

在站控系统安装智能控制软件，有配置管理、故障管理、性能管理、安全管理以及拓扑等功能。系统轮询水源井组件，采集、记录、显示水源井设备工作状态；设定水源井工作参数，控制水源井设备；设定水源井保护参数，监视通信系统工作状态，记录水源井报警信息；可查询报警时间、设备、报警类型、故障类型等信息，实现用户所需的各种统计功能。

输油泵变频控制输油技术。根据缓冲罐液位测量信号，PID调节实现自动启停输油泵和连续输油的功能，并将输油泵电机频率等参数传送至场站工控系统。

气井智能保护：采集管线压力，在井场RTU设置压力预警值，并通过直流低电压驱动式高压防爆电磁阀，实现气井管线就地关断或远程控制（图1-2-38）。

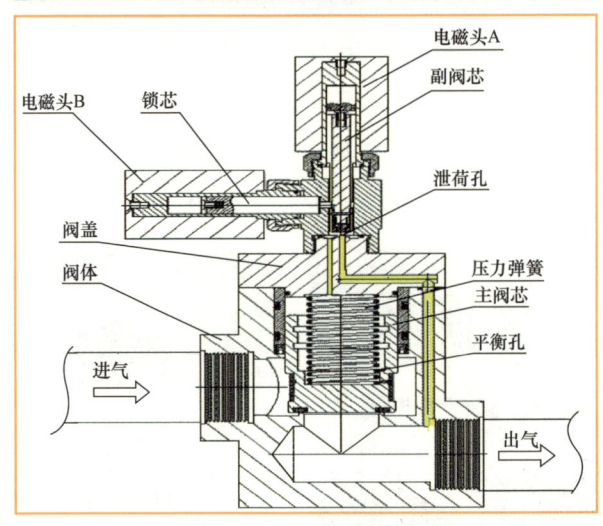

● 图1-2-38　气井智能保护

电子值勤：集成移动侦测、车牌识别和视频触发等多种技术。一般安装在油区关键路口，对进入油区的车辆自动识别车牌、动态牌照和报警提示，结合 GPS 车辆管理系统，对内部车辆进行跟踪管理，降低安全风险。

电子值勤系统主要由视频监控、车牌识别、雷达检测、照明补光设备等采集设备和分析软件组成，采用分布式存储和分析处理方式，有效降低网络带宽和集中存储压力，系统组成如图 1-2-39 所示。

● 图 1-2-39　电子值勤系统

车牌信息采集与传输数据能够采集到的信息包括 10 秒视频录像、高清全景照片、车牌号码、车速、车型、颜色、监控点、时间等，并能即时上传到分布式处理系统。下一步，分布式处理系统对上传信息进行处理，对比白名单、黑名单、灰名单，如果匹配黑名单，发出高级别告警；如果匹配灰名单，发出提示性告警；如果名单中不存在车牌信息，则列为无牌车，发出警示性告警，并及时存储全部告警信息，便于查询取证（图 1-2-40）。

3. 油气生产数据链技术

长庆油田已建成南起西安、北至苏里格、西接银川、东达延安，覆盖油田陕、甘、宁、内蒙古四省（区）主要生产、生活区域的环型主干网络，已形成千兆到厂、百兆到作业区的网络链路（图 1-2-41）。

● 图1-2-40　前端采集系统组成

● 图1-2-41　基础网络链路

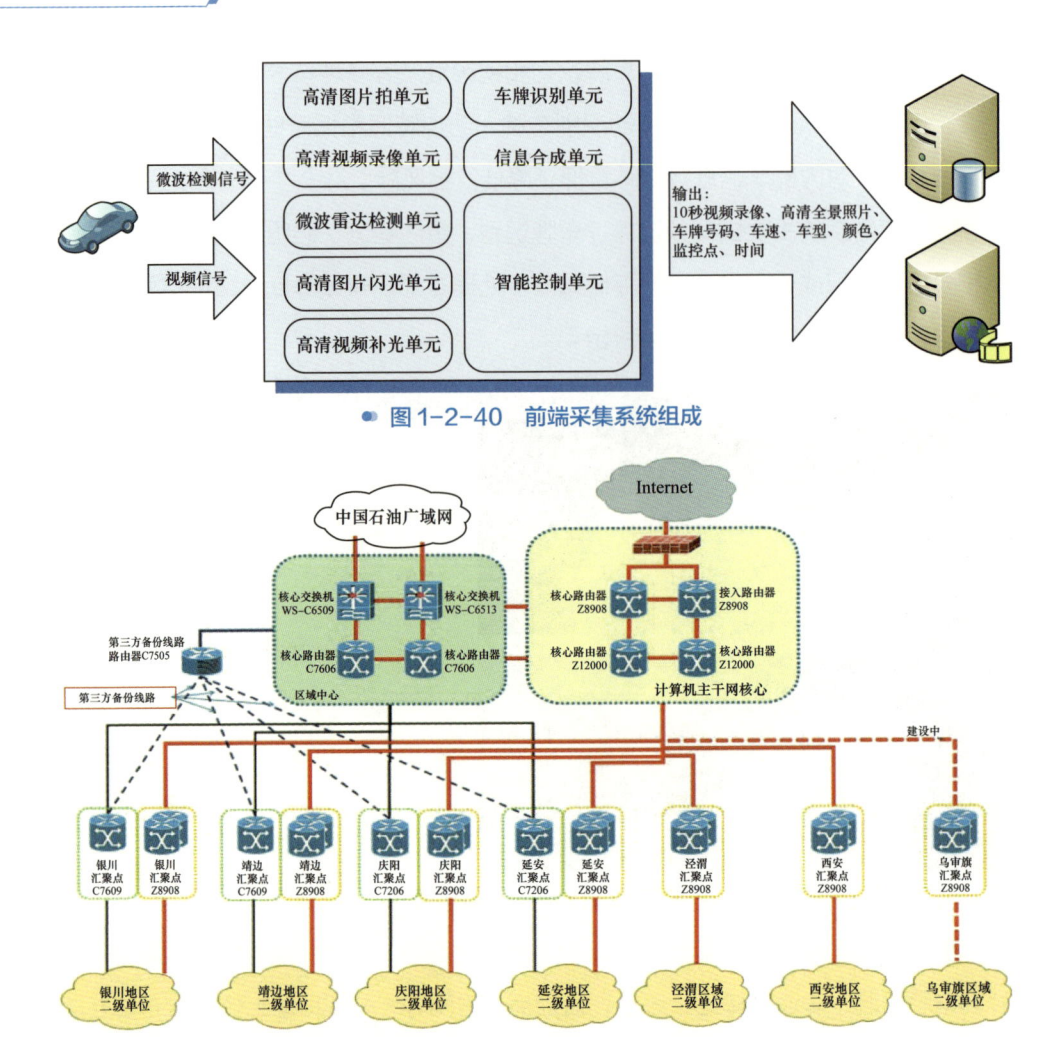

生产数据传输网络系统采用 Internet/Intranet 技术，以 TCP/IP 协议为基础，以 Web 浏览和系统集成实时数据库为核心应用，构成智能化系统内统一和便捷的信息交换平台，各个自动化和信息子系统的实时运行信息可通过接口网关上传到网络中心的系统集成服务器，开设智能化监控网络站点（图1-2-42）。监控管理人员能够在授权下方便地通过 Web 工具浏览 Internet/Intranet 互联网上丰富的实时信息，监控和管理各子系统的实时工况。还可以通过开放数据库互联（ODBC）技术，将系统集成 SQL 数据库与中端生产指挥系统的数据共享平台互联，提供综合全面的信息与数据。

● 图1-2-42 数据传输系统

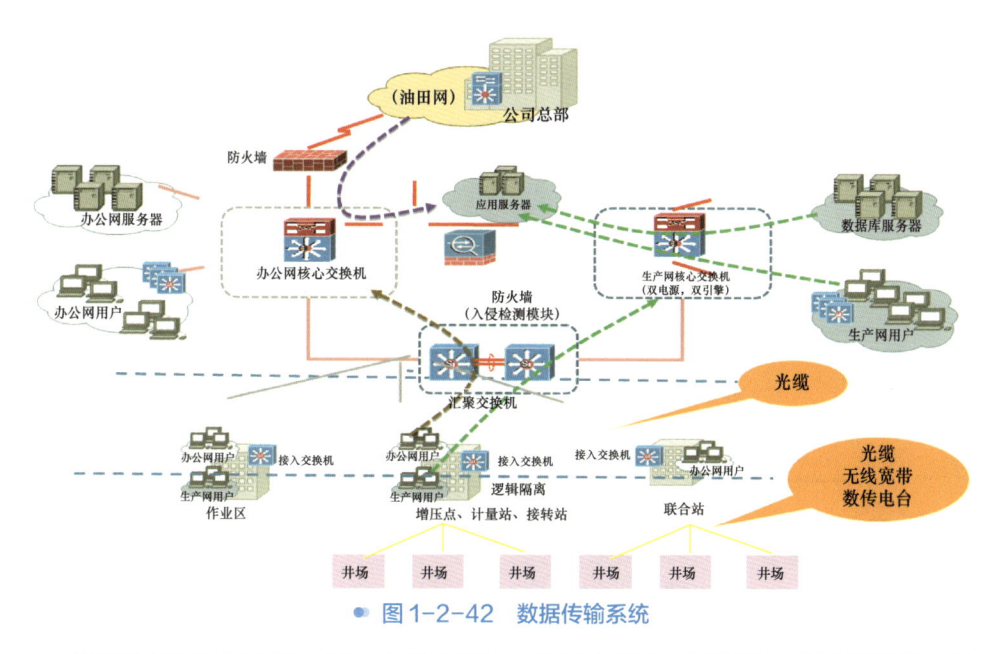

物理层包含有无线介质、电缆介质、光纤介质等，分别用于井站间通信、站内通信和网络汇聚；使用的终端设备主要是 RTU、PLC、PC 机及服务器；用于通信的主要设备有工业以太网交换机、数传电台、WIFI 无线设备、光纤收发器、SDH 光端机、密集波分设备等；网络层包括 IP 协议、ICMP 协议、ARP 协议、RARP 协议，主要使用 IP 协议；传输层使用 TCP 协议、UDP 协议；应用层支持 FTP、Telnet、SMTP、HTTP、RIP、NFS、DNS、OPC 等。

油气生产数据链由监控实时数据链（图1-2-43中绿色线）、视频监控数据链（图1-2-43中黄色线）、关系型生产数据交互数据链（图1-2-43中红色线）、SOA 应用系统交互数据链（图1-2-43中蓝色线）四部分组成。

4. 数字化管理系统

按照"三端、五系统、三辅助"架构，针对不同管理层开发了相应的管理系统，为生产管理人员搭建了生产运行管理、生产运行调度、应急抢险指挥的统一平台，为管理决策和科学研究提供了高效协同的工作环境。数字化管理系统包含标准化站控系统、生产管理系统、生产运行指挥系统、油气藏经营管理决策支持系统。

长庆智能油气田

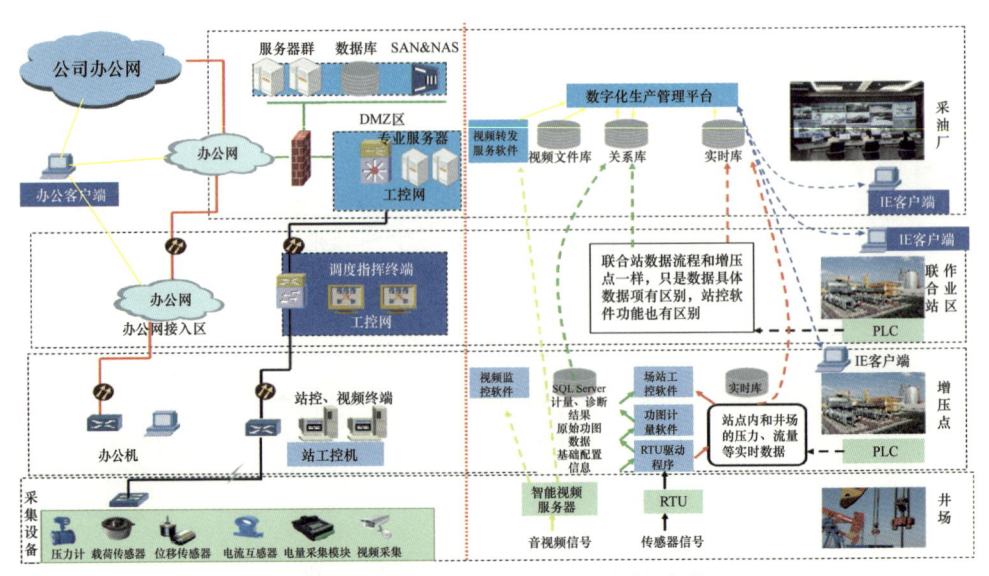

● 图1-2-43 前端生产管理系统数据架构

场站工控系统由站内监控软件、井场监控软件、软件部署辅助工具（包括关系库基础信息导入工具和实时库点表导入工具）、井场传输远程控制终端（RTU）驱动接口、示功图分析软件等多个部分组成（图1-2-44）。以井、站、管线等生产基本单元的生产过程监控为主，完成数据的采集、过程监控、动态分析。实现对站内及所辖油水井生产数据的实时监测、安全风险预警提示、油水井工况动态分析等功能，达到对站点及其所辖井场生产过程监控。

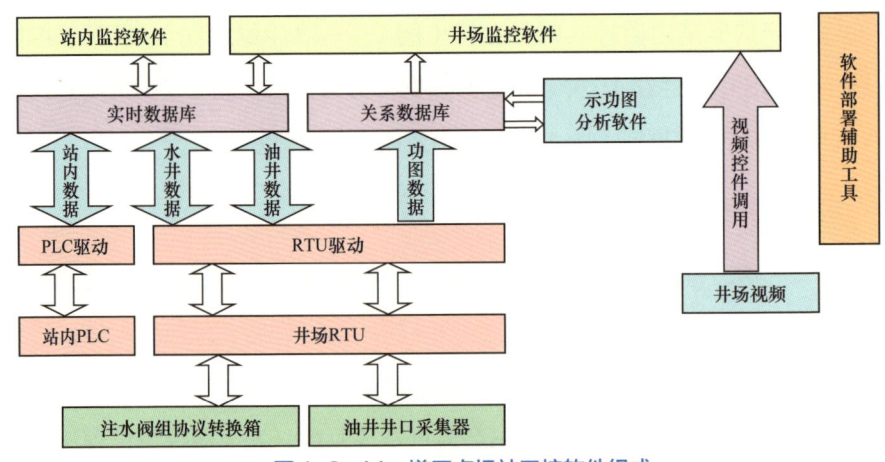

● 图1-2-44 增压点场站工控软件组成

数据自动采集：实时采集油压、套压、动液面、三相电参和功图等油井生产数据，注水井流量、压力等数据，管线运行压力，站点关键工艺参数，包含储油罐液位、外输流量、压力、温度等。

异常自动报警：通过对油井、注水系统、设备装置生产运行状况的实时监视，及时地向管理操作人员推送异常信息；通过对增压站、联合站、转油站等设备装置的生产实时运行数据的监视，一旦发生异常情况，平台能及时通过各种报警方式提示通知相关操作管理人员；实时采集管线泄露检测控制系统的检测结果，平台根据结果来判断管线是否正常运行，如有泄露情况发生，平台则出现报警提示，及时通知相关负责人；通过平台的视频移动侦测功能，可以根据现场图像来判断是否有动物或人闯入，当异常情况发生后，指挥中心或现场都显示报警提示，工作人员可以在指挥中心直接向现场喊话，作出警告（图1-2-45，图1-2-46）。

● 图1-2-45　增压点注水阀组站控界面

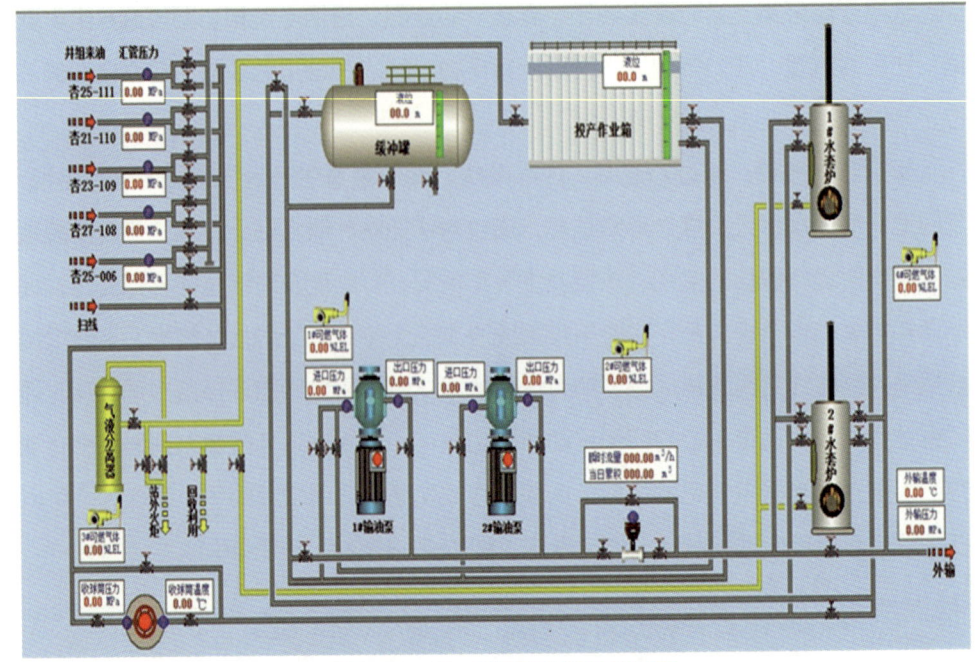

图 1-2-46　增压点集输站控界面

远程自动控制：实现自动投球、自动加药、抽油机启停远程控制、注水井远程调配、水源井远程启停控制等功能。

作业区 SCADA 系统可对现场设备进行集中监视和远程控制，实现数据采集、设备控制、参数调节和各类信号报警等。SCADA 系统产生于 20 世纪 70 年代，在油气田、长输管线、铁路、风电、太阳能发电、输变电、地铁等领域均有应用。2010 年后，国产 SCADA 产品开始进入工业控制应用领域。

采油作业区 SCADA 系统总体架构分为采集层和监控层两层，在采集层部署 5 台服务器，在监控层配置 50 个 B/S 客户端、50 个 C/S 客户端（图 1-2-47）。5 台服务器分别为 2 台实时数据库服务器（冗余配置）、1 台历史数据库服务器、1 台视频转发服务器和 1 台功图服务器；50 个 C/S 客户端用于站点、调控中心等操作岗位员工远程监控；50 个 B/S 客户端用于作业区经理、技术室等管理岗位远程监视。SCADA 系统关键技术指标见表 1-2-1。

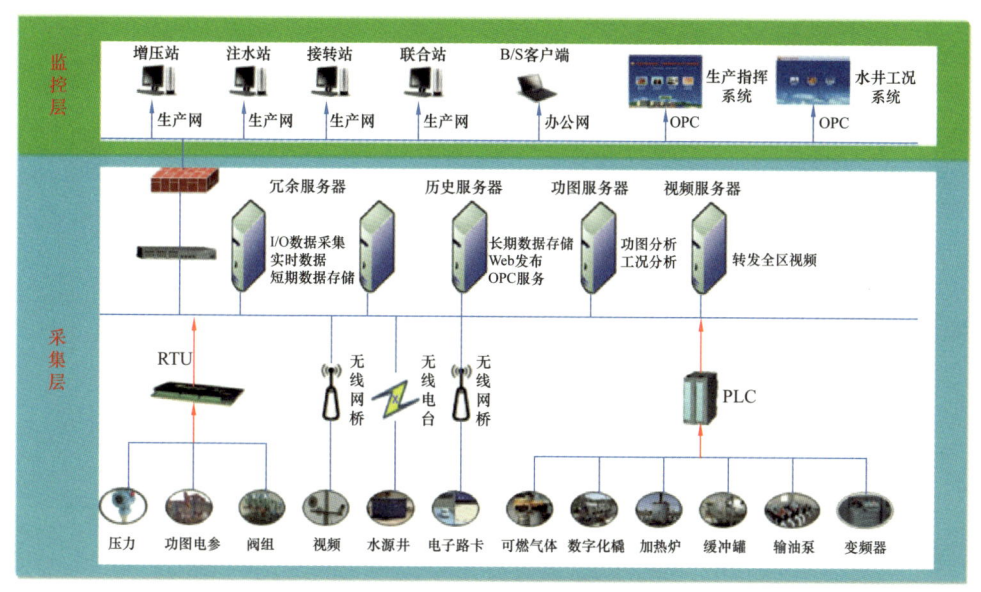

● 图 1-2-47　SCADA 系统总体架构

表 1-2-1　SCADA 系统关键技术指标

序号	名称	指标要求
1	系统热启动或复位后启动时间	≤20 秒
2	冗余服务器手动/自动切换时间	≤10 秒
3	冗余服务器数据自动/手动同步时间	≤2 分钟
4	发送控制命令响应时间	≤2 秒
5	SCADA 系统时钟自动同步精度	≤1 秒
6	控制客户端与 Web 客户端数据自动同步时间	≤2 秒
7	SCADA 服务器的运行负荷	≤20%
8	SCADA 系统单服台器下挂 PLC 或 RTU 的数量	≤250 套
9	数据标签（位号或变量名）永许的字节数	≤40 个字节

　　核心功能模块：生产运行模块主要完成作业区下辖各站点、井场的产液量和配注量的实时监测、趋势分析等，出现产量异常波动，系统自动预警提示（图 1-2-48）。

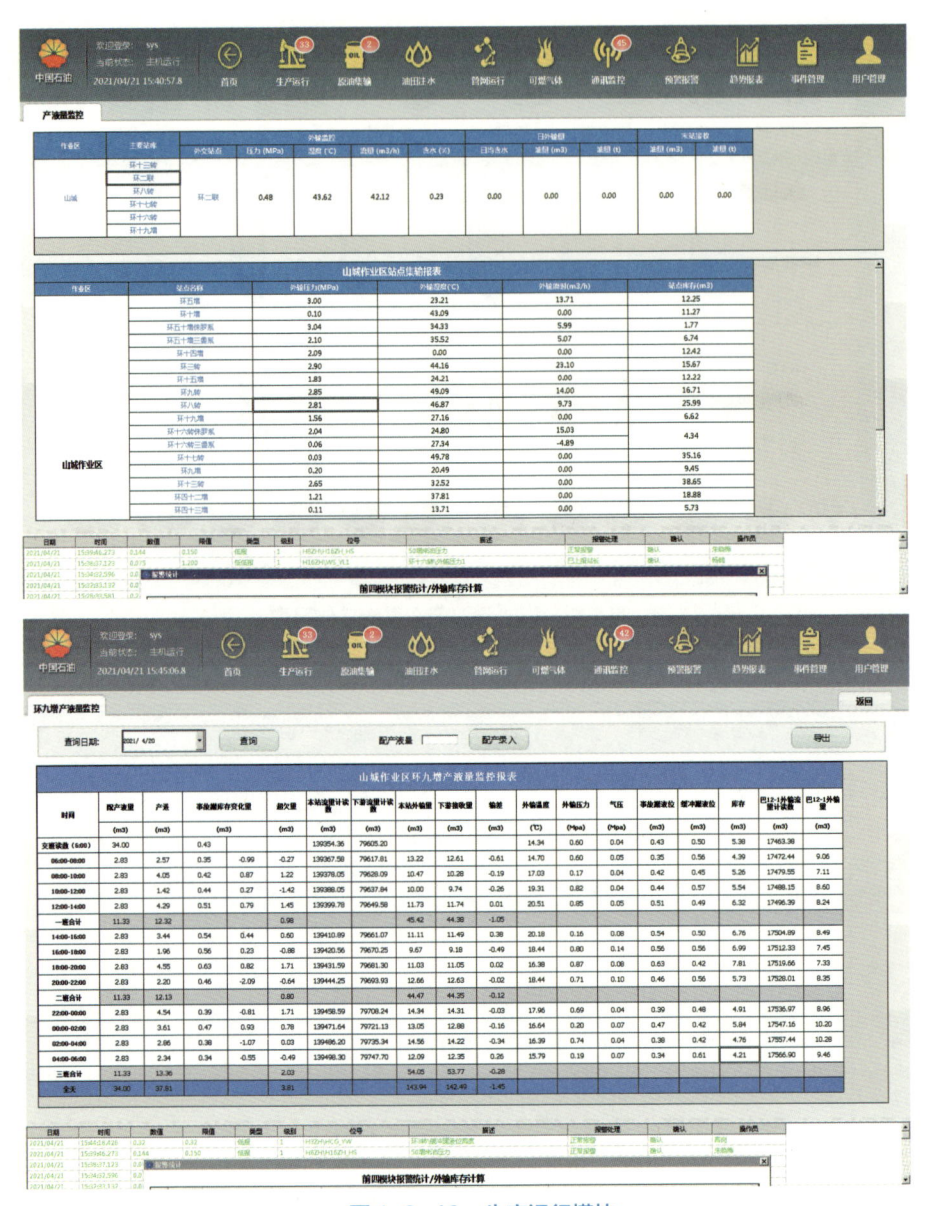

● 图 1-2-48　生产运行模块

原油集输模块实现"采、集、输、处"一体化监控，对采油井场、采油井生产状态和站点生产状态进行实时监控，实现对抽油机的远程启停以及输油泵的远程启、停控制等功能。进入油井工况分析界面，调用作业区油井工况分析软件的工况分析结果（图1-2-49）。

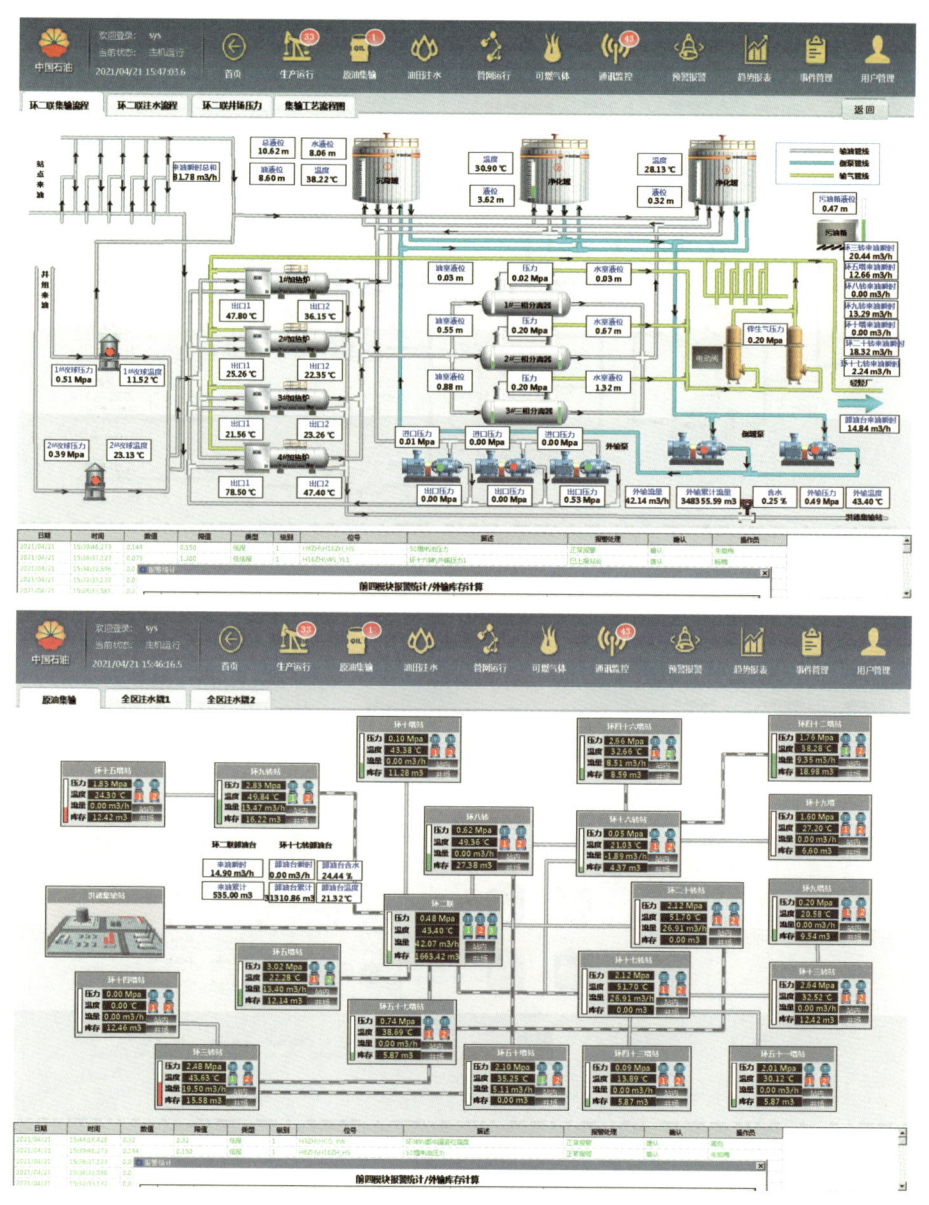

● 图 1-2-49　原油集输模块

油田注水模块实现了"源、供、配、注"一体化监控，对每一口注水井的生产运行实时监控，完成远程调配。进入该站点站内流程监控界面，实现注水站生产运行状态的实时监控；进入水源井实时监控界面，实现水源井生产状态的实时监控及远程启停（图 1-2-50）。

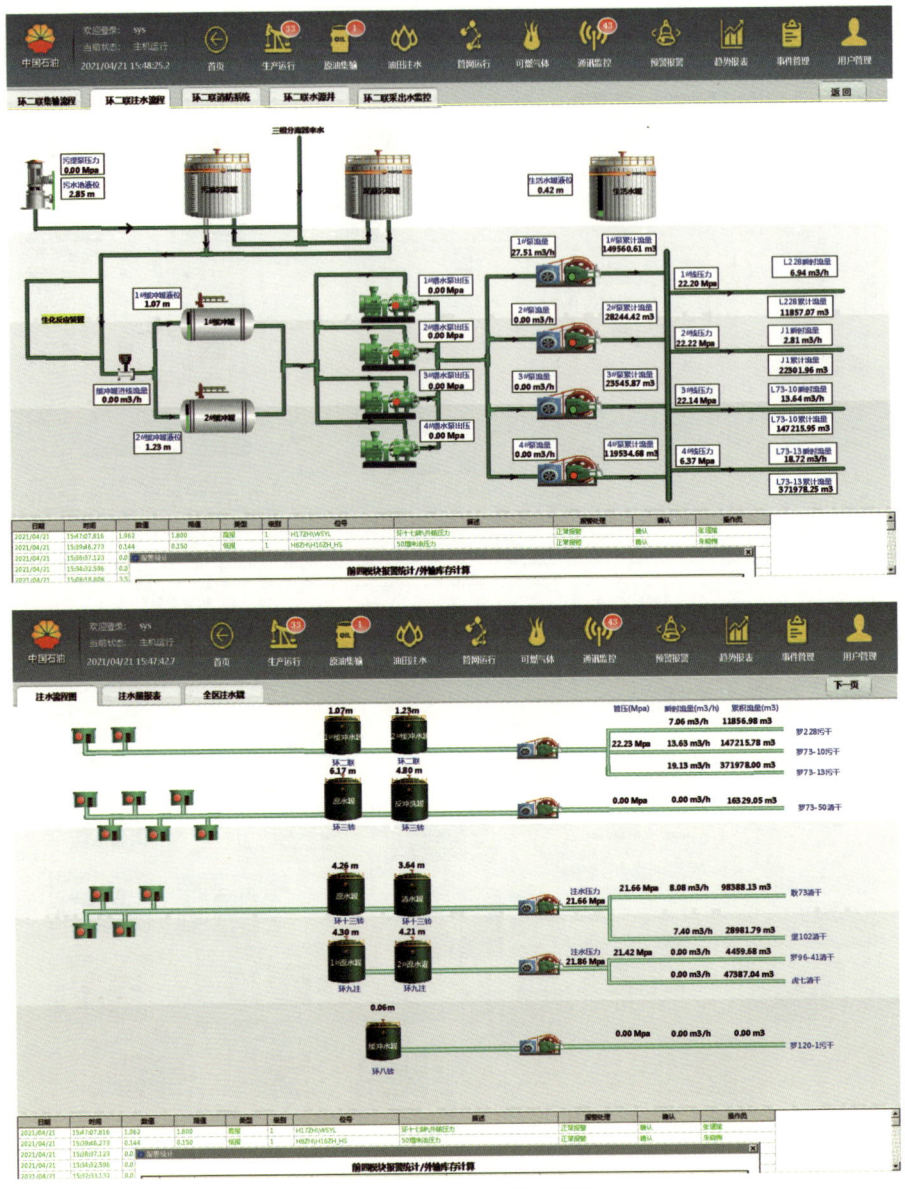

● 图1-2-50 油田注水模块

管网运行模块实现了作业区管辖管网生产状态的实时监控，达到"三防四责"的要求（图1-2-51）。井场集油管线实时监控界面，集中监控井组管网运行状态，实现管网进出口压力、流量实时监测，外输泵进出口压力、电参数的实时监控，遇到紧急情况将一键停泵。

第一章　数字化油气田建设成果

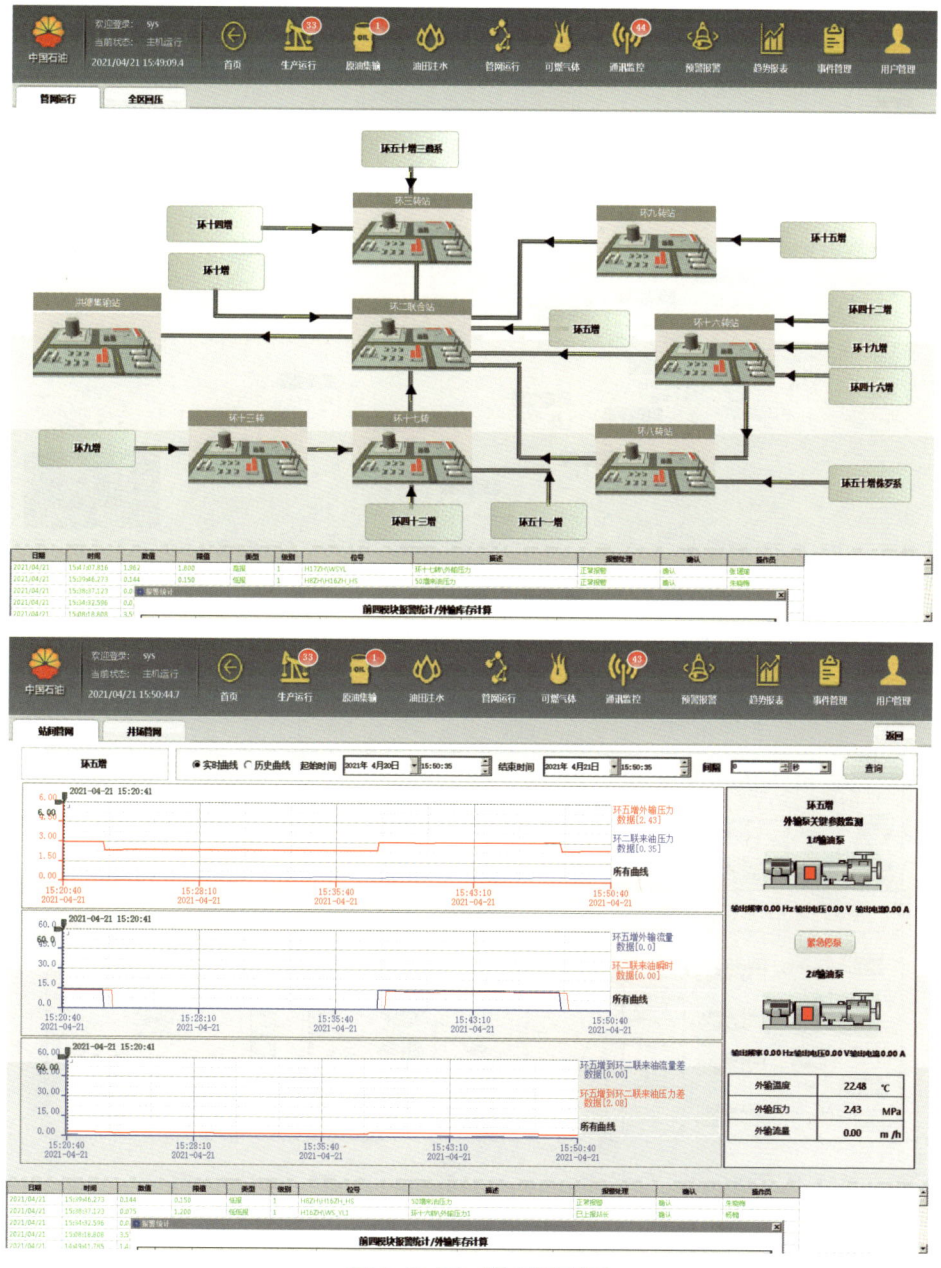

● 图 1-2-51　管网运行模块

可燃气体模块能够实现管辖区域可燃气体的集中监测，具体操作界面如图 1-2-52 所示。

— 43 —

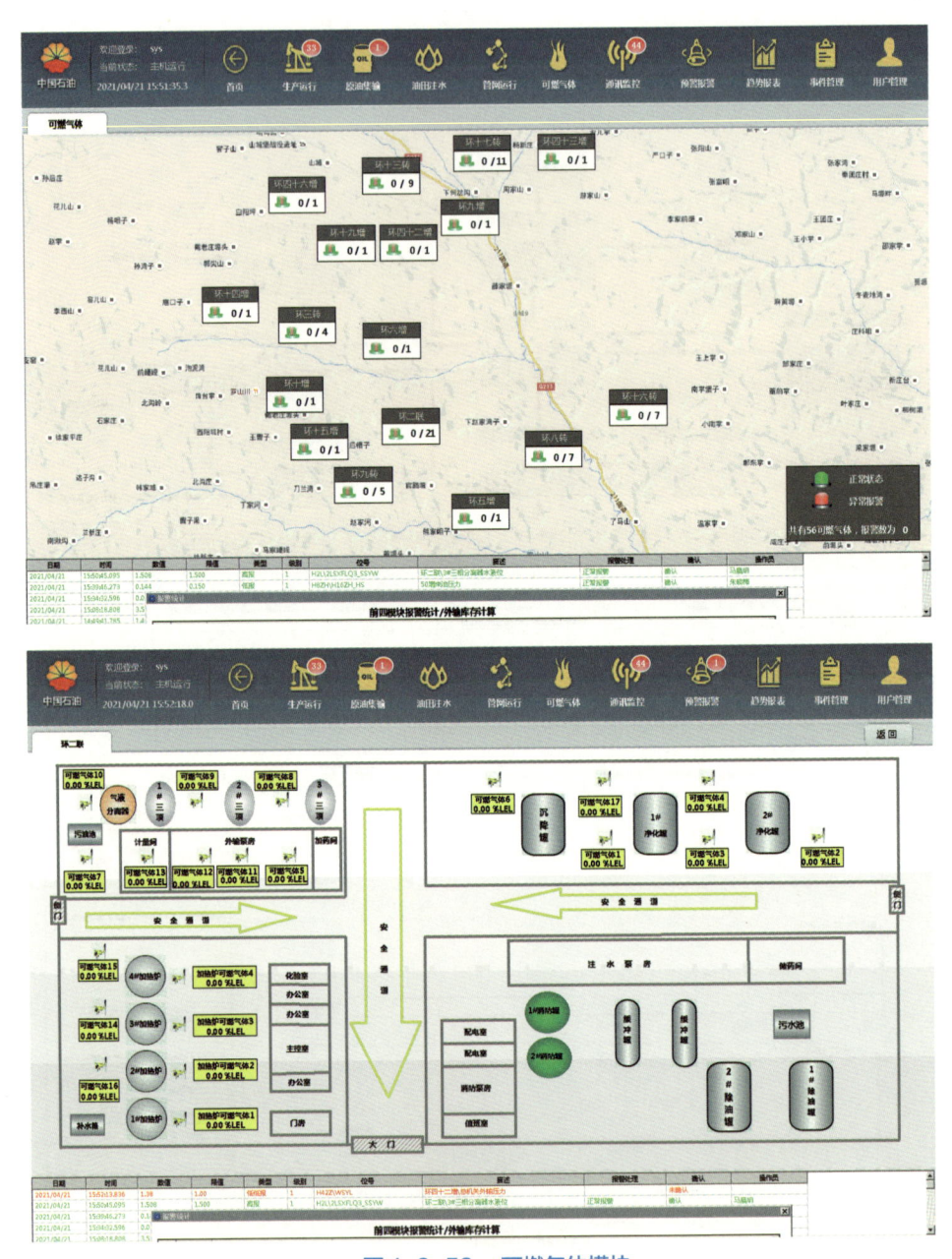

● 图1-2-52 可燃气体模块

  网络监视模块对作业区所辖站点、井场的网络状况进行实时监测，点击IP地址，可实现网络自检，调取井场通信运行状态曲线图（图1-2-53）。

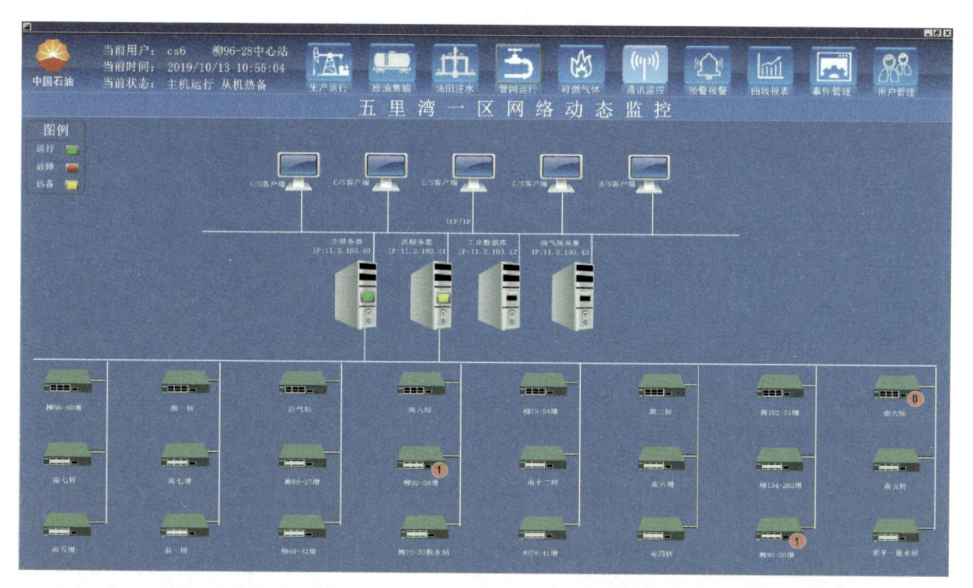

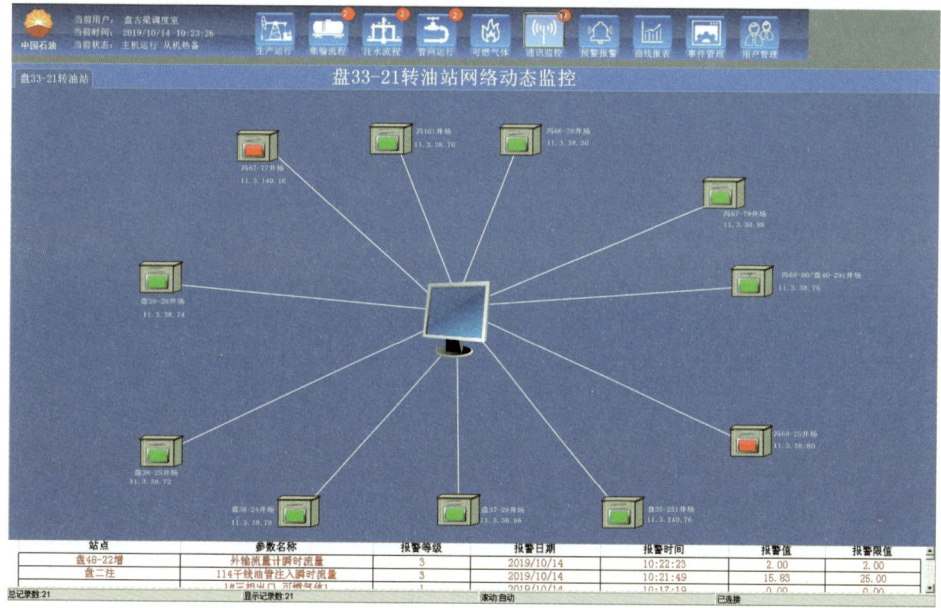

● 图1-2-53 网络监视模块

趋势报表模块利用趋势曲线对作业区实时生产情况整体、直观展现（图1-2-54）。具备24小时、30天、180天等时间间隔可选的功能，四分屏、六分屏显示方式可选的功能，站点、时间、参数类型等可选的功能。

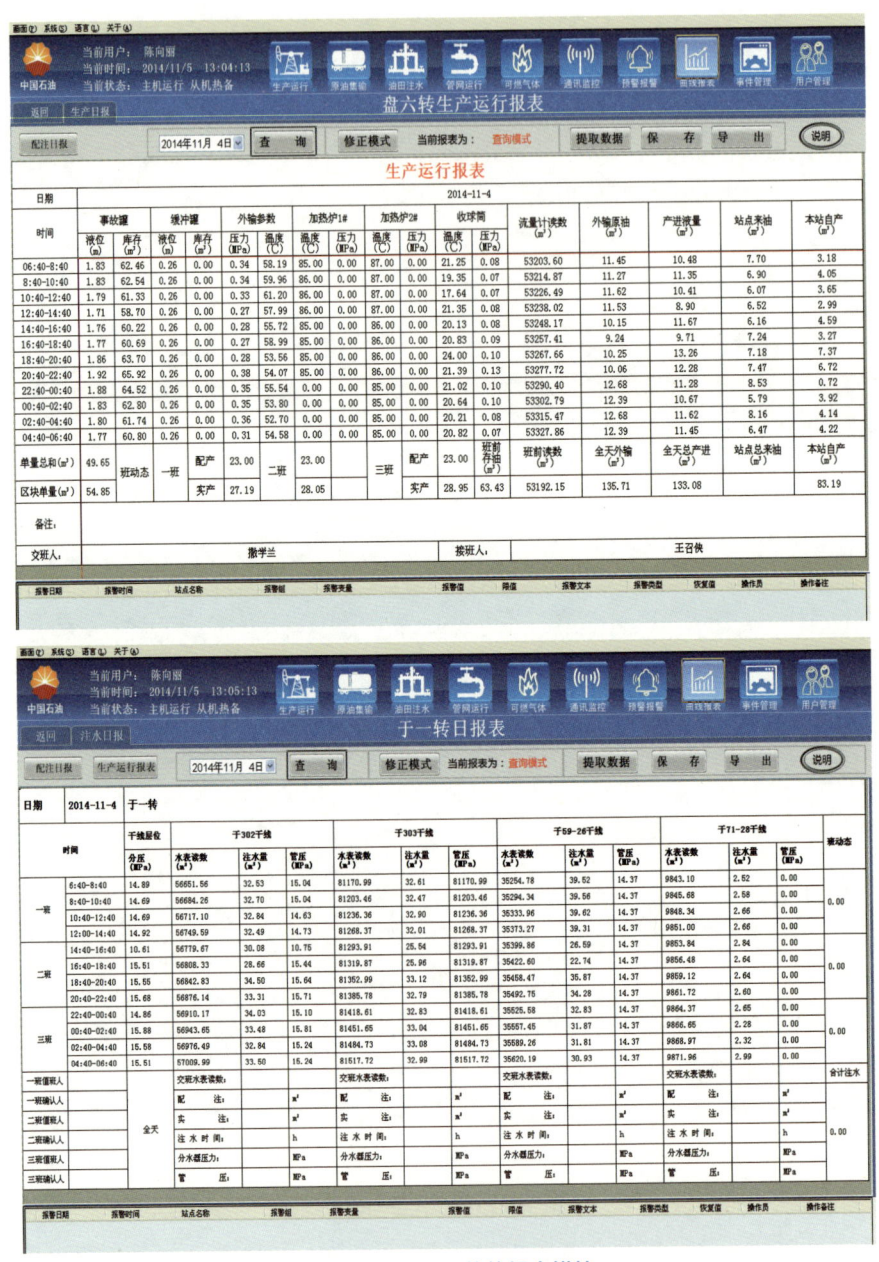

● 图1-2-54 趋势报表模块

实时报警模块包含井站名称、报警类别、报警时间、报警数值、报警限值、报警优先级、确认时间、报警处理等数据项；报警处置信息包含处置时间、处置人、是否恢复、恢复时间、处置办法等数据项（图1-2-55）。

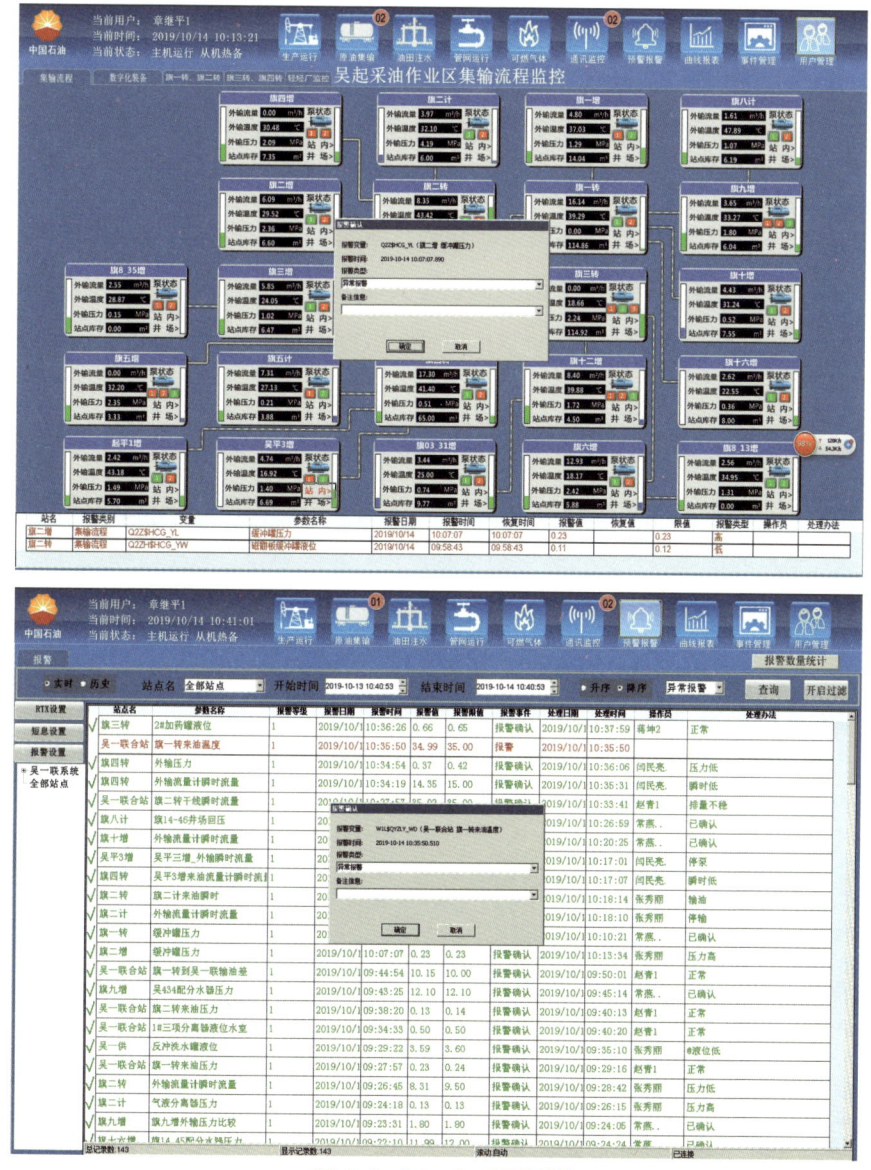

● 图 1-2-55 实时报警模块

数字化生产管理系统是针对油田生产应用而开发，生产管理人员能够应用该系统及时、准确、全面地掌握生产动态，有效控制生产过程，提高管理效率。

生产管理系统按主体功能划分为功能展示界面、数据维护录入界面、报表生成界面和系统权限管理四大功能模块，包含 35 个子模块。

功能展示界面是系统功能的表现层，为用户提供交互页面，展示各子系统中曲线、表格、GE 图像等多种元素；数据维护录入界面为各岗位用户提供数据录入接口，录入支撑平台的各种生产数据、属性信息，进行视频和实时数据接入时的配置；报表生成界面按照生产需求，输出生产管理、动态跟踪、综合信息等相关的原油生产日报、油田注水日报、轻烃生产日报、原油拉运日报等 16 种重要生产报表，并实现历史查询和打印功能；系统权限管理实现不同级别、不同岗位用户权限的灵活性配置，控制每个用户对功能模块的浏览、数据更新、删除、处理、查询等操作权限。

数字化生产管理系统功能主要有生产运行调度系统、安全环保监控系统、应急抢险管理系统和开发动态监控四大系统。通过生产管理信息高度共享和预警信息集中管理，结合岗位职责界定，实现对计划目标、生产运行、安全管理、应急抢险、开发动态的分级和分类管理，确保生产高效有序受控运行。

生产运行调度系统主要包括生产目标管理、系统运行监控、施工作业跟踪、综合信息处置、生产运行风险实时预警（图 1-2-56）。

● 图 1-2-56　生产运行指挥大厅

生产管理：设置生产预警限值，对原油生产、油田注水、轻烃产量进行预警管理；系统运行：设置集输管网正常运行参数，对油气集输、生产用气、原油拉运实时监控，实现超限预警（图1-2-57）。

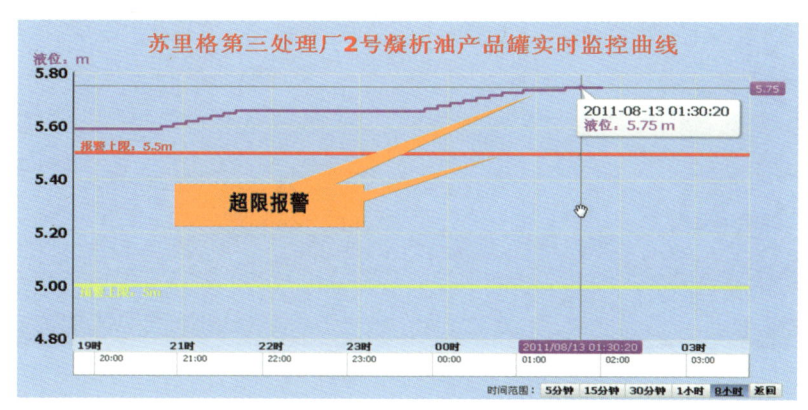

● 图1-2-57　生产调度管道泄漏报警

施工作业：实时反映"钻、测、试、投"生产动态，监控施工作业现场，在线调度、指挥施工队伍，确保施工质量和安全。

综合信息：分级监控、分类处理预警信息，实现生产信息上传、指令下达。

安全环保监控系统实时监控油气场站工业安全、水库河流敏感区环境安全和道路交通安全，及时预警、报警（图1-2-58，图1-2-59）。

三道防线：实时监控输油泵、截断阀、拦油设施的运行情况，在紧急情况下可实现远程停泵、截断阀关闭，能将油气泄漏影响降至最低。

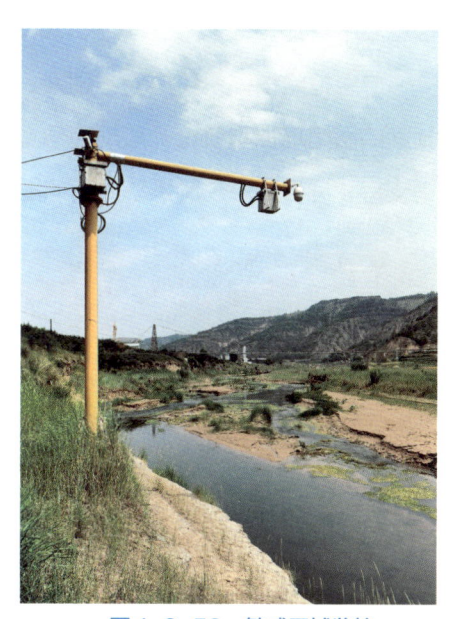

● 图1-2-58　敏感区域监控

生产安全：实时监控站库内的工艺运行、储罐液位、可燃气体、水质处理等，实现超限预警。

图 1-2-59 敏感区域监控系统

交通安全：对全厂车辆进行 GPS 实时监控，实现超速报警、越界报警，违章信息集中管理。

应急抢险指挥系统对应急预案、队伍、物资、气象等进行统一管理，进行应急预案的网络培训和演练，实现应急资源的在线查询、远程调度，为应急抢险提供决策支持，远程紧急控制系统界面如图 1-2-60、图 1-2-61 所示。

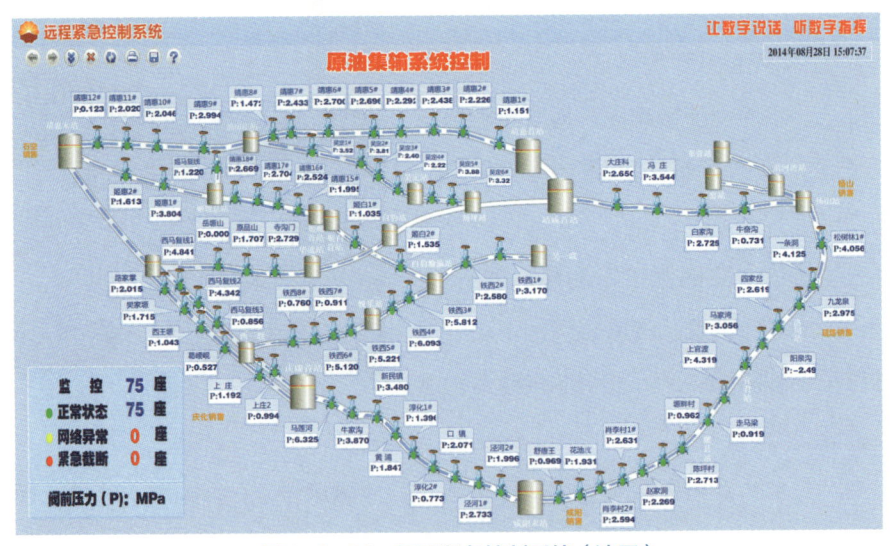

图 1-2-60 远程紧急控制系统（油田）

第一章　数字化油气田建设成果

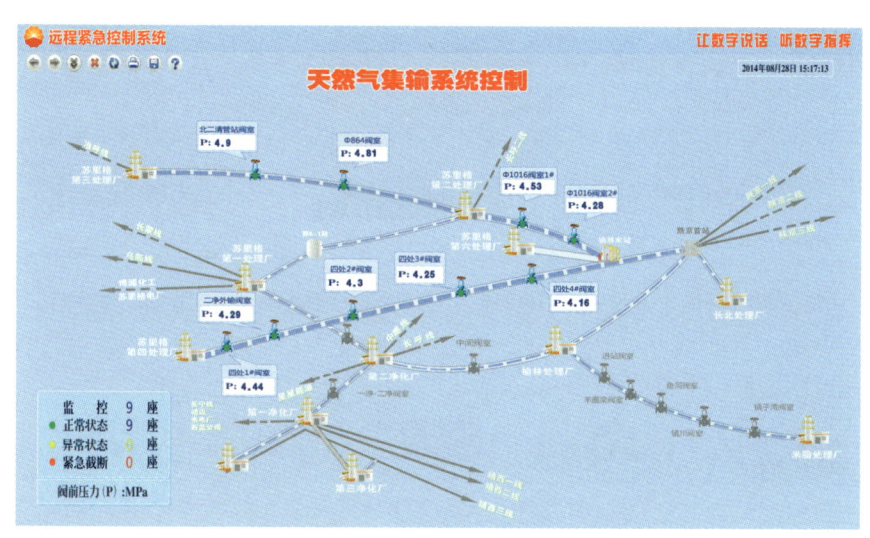

● 图 1-2-61　远程紧急控制系统（气田）

开发动态监控系统实时监控全厂井筒状况、单井动态，生产异常井预警提示，并对开发指标进行分析管理。采油厂数字化生产指挥系统结构如图 1-2-62 所示，软件系统架构如图 1-2-63 所示。

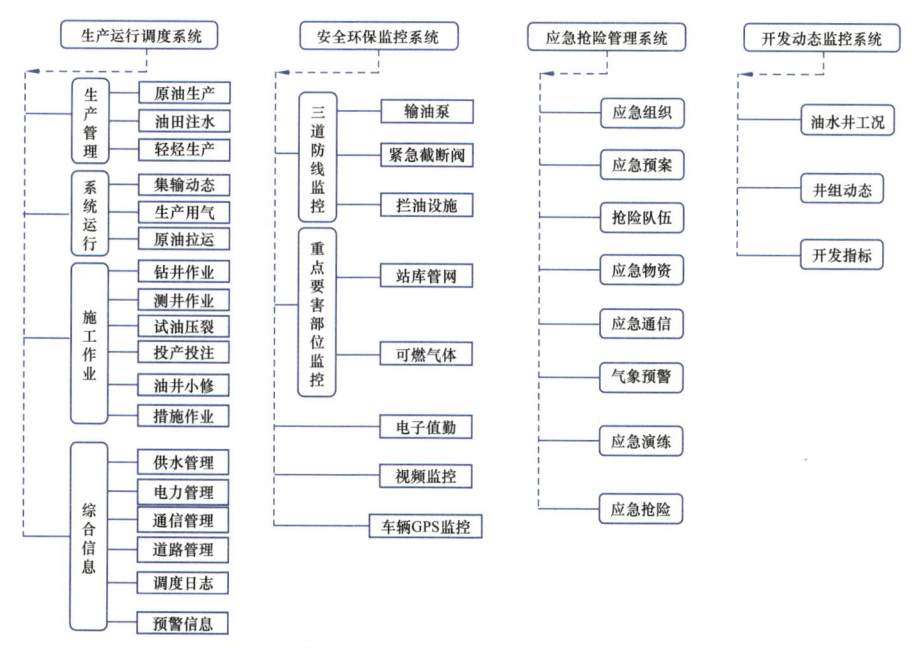

● 图 1-2-62　采油厂数字化生产指挥系统结构框架图

—51—

长庆智能油气田

图1-2-63 软件系统架构

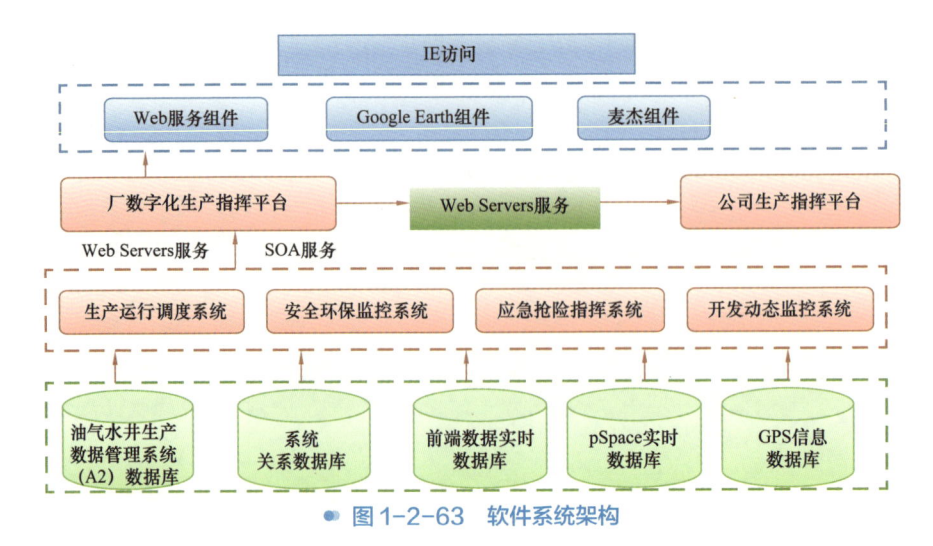

数字化后端以数字化油气藏研究为中心，建立"以精细油气藏描述为核心，多学科协同研究、一体化综合决策"的油气藏研究工作协同平台，实现油气藏数据体网络化应用、不同领域多学科协同研究、不同层级科研机构异地协同工作，最终实现科研数据共享，为油气藏综合研究、油气勘探开发生产辅助决策提供支持。

数字化油气藏研究中心协同平台包括协同工作基础、综合研究、决策支持、移动办公四个模块（图1-2-64）。

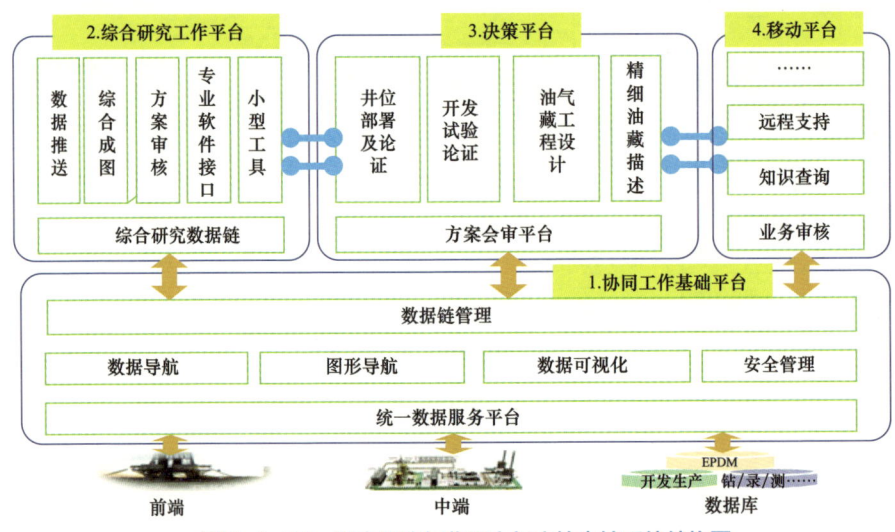

图1-2-64 数字化油气藏研究与决策支持系统结构图

协同工作基础：基于 SOA 框架与数据链理念，为各应用场景的协同工作提供基础保障，建立数据化油气藏总体 IT 框架。

综合研究：面向综合研究人员，针对不同的业务岗位定制其工作场景，为其提供便捷的数据组织、共享、应用平台。

决策支持：面向技术领导及技术人员，为一体化技术交流及方案决策提供环境，并实现远程异地协同决策。

移动办公：基于协同工作平台，为各级管理者及技术人员提供全天候的办公环境。

针对油气藏研究的不同阶段，建立勘探、评价、开发、稳产业务流程规范，建立数据标准化。科研人员能够快速提取用于科学研究的"点""线""面""体"数据。提供实时交流和数据共享的平台，充分借鉴其他专家的研究成果，在此基础上开展继承性、创新性研究。决策者讨论和确定油气井位部署、开发方案、综合分析、专题研究等工作。通过高清视频系统实现研究单位、采油厂、作业区同步进行研究分析、方案讨论，对重要工程的施工过程进行跟踪分析等。

第三节　数字化建设成效

长庆油田通过数字化管理，将信息传输、数字调控、智能控制、远程监控等多项先进技术融入油气田勘探开发、生产建设、经营管理关键环节，化解了油气产量快速增长与人力资源不足的刚性矛盾；本质安全环保水平进一步提高，一线员工劳动强度切实减轻，员工生产生活条件得到改善，员工幸福指数不断攀升。

一　数字化助推生产组织方式的转变

经过近 10 年大规模数字化建设，油田共完成 56032 口油水井、15442 座井场、1624 座站点、83 座联合站的数字化建设，作业区、各类站点 SCADA 系统全覆盖，完成 160 条 4000 余千米长输管线、36 座站（库）、62 处智能截断阀的数字化建设，实时监测长输管线运行情况，实现管线泄露预警。生产前端已经实现数据自动采集、设备状态自动监控、设备状态远程启停等功能，井场由"驻井看护、就地操作、人工判断"转变为"电子巡井、远程监控、预警报警、精准制导"的新型巡检模式。通过油气井智能间开、抽油机远程启停、源供配注一体化注水、工况智能诊断、井口紧急截断等技术研发应用与不断完善，提高了井站生产自动化水平，将没有围墙的工厂变成了"有围墙"的工厂。

1. 油气生产关键数据自动采集

采用物联网技术，安装数据采集仪器仪表37万余台，控制设备12万余台，实时采集油井功图、三项电参数、井场压力、站场压力、温度、流量等关键数据，并实时将数据传输到远端数据中心进行分析和处理，实现生产数据的快速处理分析。通过大数据分析和数字化建模，进行油气水井生产工况的智能实时工况监控，自动计算产出量，并对重点参数智能分析预警，提高油气生产精细化管理水平。表1-3-1和表1-3-2展示了数字化井场和场站数据采集及应用功能。

表1-3-1　数字化井场数据采集及应用功能

井类型	数据采集主要设备	数据采集功能
油井	载荷传感器	10分钟采集油井悬点载荷，与位移数据形成功图
	角位移传感器	10分钟采集油井光杆位移，与载荷数据形成功图
	三相电量采集模块	采集油井三相电流、电压和功率，远程启停
	井口采集器	处理油井功图、电流数据，传达启停命令
注水井	压力变送器	实时采集阀组间汇管压力及支线压力
	协议箱	数据上传及协议转换
	稳流配水仪	实时采集注水井注水瞬时流量、累计流量，并自动调节注水量或远程调整注水量
气井	压力变送器	实时采集气井油套压
	流量计	实时采集气井采气量
	截断阀	井口远程紧急切断
	井场RTU	井场数据上传、存储和处理
	太阳能/风力发电	设备及仪表供电

表 1-3-2　数字化场站数据采集及应用功能

场站类型	数据采集主要设备	数据采集功能
采油场站	压力变送器	实时采集收球筒来液、泵进出口和外输管线压力
	温度变送器	实时采集收球桶、外输温度
	液位变送器	实时采集缓冲罐、储油罐液位
	可燃气体变送器	实时监测油气区可燃气体浓度
	摄像机	监控站内视频
	变频器	输油泵频率调节，自动连续输油
	传输设备	井场数据接受，站内数据上传，分无线和有线
	PLC 机柜	站内所有数据上传、存储、命令下达
集气站	压力变送器	实时采集气井油套压
	温度变送器	装置温度实时采集
	流量计	实时采集进站及出站采气量
	截断阀	进站及外输远程紧急切断
	站内 PLC	井场数据上传、存储和处理

2. 油气生产过程全流程监控

以井、站、管线等生产基本单元的生产过程监控为主，在国内油气田企业首次应用 5 万点以上的国产 SCADA 产品，覆盖 119 个作业区、2553 座站点、23.7 万台（套）生产设备远程管理，构建了长庆油田采油作业区 SCADA 工业控制系统。实现对站内及所辖油水井生产数据的实时监测、安全风险预警提示、油水井工况动态分析等功能，达到了对站点及其所辖井场生产全过程监控的目的。

油水井生产集中监控：根据作业区站点、生产单元应用重点和范围的不同，将用户划分为作业区级、生产单元级和站点级别，监控主体上移至作业区，监控界面功能更强、范围更大，流程清晰更易管理（图 1-3-1）。

产量监控：作业区建立了集原油输差监控、报表修正对比和重点参数实时数据导出为一体的产量监控体系。在流程画面和运行报表中增加站间原油外输与收到量对比，便于岗位员工每两小时对原油外输量和收到量、压力进行对比、查看。有效监控原油生产运行和管线运行情况（图1-3-2，图1-3-3）。

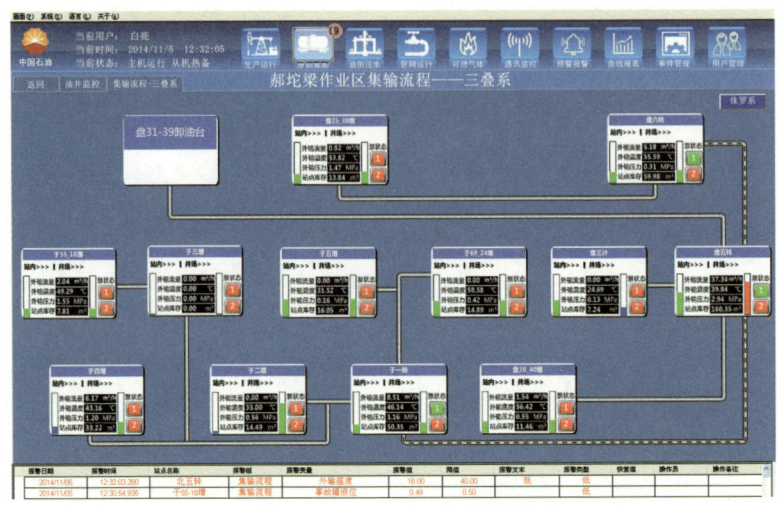

● 图1-3-1 作业区集输流程图

● 图1-3-2 产量监控界面

注水监控：建立了"作业区—生产单元—站点—井组"的"四级注水监控"模式，强化了作业区和生产单元干部对注水的日常监控职能，实时配注合格率由92.40%提高至99.34%（图1-3-4）。

● 图 1-3-3 产量监控报表

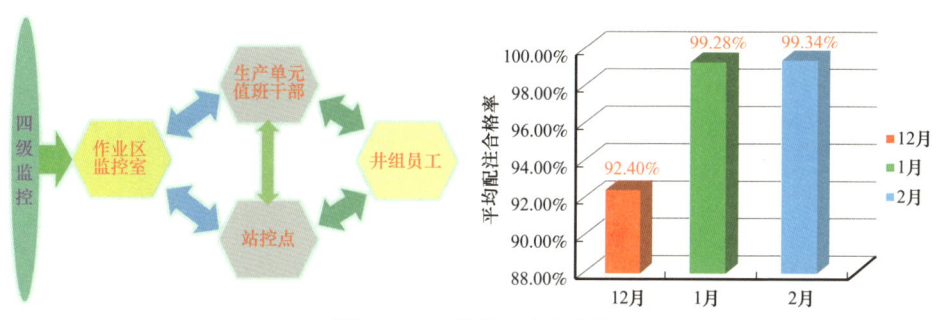

● 图 1-3-4 作业区注水监控图

实时管网监控：作业区通过管网曲线、井站视频监控成功发现盘 55-24 偷盗原油、新三增外输管线破、冯 66-62 增管线破等 13 次特殊情况，有力支撑了集输管网受控运行（图 1-3-5）。

采油作业区 SCADA 系统将油田生产过程相关数据集成在统一平台上，通过统筹规划、统一设计，解决了作业区层面生产监控信息不能全面共享、前端数据利用率低等问题，已成为生产运行、技术管理等岗位人员日常工作的依赖工具。

通过作业区 SCADA 系统，形成了站点、应急班、调控中心、生产技术室和经理等不同岗位、不同级别的多级监控体系，结合生产参数分级报警、逐级推送的功能，使作业区安全生产实时处于监控状态（图 1-3-6）。

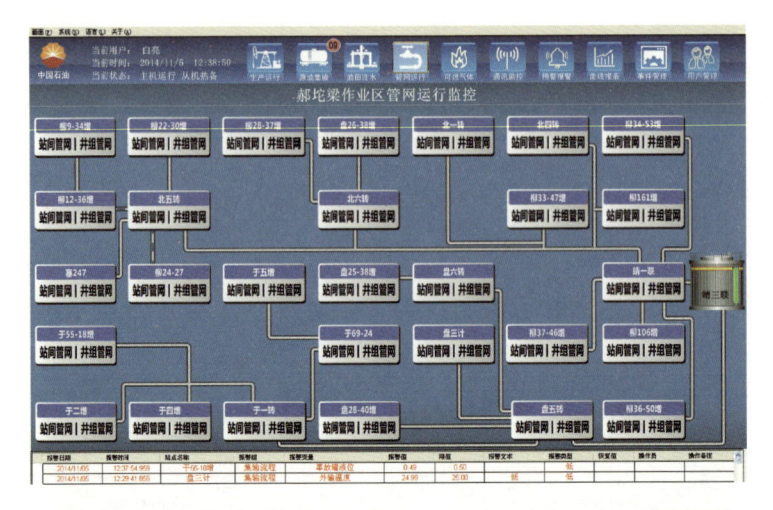

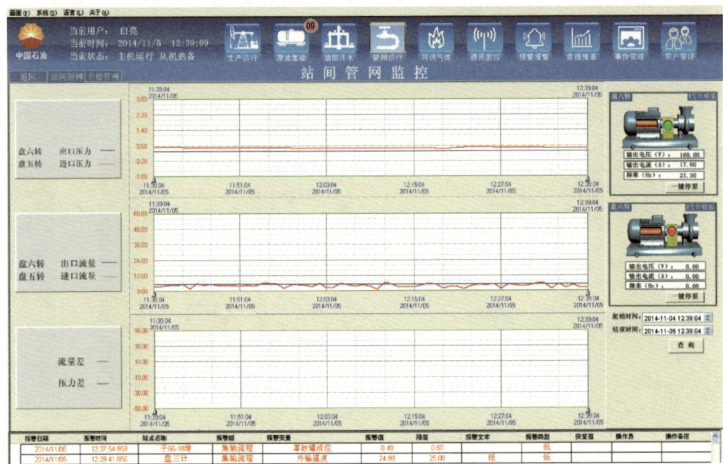

● 图1-3-5 实时管网监控图

● 图1-3-6 作业区安全监控方式变化

作业区 SCADA 系统实施前，作业区以站点为中心，井场无人值守，生产指令电话下达，站点组织生产。实施作业区 SCADA 系统后，作业区不同管理层面通过 SCADA 系统，生产运行集中监控、实时指挥，作业区及时掌握产进、库容等真实生产情况，生产运行上下一体透明，能高效指挥作业区生产力量。通过作业区 SCADA 系统规模应用，工业自控投用率达到 100%，整体国产化率 90% 以上，建立了适合长庆油田的统一数据采集与控制管理平台，实现了油气生产物联网系统全流程的协同一体和闭环管理。

二 数字化助推生产发展方式和科研方式的转变

建成了支撑主营业务的四大集成应用平台，实现集约化管理。通过搭建以"生产运行与应急指挥、ERP 和协同办公"为代表的集成应用平台，构建统一生产经营管理平台，实现了生产调度、安全环保、应急抢险和辅助保障的分类分级管理，促进了传统生产管理向数字化、智能化转型，解决了系统数据不共享、业务贯通难、审批周期长等问题，通过效率提升，为油田主营业务发展提供了强力支撑。

1. 数字化生产指挥系统（OCEM）

以油气集输、安全环保、应急抢险为核心，按照公司、厂处、作业区"三级"架构，建设如图 1-3-7 所示的数字化生产指挥系统，确保现场生产高效有序、受控运行；打通生产经营数据，推进生产经营一体化，实现区域整合运营、资源统一调度、人财物精准管理，促进生产管理模式深刻变革。生产运行与调度：对生产运行业务全过程闭环管理，实时监控油气生产，精准把控运行态势，实时报警异常情况，实时推送信息指令，提升生产组织实时性、机动性，助推生产调度工作方式的变革，确保生产经营受控运行；建立供水、供电、道路、通信在线监控系统，推动重点生产区域、规模建产区域的五保措施落实，为生产建设提质增效提供保障。安全环保监控：面向油气田井筒工程、油气集输巡检、场站风险作业、施工工地、管道泄漏检测、交通运输，集成视频监控、GIS、系统业务数据形成统一的平台，通过全流程可视化监控、标准作业程序在线指导、图像化溯源、安全大数据分析，严守关键工序、施工质量，及时预警报警，提升质量安全环保一体化管控能力。开发监督管理模块，促进"监督管理流程化、监督任务标准化、监督内容表单化、表单信息移动化"，让监督现场检查真实有效，风险管理始终处于受控状态。应急抢险指挥：建立流程化的应急管理体系，按照资源共享、重点突出、节约高效的原则，统筹优化各类应急抢险资源，实现应急现场可视化、应急资源协同化、应急救援专业化、应急处置规范化。

● 图1-3-7　数字化生产指挥系统

2. 统一经营管理平台

搭建了统一协同的经营管理平台，实现了从分散到集中的跨越式转变（图1-3-8）。ERP系统已经覆盖了勘探与生产8个渠道的投资、10个类型的项目、60大类物资、24大类设备、6类油气产品销售等核心业务，全部实现在ERP系统一体化平台上运行管理，成为长庆油田主要生产经营管理平台。

3. 协同办公平台（COP）

通过整合集成，建成覆盖全公司横向至各部门、纵向至各层级的流程化、标准化、表单化业务协同办公平台（图1-3-9）。实现了一站式协同办公决策，移动APP一体化应用，解决了过去分散、独立业务系统数据不共享、业务贯通难、审

第一章　数字化油气田建设成果

图 1-3-8　经营管理平台功能

图 1-3-9　协同办公平台功能

批周期长等问题。通过让数据跑路，减少了员工跑路，达到了规范管理，提高工作效率；节省运营成本；消除信息孤岛、资源孤岛；促进知识传播；提高企业竞争力、凝聚力"五大"成效。

通过工作流系统，各种文件、申请、单据的审批、签字、盖章，都可在网络上进行，工作审批流程的规范可为员工节省大量工作时间。一些处理弹性大而不易规范的工作流程变得井然有序，不合理的环节也可以随时根据实际情况进行调整。实现了无纸化办公，节约了大量的纸张及表格印刷费用，降低电话费及差旅费用。彻底消除内部各业务系统相互独立、数据不一致，信息共享程度不高、管理分散，管理维护工作量大等因素形成的一个个"信息孤岛""资源孤岛"。同时，实现了企业对重要资产——知识的高效管理、积累沉淀、传播、应用，摆脱了人员流动造成的知识流失。信息反馈畅通，为发挥员工的智慧和积极性提供了舞台，内部凝聚力将大大增强。

4. 数字化油气藏研究与决策支持系统（RDMS V2.0）

为克服传统科研工作方式下数据资料收集整理费时费力、多学科协同难度大、成果转化周期长、科研生产结合不紧密等突出矛盾和问题，长庆油田以"一体化研究、多学科协同"为理念，提出构建企业级大科研平台，开发建设一体化、协同化、实时化、可视化的数字化油气藏研究与决策支持系统（RDMS V2.0），包含了"五大平台、29个研究环境、22个主题系统"，实现了盆地级数据服务、企业级协同共享、一体化油藏分析，促进资源整合、团队协同、知识共享，以及研究、决策、管理与执行的一体化，提高科研决策的质量和效率30%以上，促进了大科研体系的形成，有效支撑了长庆油田上产稳产（图1-3-10）。

建立盆地级数据资源池。整合各类动静态数据资源，研发油气藏数据链，面向研究岗位、地质单元、专业软件、应用场景主动提供数据服务，实现了从"找数据"向"推送数据"的转变。对油田公司地震、钻、录、测、试、分析实验、油气生产、动态监测、地质图件、研究成果等各类动静态数据进行整合集成，实现集中统一管理，按照"平台统一、任务驱动、源头采集、集中管理、全面正常化"的

第一章　数字化油气田建设成果

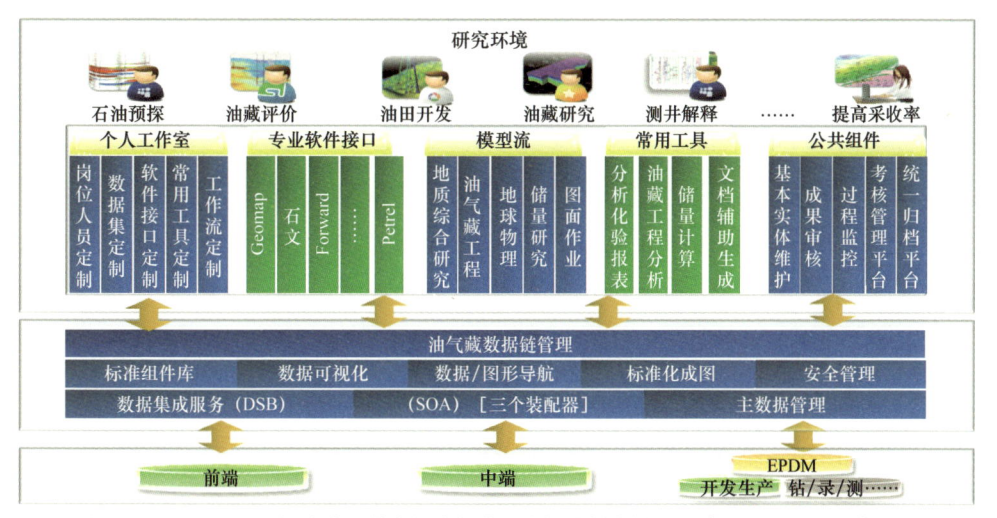

● 图 1-3-10　长庆油田数字化油气藏研究与决策支持系统（RDMS V2.0）

原则数据涉及油气井 14 万余口、5 亿多条记录、20TB 容量，研发数据服务接口，通过一站式服务，科研人员用于数据收集的效率提高了数十倍。自主研发地质信息与图面作业系统（CQGIS）。融合 ArcGIS 图元定位、数据导航、空间分析与智能成图等技术，将点、线、面数据有机结合，实现平、剖、柱地质模型快速可视化展现与在线实时交互分析；面向油气预探、油藏评价、地震测井、油气田开发、钻采工艺等专业领域，开发数十款专业软件结口，提供数据整合应用、在线分析工具、地质图件导航与图面作业、油气藏可视化等信息技术服务，有效提升了油藏研究分析的自动化、智能化水平。

实现多专业协同研究决策。围绕地质工程一体化、油气藏动态分析、矿权储量管理等开发了 16 个决策主题系统；通过自组织项目团队创建、成果授权共享等方式，构建了新型数字化科研管理模式，克服了传统职能管理模式和项目管理模式的不足，打破部门、地域、学科壁垒，促进甲乙方、前后方、地面地下、油气的协同对接，做到纵向贯通、横向共享，改变了过去"单兵作战、小项目团队"的工作方式，达到了基于同一平台的协同工作、远程共享和集中管理，促进了科研生产良性互动与成果快速转化。RDMS V2.0 日访问用户超 3000 人次，真正成为科研技术人员日常工作平台，有效支撑了长庆油田 6000 万吨建设及持续稳产。

— 63 —

三 全方位可视化监控、安全环保风险控制能力得到大大加强

视频监控系统是安全防范系统的组成部分，随着长庆油田数字化的建设，视频监控范围基本覆盖油田各生产作业现场，作业现场视频覆盖率达到90%以上，建成各类场站闯入视频监控报警、电子路口车牌识别等视频监控34000余套。通过视频整合，实现了井场闯入智能报警、无人值守和远程监控；通过公司生产指挥中心和办公桌面对生产及作业全过程可视化监管、智能识别、违章预警，让作业可知、让现场可视。实现生产作业过程实时可视化监控（图1-3-11）。

● 图1-3-11 长庆油田视频监控系统

建立了"三防四责"体系，加强油田公司油气泄漏防治工作，全面提升安全环保防护能力，有效防止发生颠覆性安全环保事故，这既是落实科学发展观的客观要求，也是油田加快发展的现实需要。长庆油田充分运用数字化信息技术，通过人防、物防、技防等措施，打造了三道防线、形成了公司（一级）、厂处（二级）、作业区（三级）、岗位（四级）四级主体防治责任；筑牢了上至公司、下至岗位的四级防控体系，既能做到正常时期的即时监控、预警，又能在发生油气泄漏等非常时期，在第一时刻及时发现、第一时间快速处置、第一现场有效抢险，将事故消灭在萌芽状态，将损失控制在最小范围，将影响降低到最低程度。简单来说，就是

"便监测、能预警、易控制、利抢险"。真正达到杜绝原油泄漏进入县级以上饮用水源地，杜绝原油泄漏进入渭河、黄河等主要河流的目的。

第一道防线：联合站以上输油泵远程监控、预警报警，经站控系统紧急停泵；经公司全面摸排，确定对环境敏感区 37 座联合站以上 91 台输油泵进行数字化技术改造。实现了远程、实时、连续监控泵的压力、排量等运行参数（图 1-3-12）。

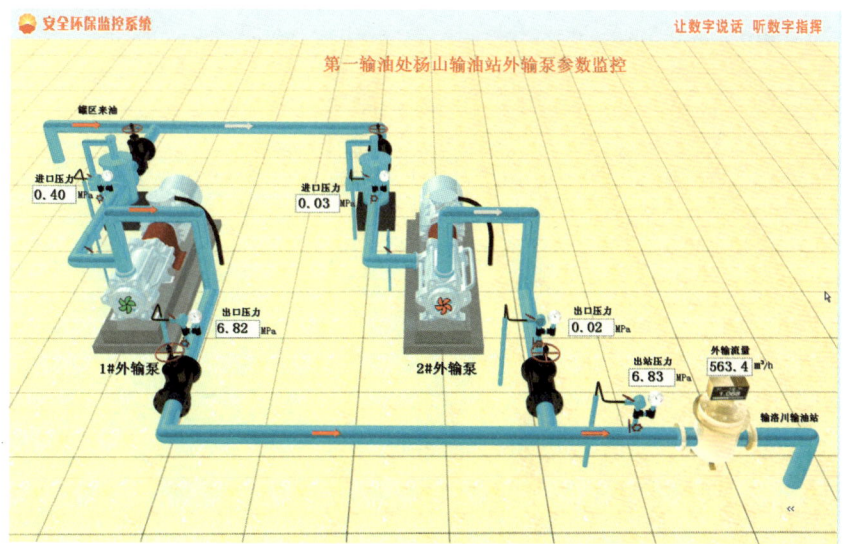

● 图 1-3-12　长庆油田"三防四责"监控体系第一道防线

通过对监控参数运行曲线的分析，可及时准确判断异常情况和泄漏部位，出现异常可自动预警报警，发现原油泄漏时，通过站控系统可实现远程紧急停泵（图1-3-13）。

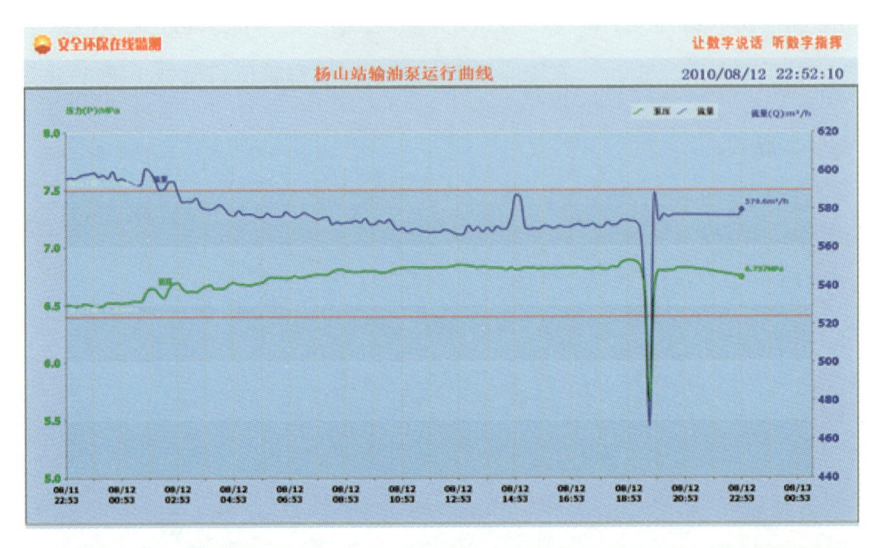

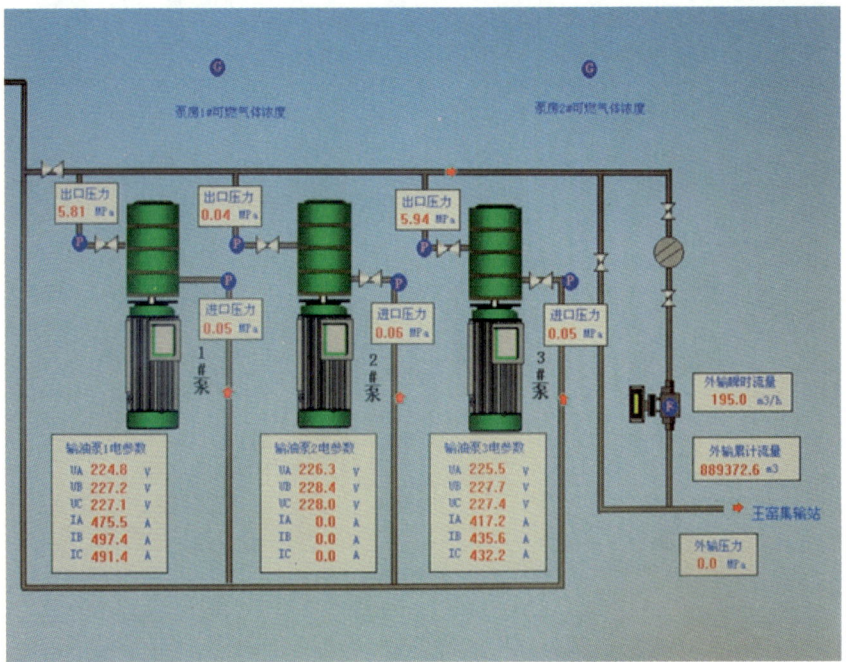

● 图1-3-13 长输管线截断阀远程紧急截断

对 3 个输油单位、10 条长输管线、62 座截断阀室进行数字化技术改造。研发了弱电驱动远程紧急截断阀。远程、实时、连续监控截断阀的阀前、阀后压力，温度，开启度等运行参数。可对截断阀视频远程监视，并对阀室可燃气体浓度远程探测。发现油气泄漏时，经中控操作系统实现远程紧急一键截断（图 1-3-14）。

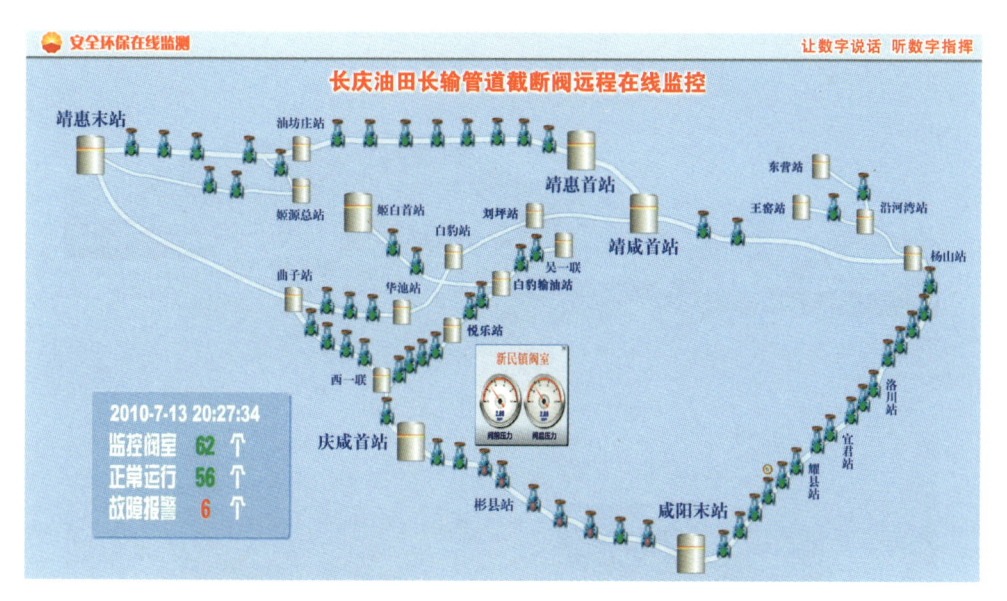

● 图 1-3-14 长庆油田"三防四责"监控体系第二道防线

第三道防线：在水源地、泾河、洛河、延河等主要河流建设应急抢险拦油设施。认真排查油区水系分布，选择便于拦截和应急抢险的河段，建设预防性拦油基础设施。在油区内9条河流、2个市级饮用水源地建设了12处38道拦油设施（图1-3-15）。为便于应急抢险，打通道路、保障通信，对重点拦油设施修建码头，架设应急索道。

● 图1-3-15　长庆油田"三防四责"监控体系第三道防线

在拦油设施附近，合理布设7个应急抢险物资储备库，足量储备应急抢险物资（图1-3-16）。同时，积极开展原油泄漏应急演练，增强各级应急抢险快速反应和处置能力（图1-3-17）。

● 图1-3-16　长庆油田"三防四责"应急物资

● 图 1-3-17　长庆油田"三防四责"应急云演练

长庆油田通过建立"三防四责"体系，真正实现了多级监视、远程截断、统一应急调度，人员远离风险区域；对人员操作、管线运行、环境敏感区、设备状态实时监控，安全、环保风险有效受控，全面提升环境敏感区油气泄漏防护能力。

通过数字化建设，减少车辆巡护、巡检次数；减少员工巡井和井口操作频次；避免抽油机现场启动带来的风险；数据自动采集、系统预警功能降低高压、高温装置的巡检、操作风险（表1-3-3）。

表 1-3-3　数字化消除油田 10 类安全风险

区域	应用技术	作业岗位	风险消减
油井	远程启停抽油机	站外巡检	机械伤害、电器伤害
	抽油机电参采集	电工	电器伤害
	视频监控	站外巡检	防盗监控、交通风险
	功图法量油	试井工	机械伤害、高空坠落
水井	稳流配水	站外巡检	高压刺漏、机械伤害
站库	加热炉火焰监测及点火	站内巡检	火灾爆炸、油气中毒
	大罐液位计量	站内巡检	高空坠落、油气中毒
	输油泵变频自动启停	站内巡检	机械伤害、油气中毒
	无人值守	站内巡检	机械伤害、油气中毒
管线	管线泄漏报警定位系统	站外巡检	环境污染、交通风险

四 构建新型劳动组织架构，推动企业数字化转型

通过数字化技术与生产相结合，助推了油田企业劳动组织架构的转变、生产组织方式的转变和生产运行方式的转变，提升了传统产业链管理水平，促进了信息化与工业化的融合。

数字化助推劳动组织架构的转变：结合产能建设和老油田数字化改造，实施地面系统的工艺优化简化，通过关停并转，2009年至今，实现关停站点25座，优化站点65座。打破了传统的三级布站模式，油气集输系统取消了计量站，建设无人值守数字化输油橇，实现了"油井—数字化输油橇—接转站—联合站"布站的"二级半"布站模式，以及"油井—接转站—联合站"的二级布站模式，工艺简捷、能耗低，满足和适应了简化优化后油田的油气集输生产需求。通过数字化建设，在油田取消井区、集输队，应用数字化增压橇等技术，油田管理层级由过去的"四级"简化为"二级"；将采油作业区生产管理直接由场站监控中心延伸至油井井口，进一步实现劳动组织架构的扁平化。

建立了按流程管理的新型油田劳动组织架构模式：长庆油田通过多年的生产发展，逐步形成了采油作业区——线井区—站场—井场的生产管理流程和集输大队—联合站的集输管理流程，独立运行，原油生产流程为油井—场站—集输队（联合站）的模式，横跨两个管理流程，管理机构多，工作协调难度大；而新型管理模式为作业区（联合站）—增压点（注水站）—井组（岗位）或作业区（联合站）—井组（岗位），实现行政管理与生产管理相统一（图1-3-18，图1-3-19）。

数字化助推了生产组织方式的转变：通过生产管理系统、生产运行指挥系统和安全环保风险感知系统的应用，实现生产多级监视、智能判识、预警报警和远程监控，变革了信息采集、传递、控制与反馈方式。传统的经验管理、人工定时巡检的被动方式转变为智能管理、机器实时巡检，技术人员集中研究解决生产中的技术难题；推行按生产流程管理，作业区重点是油井、井组的管理，采油厂重点是油藏管理，公司重点是生产协调、应急指挥、产能建设和开发方案管理。作业区及时掌握

第一章 数字化油气田建设成果

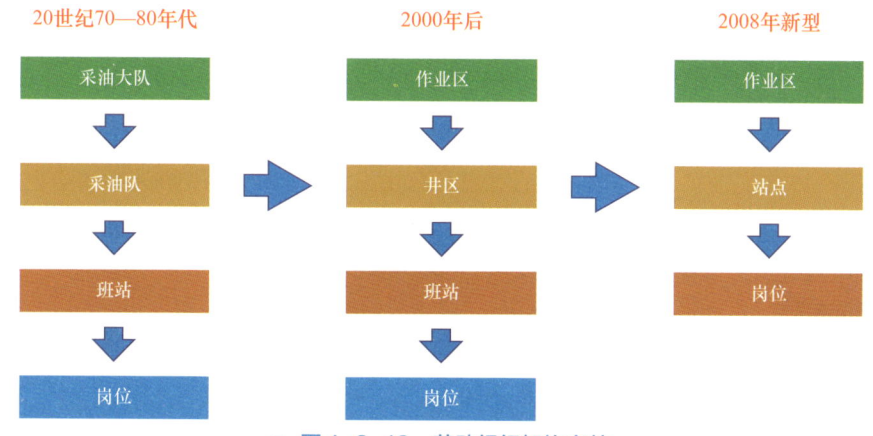

● 图 1-3-18 劳动组织架构变革

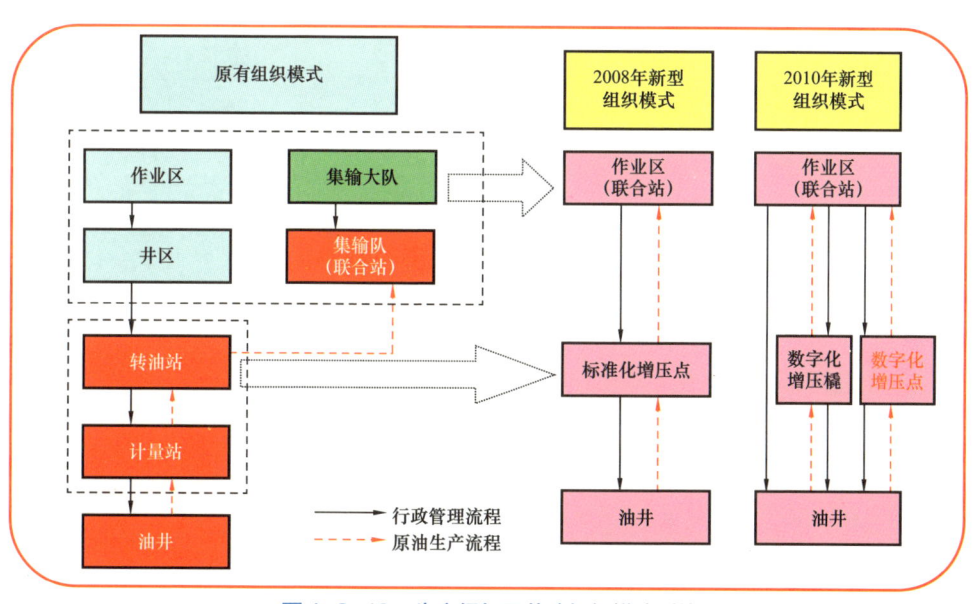

● 图 1-3-19 生产组织及劳动组织模式对比图

辖区产进、库容等真实生产情况，产量监控由原来的每 4 小时人工盘库转变为实时监控，生产运行上下一体透明。

应用功图计产、抽油系统工况诊断、注水井稳流配水、视频智能闯入报警、远程控制和气井自动监控等技术实现电子巡井，由机器代替人工巡井，能快速、有效地发现生产问题，将传统的经验管理、定时检查的被动方式转变为智能管理、实时监测的主动巡检方式。油井远程诊断分析技术日趋完善，每 10 分钟对油井实施一次"把脉体检",成为实时监测油井生产动态的"千里眼"和精确掌握油井工况的"CT"机,使生产指挥者更加及时清楚地掌握生产进度(图1-3-20)。

● 图1-3-20 电子巡井降低劳动强度

经过多年数字化建设探索实践,长庆油田形成了"三端、五系统、三辅助"的数字化管理框架体系,有力支撑了油田公司各项主营业务发展,达到了业务流与数据流相统一、行政管理与业务管理相适应的一体化管理模式。通过全力推进数字化建设与应用,大大提升了油气田生产管理水平和效率,催生了劳动组织架构的变革,实现了生产组织方式的改变。只要有网络的地方,就可以对大漠深处、梁峁之间的油气井、装置设备进行远程管理。数字化管理方式大大提高了生产管理水平和效率,提升了安全监控能力,降低了一线员工劳动强度,改善了生产生活条件,改变了员工过去"晴天一身土,雨天一身泥"的工作状况。

在推进油气田数字化建设过程中,我们深刻地认识到,解放思想、实事求是,在实践中创新是数字化管理建设的思想保障。思维创新是实施数字化管理建设的前提。将数字化技术应用于油田生产前端是油田公司对信息化应用观念的创新与实践,有别于以往的自动化、信息化。通过对生产前端的数据采集和油水井远程控制系统的搭建，使原有信息由"纸面化、片段化"向"生产化、管理化"转变，员工在生产一线的真切体会和感受证明了在油田环境下，已有的数字化建设配套关键技术是稳定的、可信赖的，是适用于生产需要的。广大员工对生产方式从"看得见"到"看不见"转变的信任，对工作强度从"走着干"到"坐着干"转变的认可，对工作效率从"人均一口井"到"人均十口井"转变的信心，是实现对数字化深度应用创新的思想基础保障。工欲善其事，必先利其器，应用信息网络技术、计算机技术、先进的加工技术、新工艺、新技术、新材料，经消化吸收、功能拓展，为实现数字化管理奠定了建设基础。以油水井管理为例，通过油井远程启停、低产井智能间开、注水井远程调配、管线泄漏预警等单项技术攻关，实现了油水井集中管控、自动运行。以"井、站、线"为核心，通过技术的迭代繁衍、优化集成，研究形成故障智能诊断、区域性连锁控制、智能预警等一体化管控集成技术，实现智能化油水井智能化运行。数字化建设为实现扁平化管理提供支撑，新型劳动组织架构的建立促进数字化管理成果的进一步扩大。长庆油田数字化建设覆盖井站线全流程，通过油井远程启停、冲次自动调节、油井电机功率监测、自动投球、站内流程自动切换、应急流程一键启动等关键参数监测和关键过程控制，实现了员工从"离开单井"到"离开小站"再到"集中办公"的管理架构扁平化。

我们也充分认识到，数字化必须与工艺流程优化、生产运行管理和劳动组织架构相结合，才能发挥应有作用，"手握越海帆、才敢渡蓝洋"，长庆油田数字化管理紧紧围绕"管理要重塑、工艺须先行"的工艺管理一体化配套思路，通过深耕集成一体化装备技术储备创新，形成了包含数字化增压橇、数字化混输橇、数字化注水橇、数字化橇装联合站等橇装集成装置，改变人们对传统建站理念的定义，使传统建站从"建一座房"到"吊一个箱"的转变成为现实，同时，以高度集成、高度自动化、远程可控、远程可视的数字化配套，消除了人们对传统建站的安全、成本、运营、管理、组织等思考模式，从而实现原油集输工艺从"井、站、联合站"到"井橇、联合站"的本质优化。

长庆油田通过近十年的数字化集中建设与集成应用，为油田上产稳产提供了有力的信息化支撑，促进了传统油气生产管理方式的转变。随着智能化时代的到来，现代化企业管理对信息化提出了更高的要求，要求企业顺应科技革命和产业变更趋势，不断深化大数据、云计算、人工智能、5G等新一代信息技术应用，激发数据要素，创新驱动潜能，助力企业管理升级。勘探与生产分公司的梦想云建设蓝图顶层设计，为长庆油田在数字化转型智能化发展指明了方向。

第二章
数字化转型的总体蓝图

本章围绕长庆油田在快速发展中面临的机遇和挑战,从国家、中国石油总部、中国石油上游业务板块、长庆油田四个层次分析了长庆油田数字化转型所面临的重要机遇和挑战,重点介绍了长庆油田数字化转型的总体设计、转型基础、转型思路、转型目标及转型方向。

第一节　面临的机遇

当前全球经济已经进入数字化、智能化时代，是以大数据、云计算、人工智能、移动互联、5G 等技术为代表的新一代信息技术综合应用的新时代，是多学科深度交叉融合、实体经济与虚拟经济高度融合的新时代，是人的需求与技术共同进化与融合的新时代，是推动社会变革、创造人类生活新空间的重要力量。信息化发展事关国家竞争力和民族未来，习近平总书记在全国网络安全和信息化工作会议上强调："信息化为中华民族带来了千载难逢的机遇""我们必须敏锐抓住信息化发展的历史机遇"；在中共中央政治局第九次集体学习时强调："把握数字化、网络化、智能化融合发展契机，在质量变革、效率变革、动力变革中发挥人工智能作用，提高全要素生产率"。

一　数字化转型智能化发展是企业高质量发展的客观需要

国家大力推进以物联网、大数据、云计算、人工智能、工业互联网等新一代信息技术为内容的新型基础设施建设，为油田企业数字化转型智能化发展带来新的重大机遇。中国石油提出了信息化战略发展和智能化建设总体要求，以智能油气田建设为目标，落地"两统一、一通用"的信息化蓝图，顶层整体设计、分工分批实施，强化组织管理，整合各类资源，大力推广人工智能等先进技术，加快智能油气田建设步伐，力求"十四五"末基本建成智能油气田，"十六五"末全面建成智能油气田（图 2-1-1）。

勘探与生产分公司提出了上游业务信息化顶层设计，即以集成共享为目标的梦想云建设蓝图，以统一数据湖、统一云平台支撑油气勘探、开发生产、协同研究、生产运行、经营管理、安全环保、工程技术、油气销售八大通用业务应用一体化运营，形成上游"一朵云、一个湖、一个平台，一个门户"建设蓝图（图 2-1-2）。

第二章　数字化转型的总体蓝图

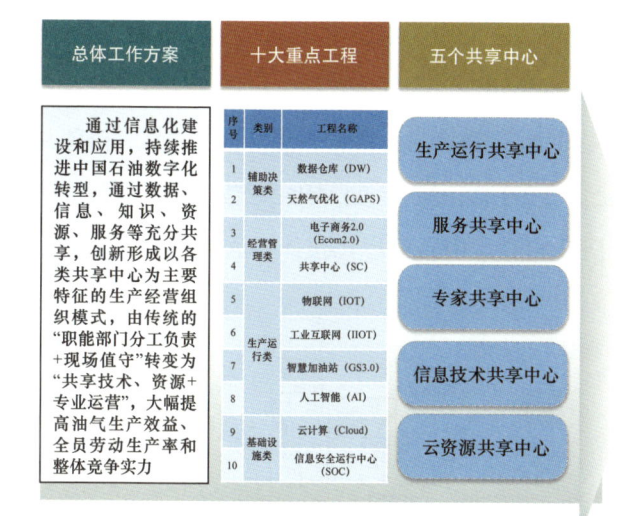

总体工作方案	十大重点工程	五个共享中心
通过信息化建设和应用，持续推进中国石油数字化转型，通过数据、信息、知识、资源、服务等充分共享，创新形成以各类共享中心为主要特征的生产经营组织模式，由传统的"职能部门分工负责+现场值守"转变为"共享技术、资源+专业运营"，大幅提高油气生产效益、全员劳动生产率和整体竞争实力	序号 类别 工程名称 1 辅助决策类 数据仓库（DW） 2 天然气优化（GAPS） 3 经营管理类 电子商务2.0（Ecom2.0） 4 共享中心（SC） 5 生产运行类 物联网（IOT） 6 工业互联网（IIOT） 7 智慧加油站（GS3.0） 8 人工智能（AI） 9 基础设施类 云计算（Cloud） 10 信息安全运行中心（SOC）	生产运行共享中心 服务共享中心 专家共享中心 信息技术共享中心 云资源共享中心

数字化转型智能化发展

● 图 2-1-1　中国石油信息化战略部署

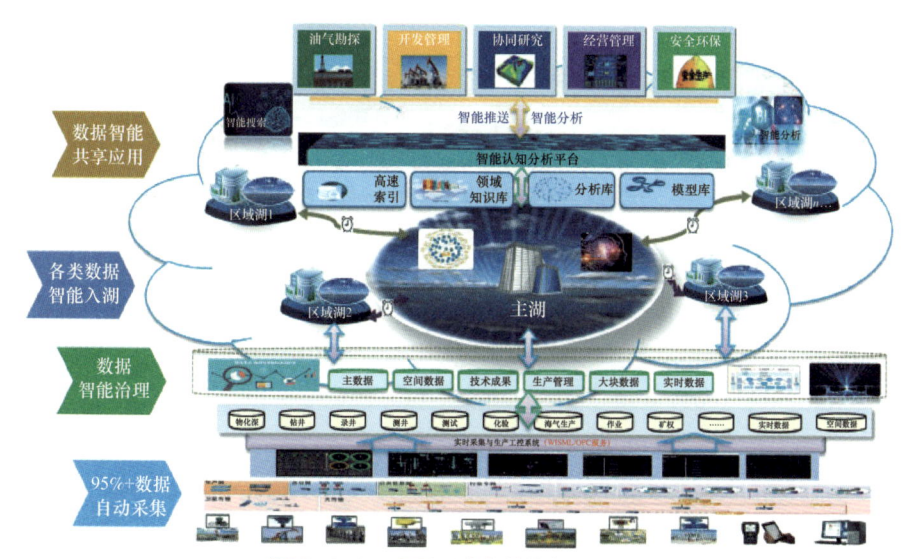

数据智能共享应用

各类数据智能入湖

数据智能治理

95%+数据自动采集

● 图 2-1-2　中国石油上游信息化顶层设计

勘探开发梦想云平台的正式发布，标志着中国石油上游业务信息化迈入一个更高阶段，开启数字化转型新篇章，也为解决难题迎来了新的契机。按照上游业务顶层设计的统一部署，中国石油负责保障基础设施、网络、硬件和软件需求，做好相关统建项目的立项管理及认知计算、数据仓库等统建项目实施；板块公司负责持续完善顶层设计、审定各油田配套方案，加强数据湖、平台、通用业务应用建

— 77 —

设，组织实施专业软件统购及云化工作，并负责通用应用推广；各油气田公司按照顶层设计和相关标准，负责油田信息网络建设、物联网建设、区域湖建设、数据入湖治理及特色配套应用项目建设。从而实现整合各方资源，调动各方力量，搭建共创共建、共享共赢的信息生态。上游业务顶层设计是油气田企业数字化转型智能化发展的指导意见和方法论，为长庆油田制定自身信息化整体长远规划提供了依据（图2-1-3）。

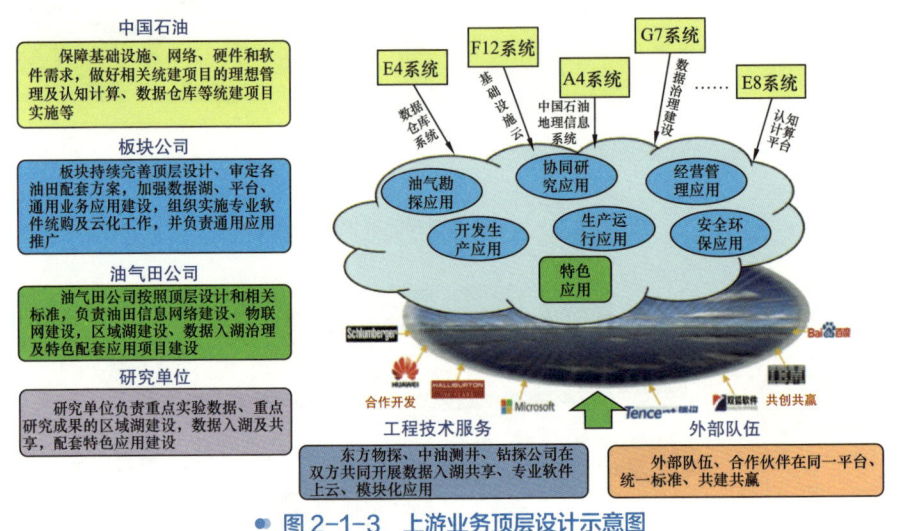

● 图2-1-3　上游业务顶层设计示意图

二、"油公司模式"改革对油气田智能化发展提出了新要求

长庆油田制订"油公司"模式改革方案，到2020年末，初步建成"主营业务突出、辅助业务高效、生产绿色智能、资源高度共享、管理架构扁平、劳动用工精干、市场机制完善、经营机制灵活、制度流程顺畅、质量效益提升"的长庆特色"油公司"模式。在推进模式改革的过程中，提出了"大部制、扁平化、区域共享、作业区经营油藏、服务市场化"等举措，构建"作业区—中心站—无人值守站/井场"的新型组织架构。智能化条件下的"无人化生产、无人值守、全业务链价值优化"是支撑改革的关键手段（图2-1-4）。

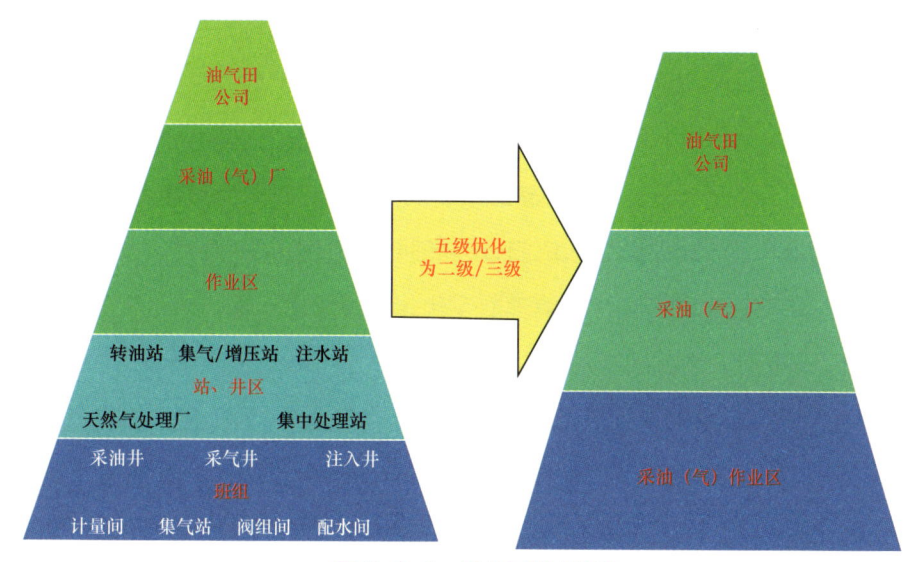

● 图 2-1-4　油公司模式改革

三　高质量二次加快发展为油田数字化转型带来了新机遇

长庆油田制定了新时期"二次加快发展"规划，即长庆探区 2020 年原油产量实现 2500 万吨，天然气产量实现 420 亿立方米；2025 年原油产量达到 2800 万吨，天然气产量达到 500 亿立方米，油气突破 6800 万吨油当量（图 2-1-5，图 2-1-6）。油气田持续上产稳产为数字化发展带来了新的机遇。

● 图 2-1-5　原油产量部署

● 图 2-1-6　天然气产量部署

四、新一代信息技术为数字化转型智能化发展创造了条件

物联网、大数据、云计算、移动互联、人工智能等新一代信息技术飞速发展，促进了人们生产生活方式巨大变革，长庆油田要敏锐把握时代趋势，按照中国石油顶层设计，积极推动油气田生产管理数字化转型智能化发展，重点加强共享、协同、融合、创新四个方面的能力提升。

近年来智能手机的快速普及，人们逐渐习惯于使用手机处理日常事务，手机 APP 一时间成了企业员工工作学习不可缺少的重要载体。常见的"学习强国""企业微信""铁人先锋"等移动应用平台，为智能化建设提供了很好的借鉴。

五、精益生产管理需求是油田数字化转型智能化发展的源动力

资源品位进一步下降，效益开发压力大。油田剩余资源以超低渗Ⅲ类和页岩油Ⅰ类＋Ⅱ类为主，气田以致密气、深层复杂气藏为主，"甜点"优选、控投降本难度进一步加大，需要进一步提升地质工程一体化水平和成本精细管控能力。

老油气田安全隐患问题突出、非常规作业工作量大。主要表现在长停井、低产井、套损井比例逐年增加；采出水有效回注、管道隐患、措施返排液等方面面临较大风险，安全环保风险防控压力大；非常规油气水平井作业、大型体积压裂工作量激增，需要加大全流程可视化建设力度，支撑质量安全风险管控。

企业资产体量大，核心资产精细化管理水平亟待提升。长庆油田目前总资产3686 亿元，按照加快发展规划，年投资仍将保持较高水平，折旧折耗持续增长，完全成本和投资控制的压力进一步增加，储量、产量、投资、成本、效益价值链优化管理难度加大，需要持续加强生产经营一体化，促进业务和财务的有效融合，提升油气藏经营管理水平。

第二节 面临的挑战

传统油气田企业是典型的技术密集、资金密集、劳动力密集行业。随着经济社会发展，企业用工成本刚性上升，已成为影响油气田效益发展的制约因素。通过自动化、信息化、数字化、智能化成熟技术的规模应用，实现传统油气生产方式、管理模式的变革，大幅度节约一线劳动用工，成为企业降本增效的重要途径。尤其在当前面临低品位资源、低油价双重压力下，数字化转型显得尤为迫切。

一、"信息孤岛"制约着数字化转型智能化发展

在长庆油田数字化建设进程中，不同专业、不同层级的业务部门为了解决自身业务需求，围绕业务工作，开发或引进了一个个独立的应用系统。每建立一个应用系统就会单独建立一个数据库，不同的应用就拥有不同的数据库。这些分散开发或引进的应用系统，大多追求"实用快上"的目标，忽视了数据标准或信息共享问题。同时，这些数据库可能来自不同的厂商、不同版本，各个数据库自成体系，互相之间没有联系，数据编码和信息标准也不统一，从而导致"信息孤岛"不断产生。

油气田统建、自建系统多达上百个，数据接口上千个，数据库多、信息系统多、孤立应用多的"三多"现象日益突出，数据无法共享、业务无法协同、系统功能重复开发、信息与业务融合不紧密等问题逐步显现。系统多、杂、乱的问题既浪费了资源，又加重了基层负担。目前长庆油田各层级建设各类应用系统多达400余个，以经营管理类系统为例，据不完全统计在用系统就有23个（表2-2-1）。

技术平台方面，规范不一致，组件不能复用，适应性不足，集成共享难；系统应用方面，系统数量多，以管理型为主，应用独立，一体化应用少；系统建设方面，业务需求响应慢，建设周期长，投资回报率低，系统维护成本高；数据方面，数据分散，整合难度大，标准不统一，重复录入，数据不一致。

表 2-2-1　长庆在用经营管理类系统统计

序号	系统名称	业务类型	分类
1	ERP 业务系统	ERP 集成应用	中国石油统建
2	ERP 门户		中国石油统建
3	ERP 决策分析系统		中国石油统建
4	ERP 报表系统		中国石油统建
5	投资一体化系统	计划投资	中国石油统建
6	工业综合统计信息系统		公司自建
7	资产管理平台	财务管理	中国石油统建
8	集中报销平台		中国石油统建
9	财务共享平台		中国石油统建
10	财务管理辅助信息系统		中国石油统建
11	财务管理信息系统 FMIS		中国石油统建
12	财务管理信息系统科研管理模块		中国石油统建
13	预算管理信息系统		中国石油统建
14	造价管理信息系统	合同造价	公司自建
15	合同管理系统（未上市）		中国石油统建
16	合同管理系统（上市）		中国石油统建
17	合同管理系统		公司自建
18	物资共享平台	物资供应	公司自建
19	MDM 公共编码平台		中国石油统建
20	电子商务系统		中国石油统建
21	物资采购管理信息系统		中国石油统建
22	IC 卡加油管理系统		公司自建
23	物资管理电子商务系统		公司自建

1. 数据架构问题

数据的分散存储和使用，无法对其进行全量的整合使用，数据失去了关联的能力，大数据技术也丧失了分析的优势；缺乏统一的顶层设计和统一的规则，导致提供的服务参差不齐，出现大量的服务孤岛；面对多用户访问、服务安全控制、数据授权，数据处于"裸奔状态"，基本没有安全防护能力；数据资源烟囱式管理，造成宝贵的服务资源被分割，无法使出合力，整体利用率无法保障，对企业资源造成极大的浪费。

2. 数据质量问题

油田公司积累了海量数据，基本满足各系统应用的需求，但是在数据质量上还存在较大问题。例如主数据方面：以井数据为例，无权威主数据来源，各自建立，各类系统入库井数存在较大差异，注册井号不规范、不清楚，来源不一致，变更不统一；已入库井的井型、井别、坐标等关键实体信息不完整，编码在各系统不一致。历史数据方面：以井为维度，存在专业类别数据缺失的情况；以时间为维度，存在同类数据多个版本；已入库的专业数据存在数据质量问题，数据来源多样，数据重复，错误数据多。

3. 数据共享问题

目前数据共享主要以各系统之间建立数据接口的方式实现，但是随着应用系统的增多，系统之间的数据接口快速繁殖，形成蛛网（图2-2-1）。

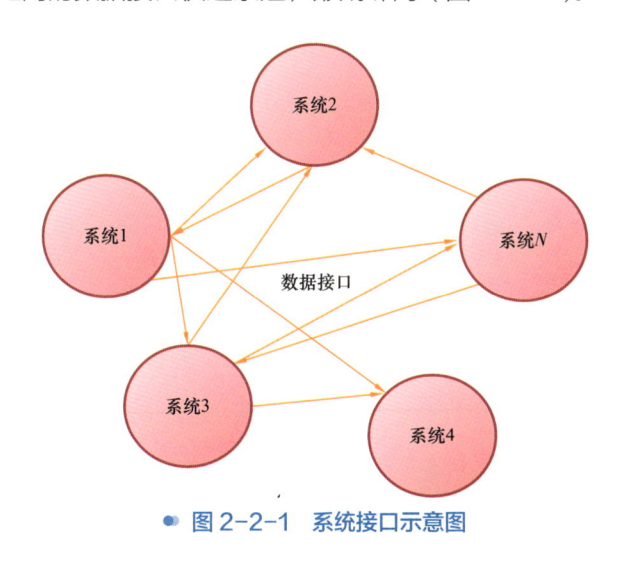

● 图 2-2-1　系统接口示意图

数据在各系统之间来回"搬家",数据不一致问题让生产决策者苦不堪言。以油气水井生产数据管理系统(A2)为例,在长庆油田的主要外输接口多达 17 个,详见表 2-2-2。

表 2-2-2 A2 系统数据接口统计表

序号	接口系统	数据内容
1	油田开发数据管理与应用平台	井基本信息、日数据、月数据
2	生产报表管理系统	井基本信息
3	油田开发台账管理平台	生产数据
4	苏里格气田生产运行管理系统	生产数据
5	调剖效果分析系统	生产数据
6	油藏综合应用分析研究	生产数据
7	长庆生产运行移动 APP	生产数据
8	油气生产物联网系统(A11)	井基本信息、日数据
9	注采工程分析系统	生产数据
10	勘探与生产技术数据管理系统(A1)	井基本信息
11	采油工程数据管理分析系统	生产数据
12	采油工艺信息管理系统	生产数据
13	采油与地面工程运行管理系统(A5)	生产数据
14	第三采油厂动态数据综合管理平台	生产数据
15	生产运行与应急指挥系统(OCEM)	生产数据
16	ERP 系统	生产数据
17	数字化油气藏研究与决策支持系统(RDMS V2.0)	生产数据

接口模式的数据共享同样是系统开发人员的噩梦,接口运行效率不高、开发协作不畅、数据共享能力不足。

数据管理问题:数据管理存在着铺摊子,不重视数据作为资产的管理,对数据管理能力不足导致数据资产化属性不明显,"金数据"被埋没,服务基础和条件薄弱；部分专业没有数据维护队伍及机制，技术能力不适应新 IT 技术，数据家底不清楚（图 2-2-2）。

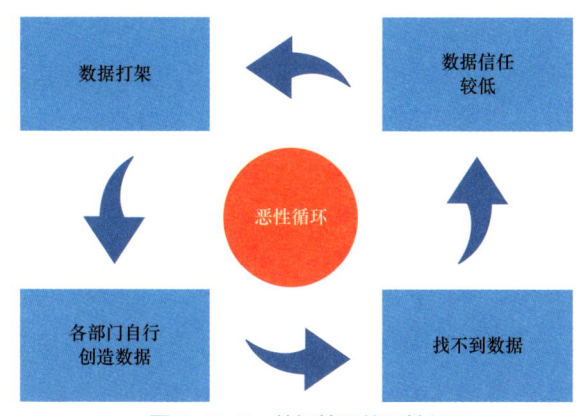

● 图 2-2-2　数据管理的恶性循环

"信息孤岛"问题已成了信息化建设过程中的首要顽疾（图 2-2-3）。这种模式难以开展多业务协同和数据共享。国际信息化发展趋势已经从"1"到"N"，进入了"N"到"1"平台化协同共享新时代。

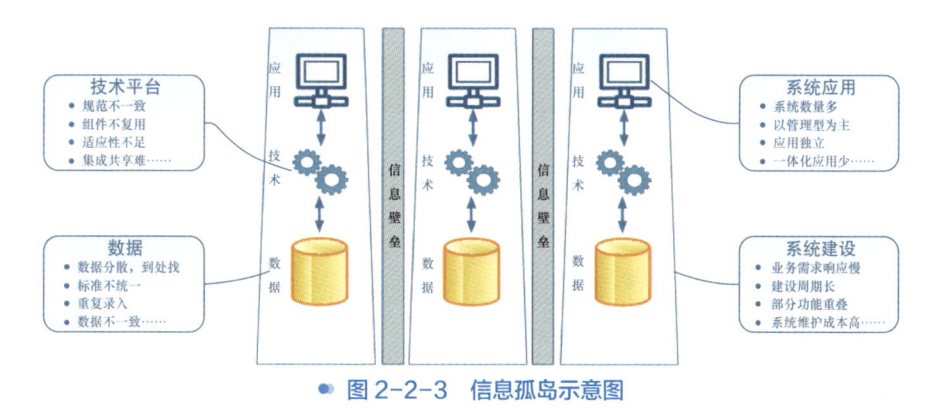

● 图 2-2-3　信息孤岛示意图

> 二 报表类型多，人工录入工作量大

作业区的数据管理主要依靠传统 Excel 工具制作和存储来实现，基层资料员、技术人员每日通过电话、报表等方式收集和填报，由于缺乏系统的审核机制，数据修改无法统一同步更新，查询和数据分析不便，生产管理效率低，存储安全性差。

应用Excel制作报表，大量数据需手工输入，且各级报表中数据不能共享，复制粘贴的前提是必须基础条件一致，而基层员工对电子表格中的各种功能都不熟练，存在大量的重复录入工作量，资料员的大多工作时间都花费在数据填报上，工作效率低；在录入过程中，Excel表格缺乏数据自动校准查错功能，人为因素影响较大，报表数据准确性较差；现有报表系统中大部分数据未存入数据库，数据的应用只能通过网络发送，而很多时候后端技术人员所需的数据找不到数据填报的源头，一旦Excel报表中出现数据错误，需逐层更新报表，重新发至使用人，造成数据统计和后端应用不一致；传统报表中数据分布存储于各自的办公电脑中，不仅容易发生信息泄密，个人电脑损坏也会造成数据丢失，数据安全得不到保证。

客观上需要聚焦作业区层级日常工作流程，以管理所需数据为突破口，梳理数据流向，通过继承原有报表使用习惯来解决生产数据分散存储和数据多头录入的问题，从而消除信息孤岛，减轻基层员工手动录入报表工作量，加强各级管理者对生产数据的有效管控和指导，实现数据模型标准化、数据属性规范化、数据内容共享化，进而促进企业生产的精细化管理（图2-2-4）。

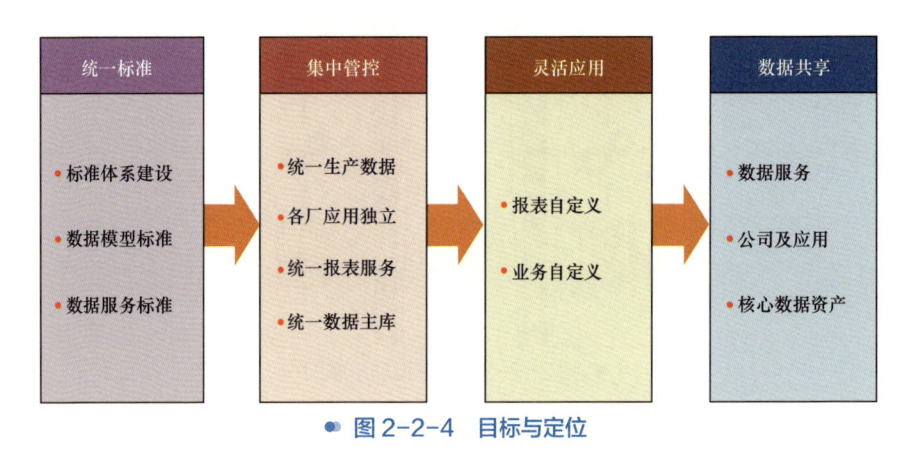

● 图2-2-4　目标与定位

三　持续稳产和用工矛盾凸显为油田数字化转型提出了新挑战

长庆油田每年需要新增油气水井5000口、井场2000座、站点百余座。按传统劳动组织模式，每年需要新增2300人，但公司要求用工总量不能增加。每年离退休减员 1500 人（新进约 200 人），实际用工总量按 1300 人逐年递减。井站数量逐年快速增长与用工总量刚性控制矛盾进一步凸显（图 2-2-5）。

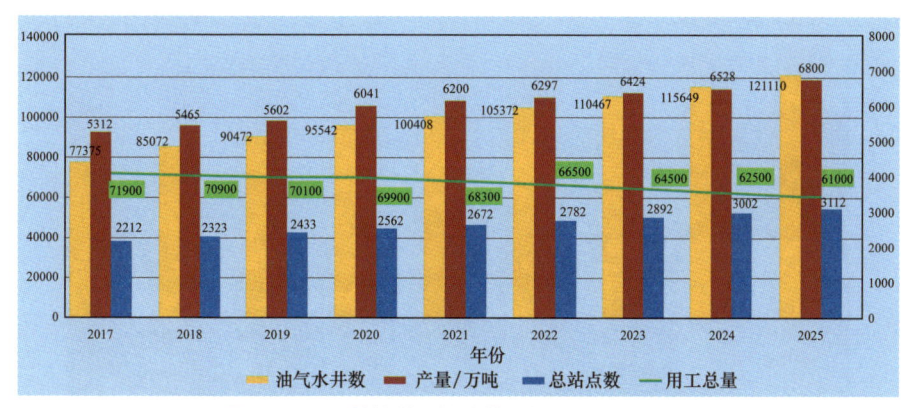

图 2-2-5　井站数量快速增长与控制用工总量矛盾

第三节　数字化转型蓝图

一、转型的基础

如何进行数字化转型智能化发展，对长庆油田来说，是一项战略性、长期性和艰巨性的系统工程。2020 年，长庆油田提出了智能化"326"规划，目标建成覆盖勘探开发、经营管理、安全环保等全领域全业务链的智能化应用，率先建成数字化、自动化、协同化、智能化的行业领先智能油气田。

按照问题导向的原则，需要通过智能化升级解决前期建设应用中存在的问题。长庆智能化油气田建设按照"326"工程规划，遵循中国石油上游业务信息化顶层设计，结合勘探开发梦想云平台，运用物联网、云计算、大数据、人工智能和移动应用等先进的信息化技术，围绕精益生产、整合运营、人财物精准管理、全局优化，配套"油公司"运行模式改革，突出全域数据管理、全面一体化管理、全生命周期管理、全面闭环管理，涵盖油气勘探、开发生产、协同研究、生产运行、经营管理、安全环保、工程技术、油气销售八个方面内容，搭建区域数据湖，完成智能化油气田应用平台的整合，建设实时感知、透明可视、智能分析、自动操控的智能油田（图2-3-1）。

● 图2-3-1 智能化油田全景图

数字化转型蓝图的确定完全基于长庆油田组织架构及主营业务，前期的物联网、基础设施建设也为数字化转型奠定了基础。

1. 主营业务

长庆油田主营鄂尔多斯盆地油气及伴生资源的勘探、开发、生产、储运和销售等业务，为保障国家能源安全发挥着重要作用，具体业务如下。

勘探评价：坚持资源战略不动摇，围绕提交规模效益可动用储量，按照整装规模、区域甩开、战略发现三个层次开展重点勘探，加大"四新"领域研究与勘探力度，实现了油气储量高峰增长。

油田开发：突出抓好以注水为核心的原油稳产工作，深化油藏精细管理，确保主要开发指标基本稳定，油田两项递减和含水上升率有效控制，地面系统建成了以五大出口、三大储备库为代表的原油集输储运系统。

气田开发：强化技术创新与管理提效，大力推进多层系、多井型、大井组立体开发，基本建成了年净化（处理）能力近500亿立方米的地面系统，保供能力进一步增强，天然气管网枢纽中心地位更加突显，承担着向北京、天津、西安、银川、呼和浩特等40个大中城市供气的任务。

技术支撑：围绕低渗透油气田勘探开发，大力推进技术创新，努力提供技术服务，不断钻研低渗透油气田勘探开发难题的技术对策，逐步探索完善了以地震勘探、注水开发、水平井体积压裂、地面工艺优化简化为代表的"三低"油气藏勘探开发主体技术系列，形成了具有世界先进水平的超低渗透油气田（致密油气藏）勘探开发技术系列。

技术服务及生产保障：紧紧围绕6000万吨建设和稳产，为油田生产建设、质量安全环保、数字化管理、油气销售等方面提供专业的工程技术服务和坚实的技术保障。

2. 油气生产物联网

长庆油田经过十余年数字化改造与产建同步配套，完成83000余口井、2400余座站点的数字化建设，油气水井覆盖率96.7%，站点覆盖率100%，作业区、各类站点SCADA系统全覆盖。安装各类仪器仪表37万余台，控制设备12万余台，通过电子巡井、远程监控、预警报警、精准制导，将没有围墙的工厂变成了"有围墙"的工厂（图2-3-2）。

● 图2-3-2 数字化视频监控

3. 油区网络基础

建成容量110GB的骨干传输光缆3903千米，敷设支线光缆2.98万千米，形成"两横、四纵、六环"的网络格局，具备"千兆到厂、百兆到作业区、十兆到井站"的网络通信能力（图2-3-3）。

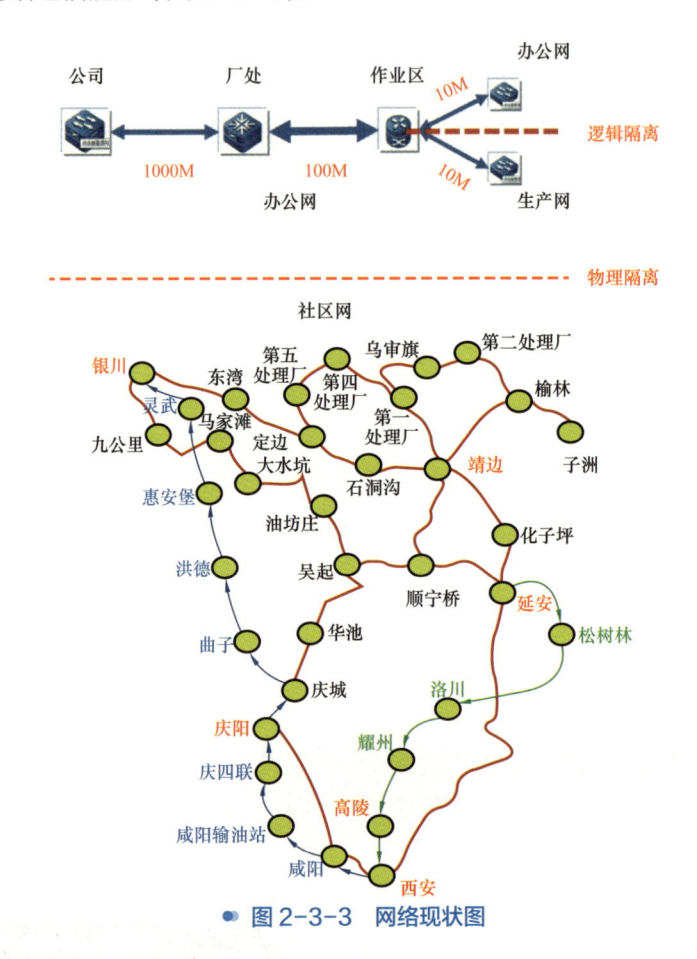

● 图2-3-3 网络现状图

4. 信息化组织与人才队伍

长庆油田设立信息化与网络安全工作领导小组，数字化与信息管理部为油田信息化业务归口管理部门，二级单位设立数字化科技信息中心，作业区配备数字化日常管理维护人员。公司依托通信处提供网络基础设施保障、"三院"（勘探开发研究院、油气工艺研究院和长庆科技工程有限责任公司）负责公司层面的方案设计与技术支撑，系统建设主要依托市场化队伍。按照"业务主导、公司统筹、专业化支撑、自主运维"的原则，着力构建"建管用维"体系。目前，全油田从事数字化与信息化建设及运维人员约 1600 余人。

二 转型思路

以建设"数字中国石油"为目标，以推动业务发展、管理变革、技术赋能为主线，落实"价值导向、战略引领、创新驱动、平台支撑"的指导方针，加强顶层设计，坚持试点先行，强化协同推进，打造支撑当前、引领未来的新型数字化能力，推动业务模式重构、管理模式变革、商业模式创新，大力推进数字化、可视化、自动化、智能化发展，以高水平数字化转型支撑油田公司高质量发展（图 2-3-4）。

● 图 2-3-4　数字化转型设计

1. 智能采油厂

以智能场站建设为基础，按照采油厂—作业区业务单元，从生产运行、技术分析、安全环保、决策支持开展 4 个方面、19 类智能化应用开发与集成，全面打造智能化采油厂（图 2-3-5）。

项目类别	项目名称	建设内容及工作量	建设效果
安全环保智能化管控	• 视频监控智能化 • 关键流程应急联锁控制 • 管道泄漏在线监测 • 风险智能研判 • 参数报警优化消减 • 机器人巡检	① 开发"AI 视频智能管理平台"，升级安装高清摄像机，作业区配套智能安全帽； ② 各类站点完善关键流程应急联锁控制；联合站 2 具罐配套电动阀，实现联锁控制； ③ 对敏感区域非插输管线安装管道泄漏监测装置； ④ 补充完善管道基础数据，建立风险评价模型； ⑤ 开发 SCADA 复合报警脚本程序，全区推广使用； ⑥ 对联合站和高硫化氢站点配套机器人巡检系统	实现地面工艺系统安全环保风险的智能研判和全面管控
生产运行智能化组织	• 深化应用生产指挥系统 • 参数全过程监控 • 设备状态在线监测 • 地面场站工艺技术升级 • 综合治理无人机巡线	① 进一步完善生产指挥系统 40 项功能应用，开发移动终端，满足多业务需求； ② 拉运罐车和特种车辆配套车辆网系统； ③ 注水泵配套振动温度一体化传感器； ④ 三相分离器配套液量含水监测仪，消防泵进出口配套电动阀，联锁控制泵启停； ⑤ 分宁定、吴起、靖安区域搭建无人机巡检平台	实现生产运行全流程管控，提高生产组织和管理效率
技术管理智能化分析	• A11 系统开发 • 智能注采调控系统开发 • 油井间开智能化改造 • 收投球装置自动化改造 • RDMS V2.0 系统深化应用	① 开发作业区、中心站生产技术类表，操作人员配备手持移动终端，实现数据补充录入； ② 安装动液面监测设备、试验单井含水计量监测设备，升级井口 RTU；开发注采调控系统； ③ 安装智能间抽控制器，开发间开井管理平台； ④ 安装自动收球装置、井场配套自动投球装置； ⑤ 建立单管流程产量监控体系，实现点产量变化与井组动态分析，建立站点动态分析模式	实现数据智能分析、科学决策、合理制定各项技术政策
管理决策智能化支撑	• 完善能源管控平台 • 区域物流中心建设 • 深化移动办公平台应用	① 安装能耗监控设备，依托能源管控平台开发实时监控、分析优化、分级预警功能； ② 建设宁定、吴起区域物流中心； ③ 依托协同管理平台，开发多项功能应用	能源有效管控、物资精准管理、办公协同高效

● 图 2-3-5　智能化采油厂建设思路

2. 智能采气厂

以集气站—净化厂/处理厂为核心，持续推进操作层自动化升级；以产量调控和开发指标优化为主线，开发气田智能管理系统，实现生产运营全面计划、实时监控、动态优化（图 2-3-6）。

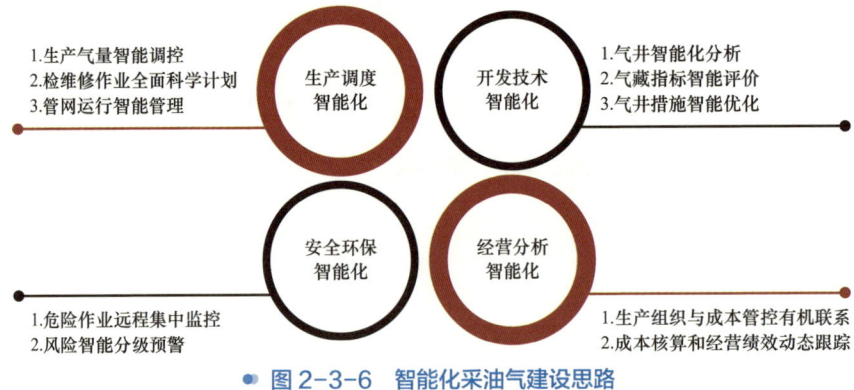

生产调度智能化
1. 生产气量智能调控
2. 检维修作业全面科学计划
3. 管网运行智能管理

开发技术智能化
1. 气井智能化分析
2. 气藏指标智能评价
3. 气井措施智能优化

安全环保智能化
1. 危险作业远程集中监控
2. 风险智能分级预警

经营分析智能化
1. 生产组织与成本管控有机联系
2. 成本核算和经营绩效动态跟踪

● 图 2-3-6　智能化采油气建设思路

三、转型目标

建成油田数字神经与大脑系统，大幅度提升对油气勘探开发过程、管理对象和企业资源的全面感知能力、敏捷反馈能力、整合运营能力和全局优化能力，推动油田生产自动化、运营集约化、决策智能化和组织扁平化，"十四五"末率先建成行业领先的智能化油气田，有效提高生产效率和油气田开发效益（图2-3-7）。

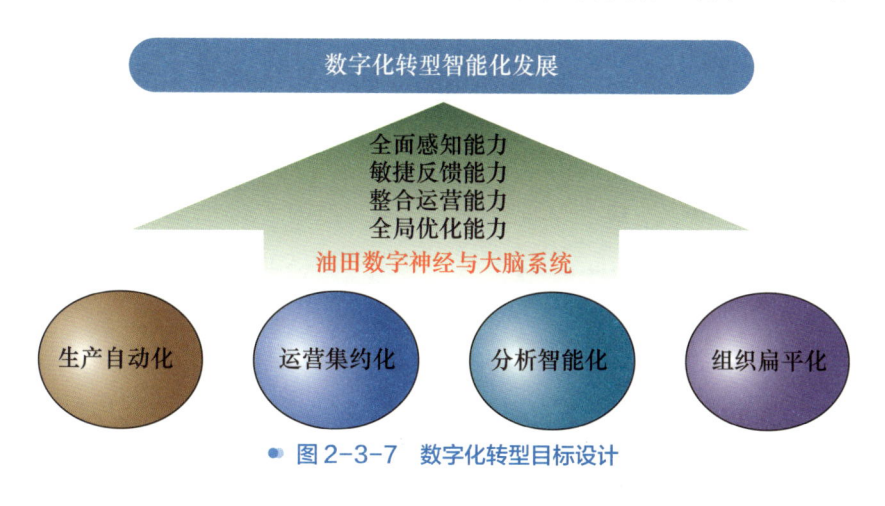

图2-3-7 数字化转型目标设计

四、转型蓝图

按照梦想云、数据湖技术架构，对油田公司数字化转型整体IT架构进行梳理，形成7层模型。自下而上分别是边缘层、基础设施、数据湖、通用底台、服务中台、应用前台及统一入口（图2-3-8）。

对比梦想云建设，重点开展油田物联网、工控网系统、信息采集与监控、现场动态数据、区域数据湖、特色业务应用的建设（图2-3-9）。

L1边缘层：边缘层在油田公司现有自动化、物联网的建设基础上，引入边缘计算能力，按照智能化、整装化、标准化的指导思想，面向油气生产现场，构建7类典型场景，分别是采油现场、采气现场、作业现场、集输现场、净化厂、处理厂和办公现场。边缘层建设通过"融合+升级"的思路，在现有 DCS、SCADA、PLC/RTU、音视频等工控系统、采集系统和监控系统的基础上，增加边缘计算设备，如边缘计算盒子、智能摄像头、机器人、无人机、一体化橇装设备，实现无人值守现场的自动采集和实时处理，提高生产控制的效率和质量，突破网络传输瓶颈，降低计算中心负载。

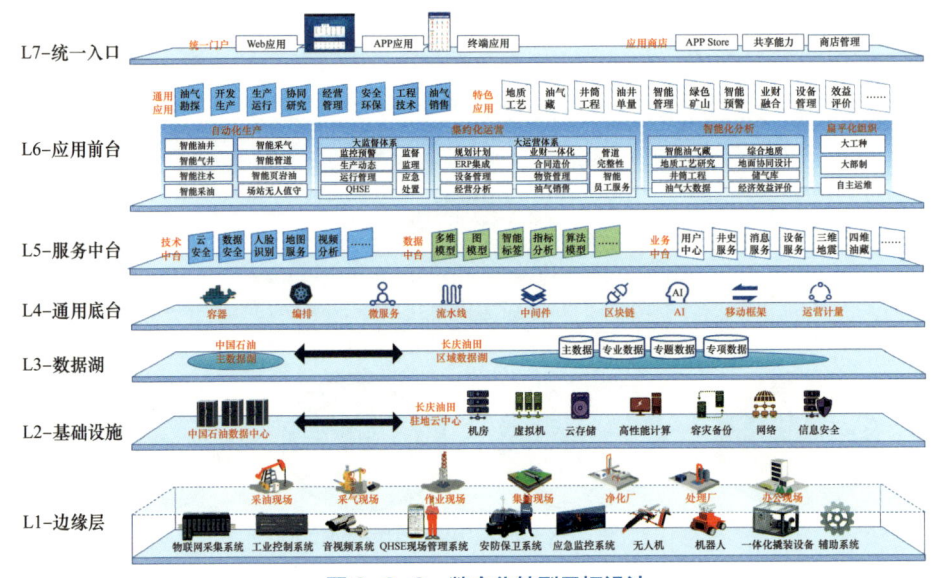

● 图 2-3-8 数字化转型目标设计

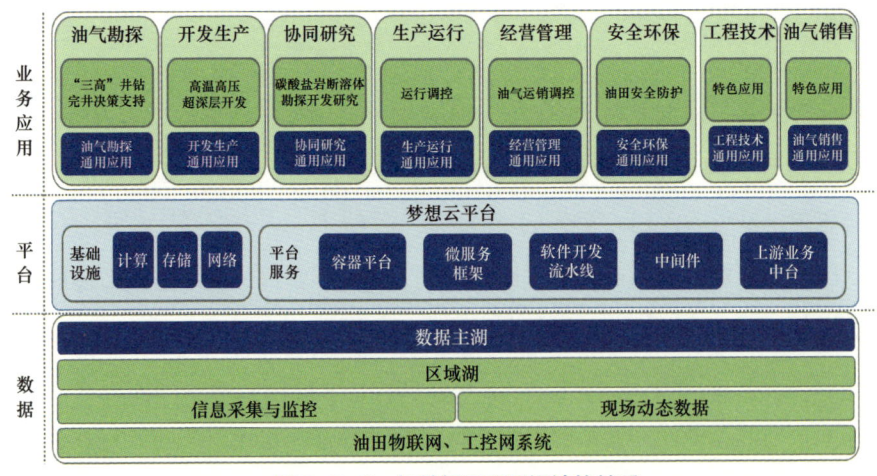

● 图 2-3-9 与梦想云顶层设计的关系

L2 基础设施：依托长庆油田区域现有两地三中心架构，按照梦想云和区域湖部署要求，升级扩建基于 X86 架构的新一代云计算中心，满足应用系统高可靠运行及数据共享的需求，满足长庆油田梦想云全面落地、区域数据湖全面建设运行的需求。通过新一代云计算中心建设，将安全设备虚拟化为统一安全资源池，并将安全以服务的方式提供给各应用系统，满足系统安全需求。通过统一的绿色环保设计和实施，以及分散老旧机房的整合改造，提升设备利用率，实现节能降耗。按照中国石油机房标准化管理要求，需对机房设施共计 10 大类、35 小类进行标准化。建立将计算资源、存储资源、网络资等基础设施统一进行管理的云计算基础设施平台，实现整体的自动化运维与管理，满足各类系统云计算资源的全流程线上作业。通过搭建应用数据库云，将各类数据标准化，能够满足数据横向和纵向调用，提升信息数据的应用效率。计算资源的虚拟化、弹性伸缩和按需分配，可以大幅降低设备采购成本、延长使用周期、充分发掘算力，最终实现降本增效。

L3 数据湖：数据湖是油田公司数据中台的核心组成部分，也是数字化转型的核心资产。通过区域数据湖的建设，解决了跨专业业务协同与信息共享不足；数据多头输入，数据准确性、一致性不强；数据过度存储，质量不高等问题。对于推进源端业务融合，提升数据质量、增强数据共享，提高后端大数据分析应用水平，推进信息化企业建设具有重大意义。区域湖在技术架构上与主数据湖完全同构，在范围上面向油田公司各类生产经营数据进行本地化入湖及治理，可视为主数据贴源层，形成连环湖结构。区域数据湖采用分层结构，实现采集和业务应用专业库统一管理，保证数据一致性与溯源能力；共享存储层基于 CQEPDM V2.0 模型，强化数据标准化治理与全局共享；数据分析层即在数据湖 1.0 高速索引基础上，重点增加分析库和领域知识库建设（图 2-3-10）。

L4 通用底台：以长庆油田新一代云计算中心为基础环境，通过私有化部署梦想云技术底台，形成基础的容器运行环境、DevOps 开发环境、微服务治理环境、移动应用支持环境、本地租户管理环境、AI 能力、区块链加密认证能力、运行生态治理能力。通用底台的建设，可以推动长庆油田的信息化建设成果充分融入中国石油上游业务生态，扎实推进自用应用上架，高质量形成通用应用成果。

长庆智能油气田

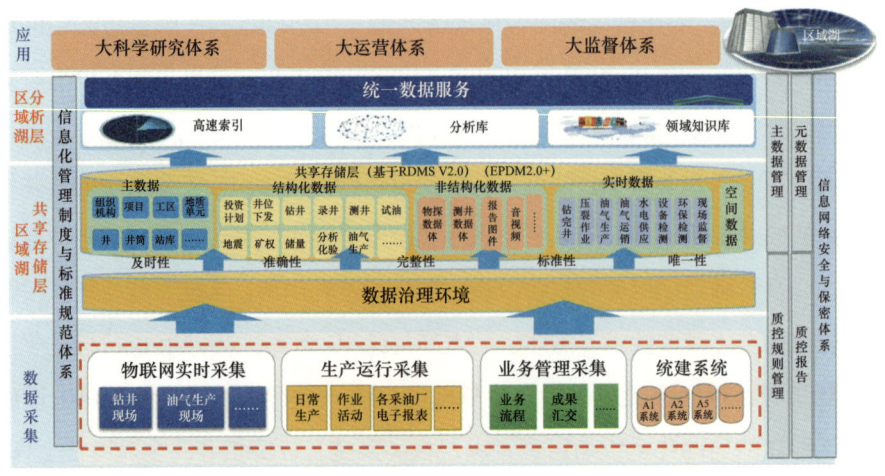

● 图2-3-10 区域湖架构

L5 服务中台：基于梦想云技术底台、区域数据湖和现有服务能力的融合，在梦想云通用服务中台的基础上，建设长庆油田特色服务中台能力。按照融合共享、投资保护、工作统筹和建用结合的原则，建设以云安全、数据安全、人脸识别、地图服务、视频分析为主的技术中台；建设以多维模型、图模型、智能标签、指标分析、算法模型为主的数据中台；建设以用户中心、井史服务、消息服务、设备服务、三维地震、四维油藏为主的业务中台，推动生产、科研、工艺、设备、安全环保、经营管理、决策支持全流程全业务域的共性服务能力建设，形成长庆油田的"智慧大脑"。

L6 应用前台：在梦想云上游板块9大通用应用场景的基础上，结合油田公司企业战略和转型目标，构建四类数字化转型应用场景，分别是自动化生产场景、集约化运营场景、智能化分析场景和扁平化组织场景。其中自动化生产场景包括智能油井、智能气井、智能注水、智能采油厂、智能采气厂、智能管输、智能页岩油作业区和无人值守场站；集约化运营场景包括大运营体系和大监督体系；大运营体系包括数字化生产指挥 OCEM、业财融合、设备全生命周期管理；大监督体系包括全流程可视化监控、QHSE 信息集成平台；智能化分析场景包括智能油气藏研究、地质工艺一体化、地面工程智能协同；扁平化组织场景面向劳动组织模式变革，立足长庆油田特点和现状，结合"油公司"模式改革，实现组织机构的转型升级。重

— 96 —

第二章 数字化转型的总体蓝图

点推动"大部制、大工种、扁平化、自主化"的组织模式改革,建立适应数字化、智能化发展的新型劳动组织架构。

L7 统一入口:按照上游板块"四个一"的要求,在统一门户下部署油田公司二级应用入口,包括 IOMF 智能油气田蓝图和统一移动门户。

长庆智能化油气田蓝图(Intelligent Oil & Gas Field Planning Map)是长庆油田用户使用信息系统统一入口,按照大科研、大运营、大监督体系,构建研究决策、运营指挥、经营管理、质量安全四类综合应用场景和统一的数据采集、监控和应用能力(图 2-3-11)。

● 图 2-3-11 IOFM 蓝图

统一移动门户对长庆油田现有移动 APP 进行统一管理,借鉴"超级 APP"的思路,在应用中台的支撑下,搭建基于微服务的可插拔移动应用环境,实现各类 APP 的标准化建设、规范化管理和有序化运营(图 2-3-12)。

● 图 2-3-12 长庆油田统一移动门户

— 97 —

五　转型方向

转型是企业在两化融合中所必须要经历的演化和推进过程，而方向则是保证企业持续成长的关键要素。在转型方向的选择上，长庆油田突出智能一体化集成装置应用、低产井智能间开、智能排水采气、场站无人值守、危险场所智能巡检、作业区智能管理，建成油田公司"大科研、大运营、大监督"体系，实现数据整体入湖、业务全面上云，在盘活用工、降低能耗、节约成本、提升效率等方面取得显著效果（图2-3-13）。

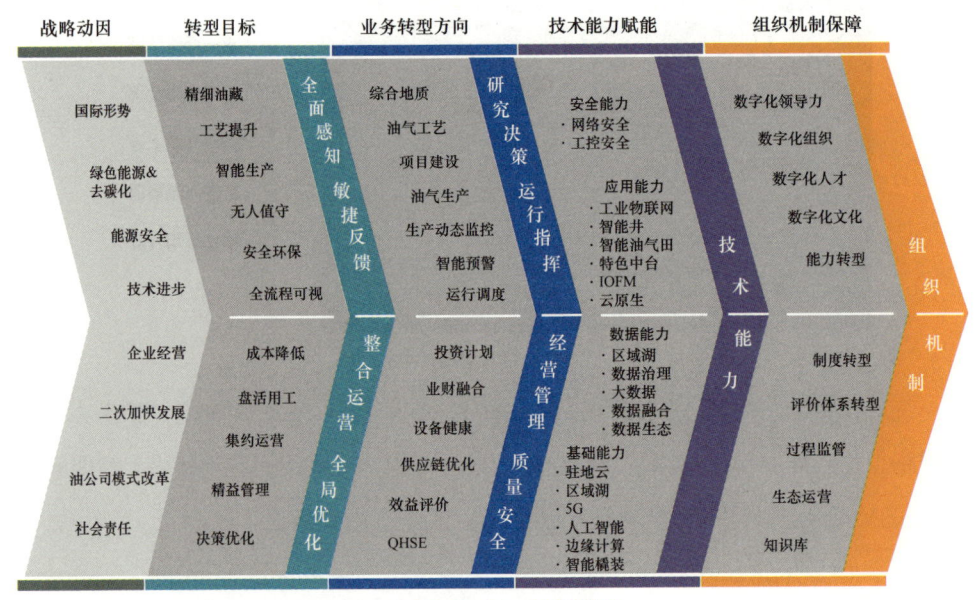

● 图 2-3-13　转型模型

1. 智能技术和产品创新

构建数字化研发创新体系，加强基于数字孪生的集成研发，推进研发创新数据、知识和过程集成。开发先进感知与测量、高精准导航定位、高可靠智能控制等关键技术，以及具备自动感知、交互、决策能力的智能产品，推动勘探开发技术智能化、智能钻井、加油机器人等新一代技术的研发应用。

推进生产智能化。加大生产作业现场数字化、智能化改造，推动经营管理、现场管理与作业控制间纵向集成。加强大数据、人工智能、虚拟增强现实等技术集成应用，推动生产活动的智能管控，实现生产作业全要素、全过程的全面感知、实时分析、动态调整和自适应优化。

2. 建设一体化运营管理体系

推动试点单位信息系统集成应用，实现销售、研发、生产、采购等价值链环节的一体化运作。加强不同部门业务在线协同，开展跨领域、跨区域、跨环节集成运作。利用中国石油统一经营管理平台，实现人、财、物、生产经营等重点资源与业务的精准管控和全局优化。

3. 建设人才赋能体系

利用中国石油统一规划建设的云数据中台、业务中台，建设企业员工和现场生产的赋能体系，推动人工智能、虚拟现实、协同工作平台等技术在工作场所的深度应用，打造高效、透明、协同的智能化工作环境。建立完善企业知识图谱与行业共性知识网络，推动企业内外知识成果的系统梳理、整合、展示和开发利用，支持员工个性化定制知识服务，开展全员创新。以人才价值为导向，结合人才和业务数据精准开展员工配置、培训、职业生涯发展、绩效提升等工作，实现人才的精准培养、使用和考核。加快构建平台化、柔性化、小微化组织体系，推进人才动态配置，释放人才活力。

4. 推进数字业务培育

加快生产运营核心能力的模块化、在线化和平台化，实现设计、仿真、生产、检测等能力的封装和共享，培育新增长点。推动企业技术、经验、原理等知识的软件化，加强研制面向特定行业、特定场景的数字化转型系统解决方案，实现软件产品和领先数字化实践的对外输出。加快布局大数据、人工智能、区块链等新一代信息技术引领的数字化先导业务，开辟业务新空间。

5. 加快推进产业生态建设

联合供应链、产业链上下游主体，以及互联网企业、软件企业等生态合作伙伴开展跨界合作与融合创新，探索基于平台的网络化协同、个性化定制、服务化延伸等新模式，打造优势互补、合作共赢的价值网络。

第三章
数字化转型成果

本章围绕梦想云本地化部署和智能中台建设，重点从地质工艺一体化、生产运行管控、精细油藏研究、精益运营管理四个方面详细介绍了长庆油田数字化转型成果。

按照问题导向的原则,需要通过智能化升级解决前期建设应用中存在的问题。长庆智能化油气田建设按照"326"工程规划,遵循"两统一、一通用"信息化顶层设计及"四个一"的建设原则(一朵云、一个湖、一个平台、一个门户),结合勘探开发梦想云平台,运用物联网、云计算、大数据、人工智能和移动应用等先进的信息化技术,围绕精益生产、整合运营、人财物精准管理、全局优化,配套"油公司"运行模式改革,突出全域数据管理、全面一体化管理、全生命周期管理、全面闭环管理,涵盖油气勘探、开发生产、协同研究、生产运行、经营管理、安全环保、工程技术、油气销售八方面内容,目前已实现了梦想云在长庆油田的落地、工艺地质协同研究、智能装备应用、经营生产管理及精细油藏研究模块建设初见成效。"感、联、智、用"浑然一体、形成合力,打造"智慧油田"不再"纸上谈兵"。

第一节 梦想云本地化部署

随着信息化技术在油气田勘探开发与生产经营过程中全面普及,人工智能与大数据技术广泛应用,数据驱动将成为油田数字化转型的主要驱动力。传统的应用系统与数据库建设模式已经不能满足油气田业务发展的需求,同时也催生了诸多需要解决的问题。通过新型的数据与应用管控体系,构建数据湖,整合现有应用系统是解决目前各类顽疾的有效途径和最佳实践。如何实现?勘探开发梦想云平台给出了最佳答案。

梦想云平台能够为各类智能化应用提供丰富的开发框架,支持系统全生命周期管理和敏捷开发等 PaaS 平台能力,实现统一技术平台、微服务架构、数据中台服务、系统整合,同时,区域数据湖为数据存储、数据治理、数据服务、大数据分析提供了基础平台。

一 梦想云在长庆生根

根据上游业务信息化顶层设计,长庆油田编制了因地制宜的配套方案,从基础设施、数据治理、业务应用等方面充分分析了现状差距,提出了一套基于梦想云长庆区域环境的智能化建设思路,通过一年多的建设,在区域数据湖建设、历史应用云化和特色及扩展应用建设方面取得了以下成效(图 3-1-1)。

第三章　数字化转型成果

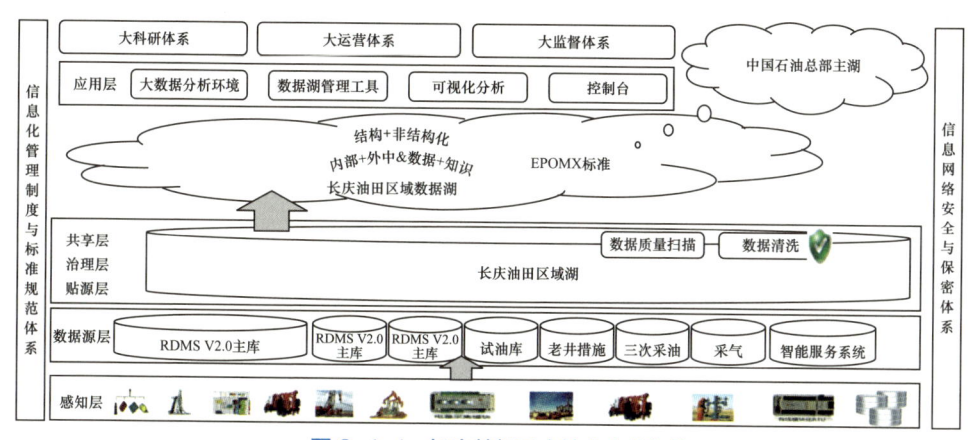

图 3-1-1　长庆梦想云本地化实施架构

（1）在长庆油田云基础设施上本地化部署梦想云技术底台、区域数据湖、特色服务中台，建设区域云环境，实现梦想云技术体系在长庆油田落地，纳管至总部梦想云，形成一朵云架构。

（2）在梦想云数据湖架构下，基于长庆油田 RDMS V2.0 数据集成体系，扩展油气工艺、生产运行、地面工程等数据，初步建成长庆油田的区域数据湖，并完成地质油藏、井筒工艺等数据的模型建设、主数据建设、数据采集入湖、数据治理和数据共享，为油田公司特色应用提供数据服务。区域数据湖和总部数据主湖形成连环湖架构。

（3）在梦想云总体架构下，对应上游板块油气勘探、开发生产、协同研究、生产运行、经营管理、安全环保、工程技术、油气销售 8 大业务领域，配套构建油田公司特色应用，即三大体系（大科研、大运营、大监督）下的四类应用（研究决策、运行指挥、经营管理、质量安全），并统一在长庆智能化油气田蓝图 IOFM 中进行部署。

（4）有计划地推进现有应用全面"上云入湖"工作，形成应用上云的生态标准规范，在该标准规范的指导下，相关系统和开发商应积极加入生态，推动各自负责的应用上云；积极推动"三个一批"工程（整合集成一批、优化提升一批、关停下线一批），通过减存量、控增量、提质量，后续将实现油田公司现有 400 多套系统的优化整合，形成 50 个左右的应用集，并全面上云。

区域数据湖与应用系统整合主要完成长庆智能油田总体架构中 DaaS、PaaS、

SaaS 层基础框架的搭建，核心业务数据治理入湖与共享及部分应用的云化改造集成。对现有信息系统进行整合，按照数据价值与系统效能分析评估，对有价值进行提升的系统进行重构，将系统数据管理与业务应用剥离，业务数据由数据管理平台统一管理（图 3-1-2）。

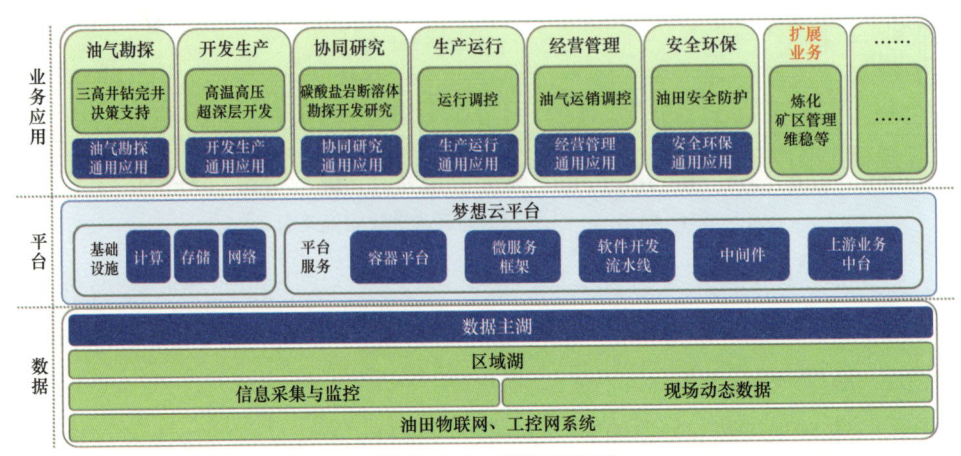

● 图 3-1-2　总体 IT 架构

结合长庆现有基础设施建设情况、数据建设管理情况，将整体任务分解为云平台系统集成、区域数据湖建设、数据入湖与治理、应用系统整合共 4 类 14 个子项目实施（图 3-1-3）。建立统一数据标准规范，完成数据入湖治理、中台开发、系统上云等示范工作内容，为下一步统一大数据和统一云平台做好基础工作，表 3-1-1 展示了梦想云本地化部署主要功能。

云平台系统集成
① 云平台IaaS层集成
② 梦想云本地化部署
③ 区域湖环境搭建
④ ORACLE数据库云

区域数据湖建设
⑤ 数据管理平台开发
⑥ 数据入湖工具开发
⑦ 核心数据中台开发

数据入湖与治理
⑧ 数据标准建设
⑨ 全域数据入湖

应用系统整合
⑩ 统一身份认证建设
⑪ IOFM蓝图建设
⑫ 通用服务中台开发
⑬ DMZ区云化建设
⑭ 移动应用集成平台

● 图 3-1-3　工作任务分解图

表 3-1-1　梦想云本地化部署主要功能表

序号	分类	功能
1	云平台基础	IaaS 管理层对接、租户体系建设、存储建设、网络建设、镜像管理设计、安全建设、多数据中心集群管理
2		支撑工具链搭建，覆盖计划、设计、开发、编码、测试持续集成、持续发布、运行维护全过程客户化工具链建设，支持 java、go、python、.net 和 .net core 的语言环境
3		领域驱动设计、微服务拆分、微服务框架、提供 API 管理
4		数据湖支持系统搭建，客户化主数据管理、元数据管理、数据质量扫描功能，支持数据湖总部、油田数据同步
5		为油田管理、开发、运维、使用用户提供培训与标准规范
6	系统开发与运行环境	系统、组件开发与通信规范
7		提供开发、测试、部署支持环境，支持持续集成与交付
8		提供服务运行与治理框架，支持服务注册管理、服务运行管理、服务路由等功能
9		提供业务流程管理中间件，支持流程设计器、流程引擎及流程管理
10		提供统一的消息、缓存等基础中间件服务
11		提供统一的用户管理、权限管理、邮件服务等基础公共服务接口
12		支持 Portal 或 APP Store 的应用发布
13		支持 Java/.NET 等主流开发语言
14		提供业务服务组件发布、服务度量、计费管理等运营机制
15	业务组件服务	基于标准协议的数据服务接口，业务数据可自描述，可扩展
16		专业图形绘制服务组件
17		专业算法组件服务组件
18	数据集成	提供一体化数据管理管理与应用接口
19		提供数据同步工具，支持定时或实时数据同步
20		数据逻辑集成管理工具，支持对数据源、映射、逻辑视图等的统一管理
21		提供数据处理服务，包括量纲转换、坐标系统转换、大块数据解析等服务
22	数据治理	数据质量管理功能，包括数据质量规则库管理、质控引擎、数据质量公告等
23		主数据管理功能，包括主数据采集、分发机制
24		数据模型管理，提供统一数据模型的发布与扩展流程管理，以及应用实例管理
25		元数据管理，对各数据源的元数据进行统一管理

续表

序号	分类	功能
26	平台管理	对于技术平台，提供应用调度与资源管理功能
27		数据备份、数据安全、数据保密管理，用户管理、角色管理、用户授权系统

二 云平台 IaaS 层集成

为满足梦想云本地化的部署应用，按照"办公云＋生产云"混合云架构，长庆油田基本建成具备1000+虚拟服务器计算能力的区域数据湖计算平台（IaaS），为信息系统整体部署、数据资源汇聚共享、业务应用有效协同，开展大数据处理应用提供了有力支撑，形成具备"集约高效、共享开放、安全可靠、按需服务"的IT基础设施服务能力（图3-1-4）。

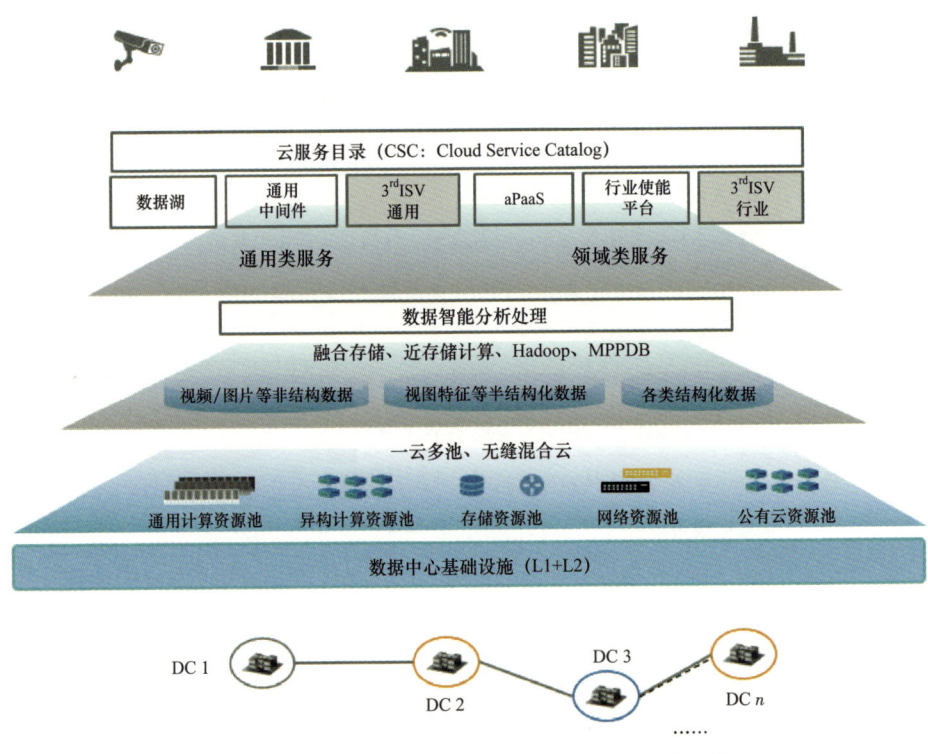

● 图 3-1-4　长庆区域数据湖计算平台（IaaS）架构

长庆区域数据湖建设的作用：承载梦想云、数据湖在长庆"逻辑统一、分布存储"，形成油田公司全域数据资源共享中心；承载基于梦想云技术，搭建涵盖长庆油田油气勘探、开发生产、协同研究、生产运行、经营管理、安全环保、工程技术、油气销售等九个领域的智能化应用。

三 区域数据湖环境搭建

长庆区域数据湖基于勘探开发梦想云技术底台，是勘探与生产数据湖整体架构的一部分，也可称之为子湖。长庆区域数据湖建设包括基础环境搭建、研究数据入湖方法、制订数据入湖规则，实现各类数据库数据迁移至区域湖并同步至中国石油总部主湖，确保入湖数据的完整性和准确性。长庆区域数据湖技术平台主要包括搭建数据缓冲带、共享存储层、分析层（图3-1-5）。

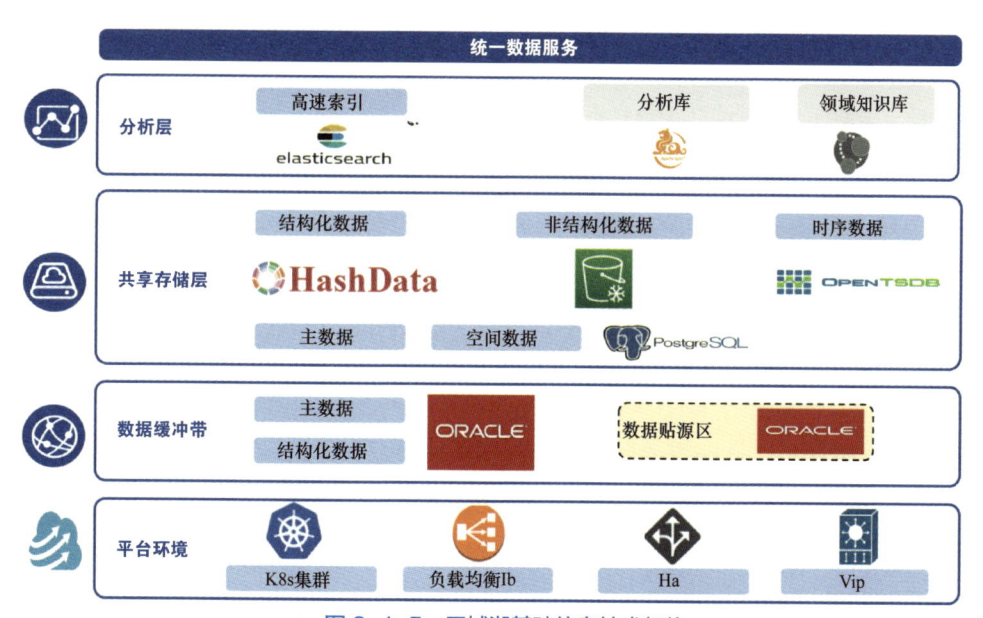

● 图3-1-5 区域湖基础信息技术架构

主要包含如下内容（表3-1-2）。

表 3-1-2　区域数据湖环境搭建工作清单

序号	主要工作内容	分类	说明
1	贴源数据库部署	搭建数据缓冲带	部署 PostgreSQL，存放与专业库同构的结构化数据，用于数据初步处理
2	数据治理环境数据库部署	搭建数据缓冲带	部署 ORACLE，存放与共享存储库同构的结构化数据，用于数据处理
3	主数据及空间数据库部署	搭建共享存储层	部署 PostgreSQL，存放组织机构、行政区划、井、站、库等主数据及空间数据
4	共享数据库部署	搭建共享存储层	部署 HashData，存储结构化数据，提供数据关联、分析服务能力
5	非结构化数据库部署	搭建共享存储层	部署对象存储，存放非结构化数据
6	时序数据库部署	搭建共享存储层	部署 OpenTSDB，存放时序动态数据
7	高速检索数据库部署	搭建分析层	部署 ElasticSearch，存放应用数据集，用于高性能数据查询
8	分析数据库部署	搭建分析层	部署 Kylin，提供大数据分析、可视化 BI 等服务
9	领域知识库调试	搭建分析层	调试 Neo4j，由总部数据湖提供知识图谱功能（非本地化部署）
10	数据集成工具部署	系统集成	部署 DataPipeline 和数据服务总线（DSB），提供数据管道搭建、数据任务管理、用户管理和元数据管理等一站式的数据融合平台
11	测试联调	系统集成	测试联调区域湖与总部主湖的连环同步功能

1. 数据缓冲带

数据缓冲带包括贴源数据库和数据治理环境数据库，其目的就是在应用系统数据库和数据湖之间建立一个桥梁，使应用系统中的数据可以平滑入湖，而不影响原有应用，基于数据湖开发的应用也可将数据库直接放入缓冲带的贴源层中。贴源数据库的部署以 PostgreSQL 和 ORACLE 数据库为主，存放与专业库同构的结构化数据，用于数据初步处理；数据治理环境的部署，以 ORACLE 数据库为主，存放与共享存储库同构的结构化数据，用于数据处理。

结合长庆油田数据库应用及存储现状，在数据缓冲带搭建超融合架构的

SQL Server 数据库云、ORACLE Database Appliance（ODA）一体机解决方案的 ORACLE 数据库云、MySQL 数据库的云平台虚拟集群。可将公司现有 100 多个 ORACLE 数据库应用和 200 多个 SQL Server 数据库应用进行统一集成，同时也便于建立统一的数据库边界防护体系（图 3-1-6）。

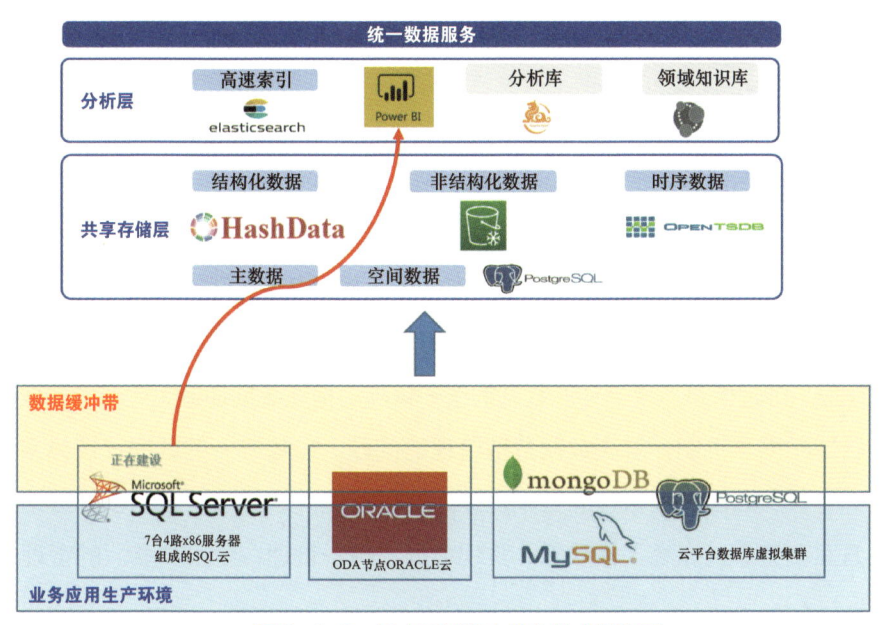

● 图 3-1-6　长庆区域湖本地化技术架构图

2. 共享存储层

共享存储层包括主数据及空间数据库、共享数据库、非结构化数据库和时序数据库，这里是数据湖的主要数据存储区域，包括所有确认需要共享的数据。主数据及空间数据库部署以 PostgreSQL 数据库为主，存放组织机构、行政区划、井、站、库等主数据及空间数据。共享数据库部署以 HashData 为主，存储结构化数据，提供数据关联、分析服务能力。非结构化数据库部署以对象存储为主，存放非结构化数据。时序数据库部署以 OpenTSDB 为主，存放时序动态数据。

3. 分析层

分析层包括高速检索数据库、分析数据库，主要提供高性能数据查询、大数据分析应用、可视化 BI 服务等功能。高速检索数据库部署以 ElasticSearch 为主，存放应用数据集，用于高性能数据查询。分析数据库部署以 Kylin 为主，提供大数据分析、可视化 BI 等服务。领域知识库以 Neo4j 为主，提供知识图谱功能。长庆区域数据湖因部署了 SQL Server 数据库云，故可使用 PowerBI 提供的可视化 BI 服务。

四　数据管理模块

长庆区域湖数据管理平台旨在搭建油田的大数据管理模块，实现数据湖的全面管理及监控。经过多年建设，长庆油田已经积累了大量的成果数据。同时生产过程数据、监控数据及空间数据需要不断更新，因此提出开发区域湖数据管理模块，实现物探、钻井、录井、测井、试油、分析化验、地质油藏、井下作业、油气生产、管线站库、地理信息、生产动态数据的统一管理。构建数据通道，实现分散数据的整合管理和同步机制，解决数据分散管理的问题。构建统一的数据管理体系，进一步提升长庆油田数据管理的效率，并为数据管理人员提供一套完整的数据管理解决方案和工具，提高工作效率，实现数据"统一管理，全局共享"的管理体系（图 3-1-7）。

● 图 3-1-7　数据管理平台软件架构图

通过数据管理模块建设实现对区域湖中各类业务数据源、适配器、主数据、空间数据、元数据、数据集、数据安全、数据权限、数据运行监控、数据服务、数据集成、数据应用、数据质量控制及数据运维的管理（表3-1-3）。能够基于长庆区域湖开展数据质量评估与治理工作，按照数据治理的规范流程，从完整性、准确性、及时性、规范性四个方面开展数据治理工作，确保共享存储层的数据规范、准确；指导数据源系统进行数据整改，整改后补充入湖。做到"盘活存量、补录缺量、同步增量"，为各应用系统提供高效数据服务。

表 3-1-3　数据管理模块主要功能清单

序号	管理功能	说明
1	适配器	能够接入主流的数据库运行环境，包括 ORACLE、SQL Server、MySQL、Postgre SQL 等
2	数据源	可对各业务应用系统数据源进行配置和接入
3	数据组件	集成数据源状态、ES 集群、Hadoop 集群、PG 数据库、DSB 数据服务总线等管理工具
4	主数据	主数据注册与映射、数据检索等
5	空间数据	空间数据注册与映射、数据检索等
6	元数据	实现对数据模型、数据字典、模型域的管理，元数据采集、变更、查询、扩展、关系的管理等
7	数据集	对数据集和相关属性进行配置
8	数据安全	对入湖数据的验证管理，可实现敏感数据监控、加密、脱敏等
9	数据权限	实现用户对数据细颗粒度的授权管理
10	运行监控	对数据入湖任务的运行监控及对数据的监控，数据资产统计，差异分析等
11	数据服务	数据服务配置、发布、版本控制等
12	数据集成	集成 DataPipeline 管理工具，实现数据源到帖源层的同步及数据监控
13	质量控制	质控规则的制订、质控对象的管理，质控方案的制订与执行
14	统计分析	数据湖数据统计与监控分析，实现各类数据的统计分析功能

五 数据入湖

1. 建立数据入湖机制

（1）结构化数据入湖（图3-1-8）：结构化数据的流转整体分为贴源层、数据治理环境、共享标准层和分析层，数据整体通过这四个层面实现数据的逻辑统一。贴源层数据结构基于源头系统，按照上游业务共享数据范围需要确定数据管理规范，在贴源层通过数据治理及ETL工具对数据进行标准化后，数据存储到数据治理环境，业务人员通过界面进行审核，审核通过的数据由后台推送至区域湖共享层，共享层的数据根据业务需求通过ETL工具进入区域湖的分析层。

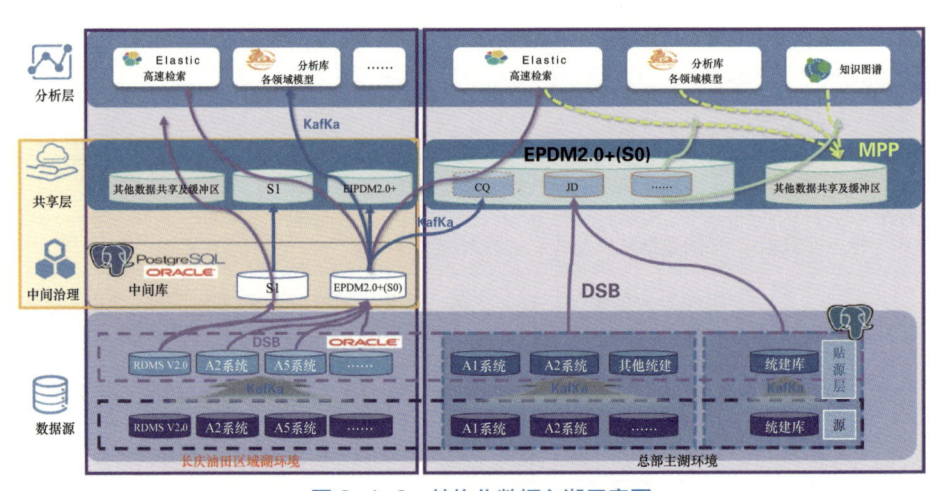

● 图3-1-8　结构化数据入湖示意图

（2）非结构化数据入湖（图3-1-9）：数据入湖时，一般情况先进的是区域湖，其中文档索引信息经ETL工具（如DSB）加载入湖，文件体数据可通过文件管理微服务按需拷贝入湖。对体量不大的非结构化数据，根据复制机制配置，可将数据复制至主湖，用户访问时，根据DNS域名解析，实现就近访问数据；但将其中的非结构化大体量数据文件（包括地震和特殊测井类的数据）存储在区域湖，通过索引访问该类数据（图3-1-10）。

● 图 3-1-9　非结构化数据入湖示意图

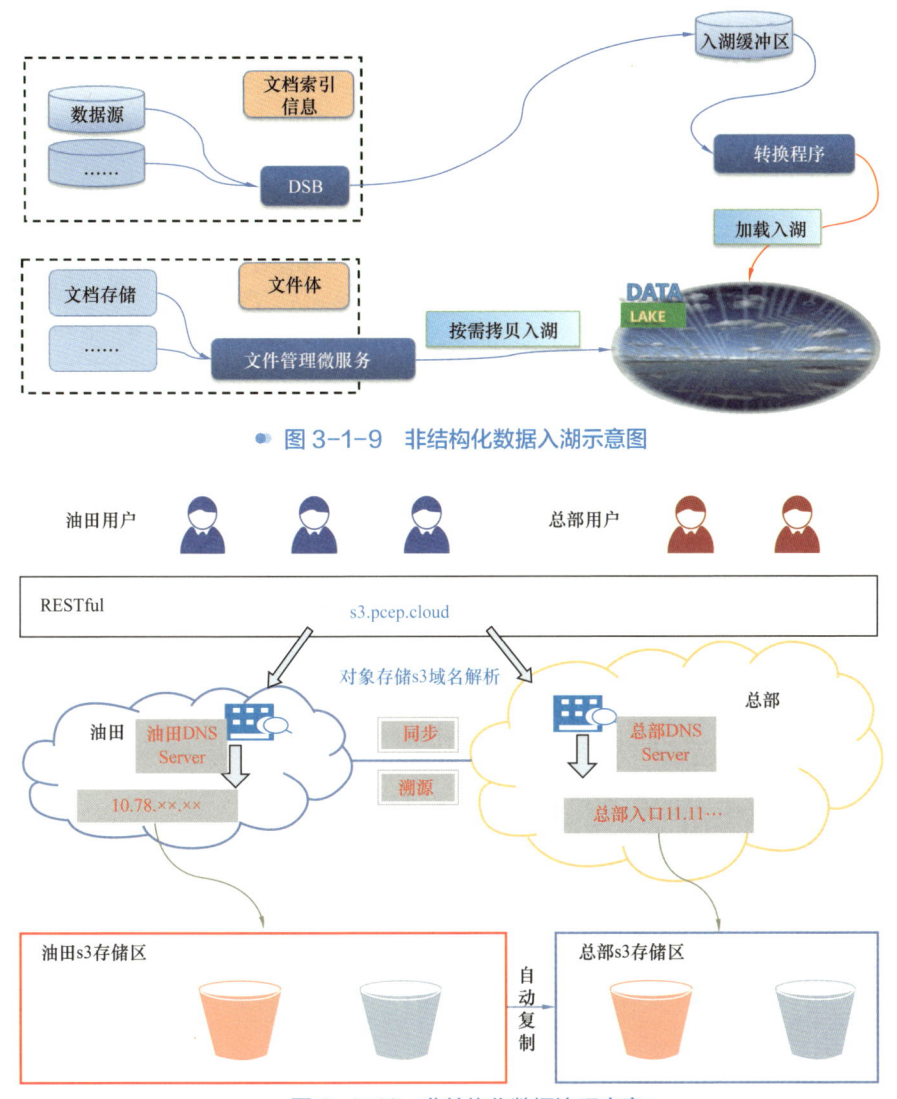

● 图 3-1-10　非结构化数据连环方案

（3）时序数据入湖（图 3-1-11）：连环湖时序数据存储，采用主流时序数据库技术，分生产现场、油气田公司、总部三级管理。生产现场时序数据，在生产网中直接组态应用，满足现场生产指挥需要；按照业务需求，经处理后的时序数据，传入办公网，满足油田公司生产监控与指挥应用需求。有条件的油田可开展大数据和智能化分析应用；各区域湖时序数据，上传至主湖后，除存储管理外，主要满足总部大数据及智能化分析应用需求。

（4）空间数据入湖（图3-1-12）：搭建统一的空间信息数据存储环境，存放相关空间数据，建立统一的业务中台地图服务对外提供服务。空间主数据：井、工区、设备、站库、管线等位置信息按照空间数据字段进行管理，形成两级存储；中国石油地理信息系统（A4）共享。

● 图3-1-11 时序数据入湖示意图

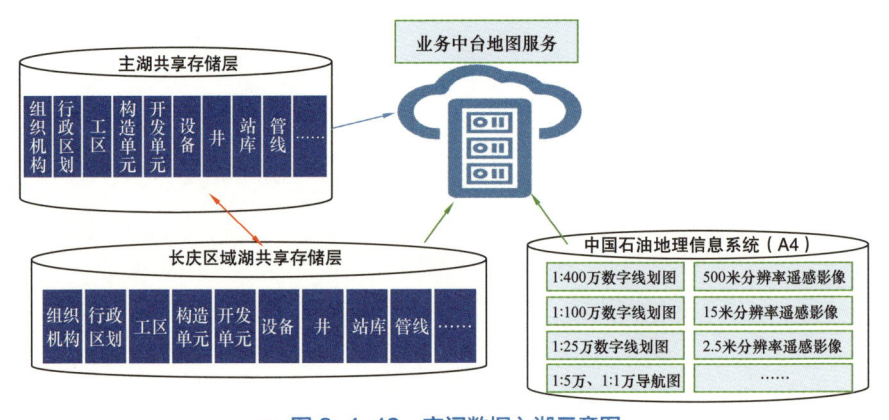

● 图3-1-12 空间数据入湖示意图

2. 增量数据入湖

结构化数据的增量入湖步骤与历史数据相同，需要将历史数据同步接口升级为增量接口。历史数据迁移完，要立刻启动对数据源表的增量捕获功能，升级接口为增量模式，并定时运行，保证新增数据及时入湖，主要包括：启动捕获，在DSB工具中进行数据同步配置；编辑转换，填写增量同步表名；新建增量作业，并进行相关配置；建立定时任务，在 DSB 控制台建立一个定时的顺序任务，将编写好的作业添加到 DSB 任务中，启动任务，每天查看运行数据运行状态。

3. 数据集成方案

数据集成方案选用 ETL 同步模式，将业务系统的数据经过抽取、清洗转换之后加载到数据仓库，可使油田分散、零乱、标准不统一的数据整合到一起，为油田的决策提供分析依据。其优势为：ETL 过程中可以实现数据清洗、校验，数据质量较高；数据的访问性能、高可用性不受源库的影响；支持各种数据源及软硬件平台，提供强大的管理功能，如权限管理、日志管理。主要不足点为：获取数据的实时性依赖于同步频率；数据集中存储在目标库，需要新增服务器与存储资源；单向集成，不支持向数据源写入数据。

图 3-1-13 说明区域湖不提供面向数据源头的数据采集系统，数据入湖简单分 2 种方式，历史数据入湖采用 ETL 工具根据映射关系编写数据集成接口完成，新数据则由数据源头系统调取数据湖发布的数据入湖服务主动开展数据入湖工作。

● 图 3-1-13 数据集成架构示例图

4. 油藏数据治理与入湖

数据集成应用需求，为 RDMS V2.0，中国石油统建 A1 系统、A2 系统、A11 系统涉及的油藏类数据提供数据集成、数据治理及数据服务功能；为业务用户及应用开发提供统一、可信、高效的数据基础环境。通过对支持长庆协同研究的基础数据和成果数据进行详细分析，数据入湖范围如下：

（1）空间数据（GIS 数据）：公共地理信息（居民点、地标、交通、山脉、水系等）和油田信息（油气田、井、油田路、站库等）。GIS 数据主要来自统建 A4 系统，由 A4 系统以 GIS 服务方式提供，主要用于平台 GIS 导航。

（2）勘探技术数据（数据源：以 RDMS V2.0 为主）：地震数据：采集、处理、解释等（数据来源：RDMS V2.0）；井筒数据：基本实体，井、井筒基本信息；钻井：井轨迹、井身结构等；录井：钻时、钻井取心、岩性、井壁取心、层理构造、气测组分、录井综合解释、取心描述等；测井：常规曲线、倾角、裂缝、固井质量、中子密度、产注剖面等；试油：射孔、试油、酸化、压裂等；样品实验：储层物性、沉积岩矿、地球化学、生物地层、油气藏渗流、流体检测等；地质油藏：区域地质、构造地质、沉积相、油气藏地质、单井地层、单井层位等；时序数据：油气生产现场时序数据、钻完井现场时序数据等。

地震解释相关数据中地震成果数据体、原始数据体主要来源于 A1 系统、项目研究工区库等，地震数据可加载到项目数据库中供地学研究使用，该部分数据量较大。井筒相关数据主要在建井阶段产生，主要来源于 A1 系统，可用于项目数据库、RDMS V2.0 项目环境、井筒可视化。样品数据主要来自实验室仪器检查和分析，可用于井筒可视化、项目数据库和各种综合地质研究。地质油藏数据来自日常研究工作，可用于项目数据库、井筒可视化和各种地质项目研究工作。

（3）开发专业数据：开发地质数据、油气生产数据；开发综合数据的数据来源以 A2 系统为主。

（4）勘探开发研究成果数据：研究成果数据及数据体：解释数据体、地质模型数据体、数值模拟数据体，矿权/储量数据等；成果文档：成果报告及附图、附表，汇报多媒体等；地质图件：构造地质图、部署图、形势图、成果图、井位分布图、矿权/储量分布图等。勘探开发研究成果数据主要在各学科研究过程中产生，可以作为后续继续研究基础。

5. 工艺数据治理与入湖

针对油井措施、功图、水井工况、增注措施、排水采气、调剖等数据库，基于 RDMS V2.0 主库进行扩展，满足各专业工艺指标分析预警、方案优化辅助决策、过程管理远程跟踪、效果效益分析评价等数据需求。涉及的专业数据范围包括钻完井、试油气数据库、储层改造（油井措施库）、采油工艺数据库（功图数据库）、注水工艺数据库（水井工况库、增注措施库）、采气工艺数据库（排水采气数据库）、三次采油数据库（调剖数据库）等。油气工艺一体化数据范围包含油气水井全生命周期过程中各个环节涉及的工艺数据，如钻井、试油、试气、采油、采气、注水、老井措施、油田化学、井下作业、三次采油等环节中的工艺相关数据。

六 数据治理

长庆油田坚持现有业务系统优化融合与数据全联接为目标的数字资产化管理相结合的双驱动治理模式开展数据治理工作。初步制订了数据治理战略（图 3-1-14），对标数据管理能力成熟度评估模型（DCMM），找差距、补短板，力争在"十四五"末实现"数字驱动"带动油田公司数字化转型智能化发展。主要规划了以下六个方面工作，并开展了相关工作。

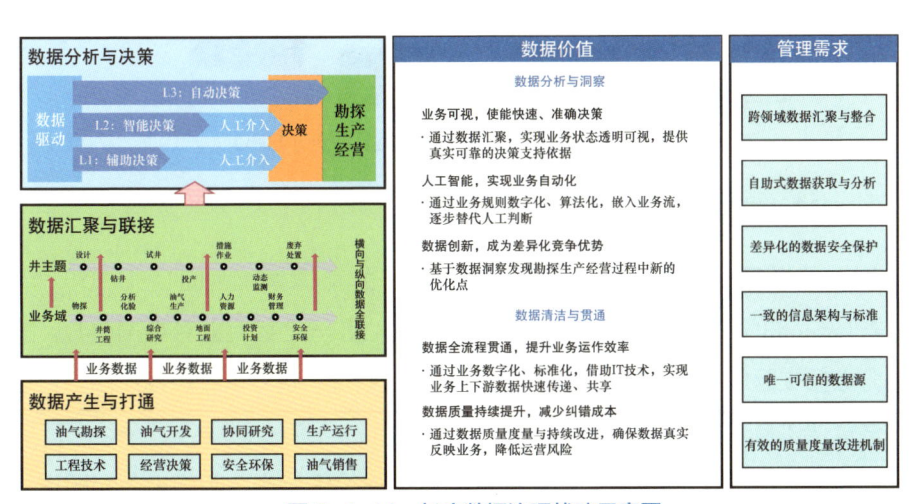

● 图 3-1-14　长庆数据治理战略示意图

1. 数据标准体系建设

基于 EPDM V2.0、EPDM X 等标准规范（图 3-1-15），结合长庆已发布的勘探开发数据模型 CQEDM1.0 和数据资产目录，采用敏捷迭代的方式建立长庆数据标准规范体系。数据交互层面与中国石油总部保持标准一致，数据库底层之间采用 EPDM V2.0 标准进行数据传输与共享，在各个业务应用之间基于 EPDM X 数据集进行共享交互。重点补充油气工艺、地面工程、安全环保等专业领域的数据标准。

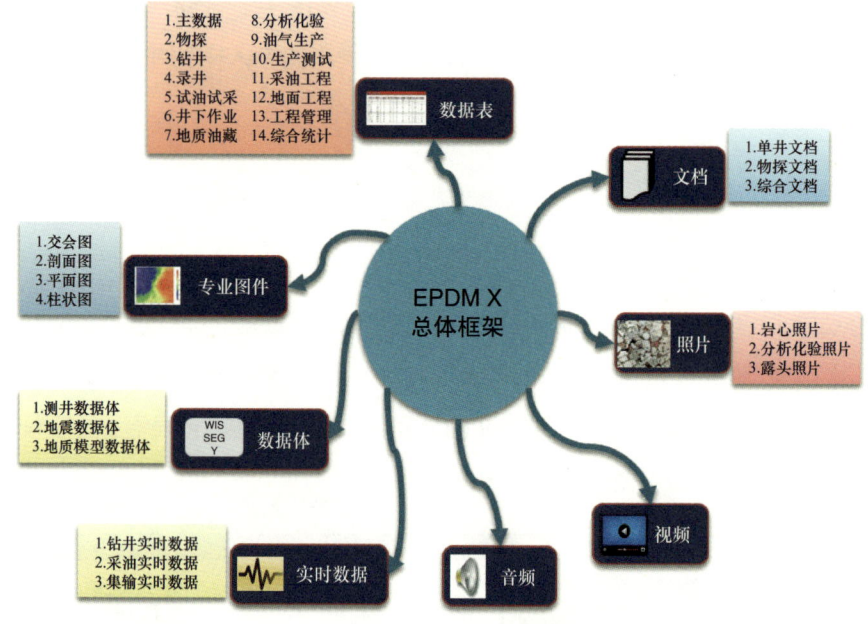

● 图 3-1-15　中国石油上游业务数据集规范（EPDM X）

2. 保障体系建设

（1）数据管理方面，按照"3+1"数据业务管理模式（图 3-1-16），建立"勘探开发、油气工艺、地面工程"三大数据中心和一个综合业务数据中心。按业务划分数据主题域，对数据实体进行分类、分层管理，逐步形成数据产权与数据价值评估管理体系。

（2）组织机制方面，按照数据资产管理所需组织架构，明确角色和职责，制订各项管理办法、工作流程，保障数据资产管理工作有序开展。积极探索并推动独立数据部门与数据专业岗位的设置。

（3）基础设施保障方面，结合长庆云计算 IaaS 层建设，配套区域数据湖所需计算、存储、网络等软硬件资源。

● 图 3-1-16　区域数据湖"3+1"管理模式

3. 区域数据湖优化提升

重点优化提升区域数据湖的数据管理能力，通过信息技术手段支撑元数据、主数据、数据地图、数据质量、数据安全、数据全生命周期及油田公司数据资产目录的智能化管理；在数据入湖方面，制订明确的入湖标准，升级完善物理与虚拟两种入湖方式，在地面工程、安全环保等数据基础相对薄弱的专业开展治理入湖工作（图 3-1-17）。

4. 搭建智能化数据采集模块

按照"边云端"的油气生产工业互联网架构，搭建智能数据采集模块（图 3-1-18），充分应用物联网、5G 等技术，提高数据的自动化采集率，减轻人工录入数据的工作强度，实现数据的源头采集，利用低成本边缘计算模块及人工智能技术，建立数据自动容错机制，降低数据采集错误率，建成高质量数据直通车模式，实现数据入湖。

5. 搭建全域数据中台

将数据按业务流、对象、标签、指标数据与算法进行整合与联接，支撑业务的推演和原因分析。同时搭建数据分析与认知计算模块，提供智能检索、大数据分析、数据洞察能力（图 3-1-19）。

图 3-1-17　区域数据湖优化提升

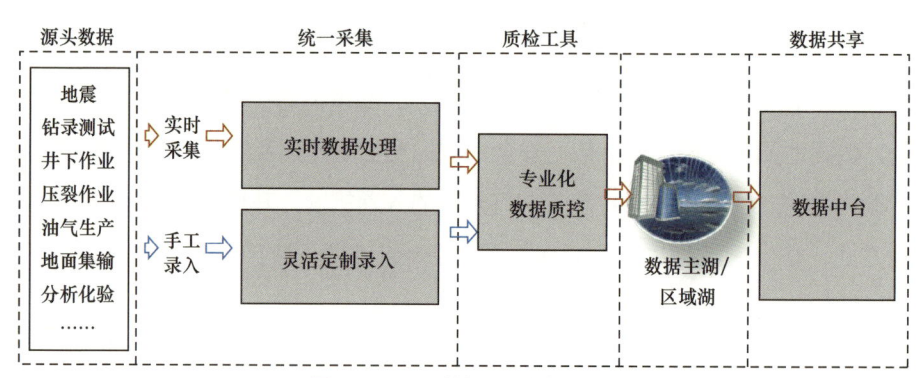

图 3-1-18　数据采集模块示意图

图 3-1-19　数据中台示意图

6. 场景化大数据分析与数据挖掘应用

部署大数据在线分析工具，将数据分析与挖掘应用场景化、简单化，按照勘探开发、产能建设、生产经营等不同业务场景，实现油田公司、采油气厂、作业区三个层级的数据分析应用。由数据驱动，开展业务与决策。此外在安全生产等方面开展领域知识库和数据洞察的探索与应用，利用人工智能技术实现。

七、系统整合

按照长庆油田本地＋总部的混合架构实施，既体现了长庆云平台作为总部区域云中心的特性，又满足了长庆本地化应用的需求。基于长庆区域数据湖平台，采用先进的 Docker、Kubernetes 容器技术和 SpringCloud 微服务开发框架搭建了本地开发测试集群和生产集群，管理集群与总部共用。完成了开发流水线（DevOps）整套开发体系环境的建设，提供了容器平台、微服务、软件开发全生命周期管理、中间件服务、资源调度管理、多 IaaS 适配等 PaaS 平台能力，为长庆油田信息项目应用上云、数据湖环境提供统一的底层技术（图 3-1-20）。

梦想云在长庆的本地化部署为软件开发人员提供了统一的开发平台服务，支撑系统开发、测试、部署、发布及运维管理全过程。搭建长庆智能化油气田蓝图（IOFM），建设长庆智能油田研究决策、运行指挥、经营管理、质量安全四类应用的统一入口程序，信息系统建设模式实现了由"烟囱式"向"平台化"的转变（图 3-1-21）。

通过三种方式整合现有应用，即简单整合，中国石油统建系统和成熟的自建系统功能通过 IAM 统一身份认证实现原有功能整合。云化重构，将自建系统的部分应用（有共享价值）或整体进行容器化改造，实现应用云化及服务共享。云原生开发，特色应用基于梦想云开发体系，按照云原生应用的标准及规范进行开发上线（图 3-1-22）。

截至 2020 年，完成了研究决策类集成 31 个应用，其中 26 个将进行云化重构。运行指挥类集成 54 个应用，全部将进行云原生开发。经营管理类集成 31 个应用，其中 2 个将进行云化重构，2 个将进行云原生开发。质量安全类集成 31 个应用（图 3-1-23）。

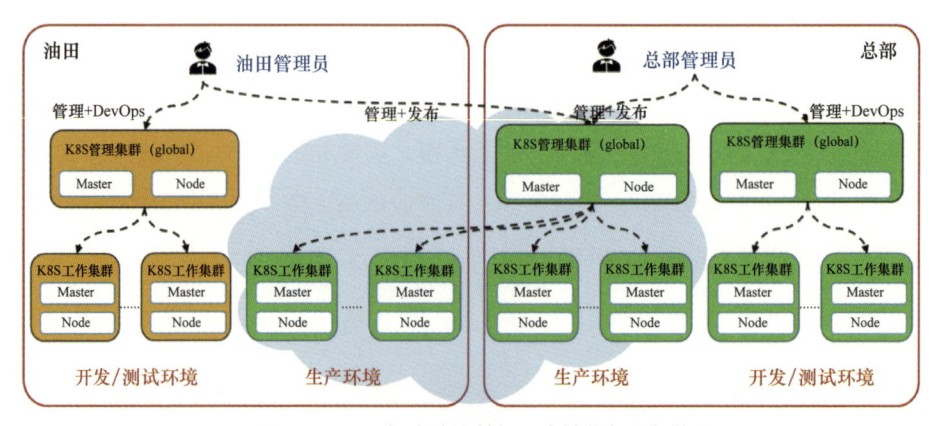

● 图 3-1-20　长庆油田梦想云本地化部署架构图

● 图 3-1-21　长庆智能化油气田蓝图（IOFM）

① 简单整合
中国石油统建系统和成熟的自建系统功能通过IAM统一身份认证实现原有功能整合

IOFM
统一身份认证
- 中国石油集中报销信息平台
- 中国石油合同信息管理系统
- 内网电子公文系统
- 电子邮件系统
- 企业信息门户系统
- ……

② 云化重构
按照"三个一批"的思路，将自建系统的部分应用（有共享价值）或整体进行容器化改造，实现应用云化及服务共享

IOFM
容器镜像规范　统一身份认证

RDMS V2.0

③ 云原生开发
特色应用基于梦想云开发体系，按照云原生应用的标准及规范进行开发上线

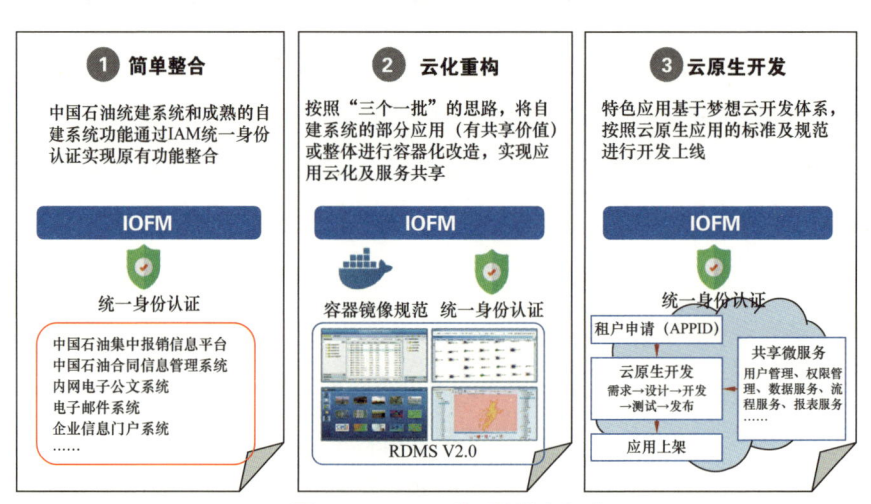

IOFM
统一身份认证
- 租户申请（APPID）
- 云原生开发 需求→设计→开发→测试→发布
- 应用上架
- 共享微服务 用户管理、权限管理、数据服务、流程服务、报表服务、……

● 图 3-1-22　三种系统整合方式

分类	应用	应用集成方式			分类	应用	应用集成方式		
		简单整合	云化重构	云原生开发			简单整合	云化重构	云原生开发
综合地质	综合查询	●	●		生产概况	原油生产	●	●	●
	个人工作室	●	●			天然气生产	●	●	●
	协同小组	●	●			原油销售	●	●	●
	CQGIS	●	●			天然气销售	●	●	●
	储量管理	●	●			油田注水	●	●	●
	矿权管理	●	●			钻井	●	●	●
	经济评价	●	●			试油（气）	●	●	●
	油藏描述	●	●			新井投产	●	●	●
油气工艺	措施选井	●				水电讯	●	●	●
	措施评价	●				车辆运输	●	●	●
	排水采气	●				油田道路	●	●	●
	工况分析	●				重点信息	●	●	●
	压裂监控	●			生产运行调度	原油生产	●	●	●
项目建设	生产建设实时报表	●				天然气生产	●	●	●
	勘探评价	●	●			原油集输	●	●	●
	油田产能建设	●				天然气集输	●	●	●
	气田产能建设	●				产能建设	●	●	●
	水平井监控	●				油田注水	●	●	●
	套损井治理	●			安全环保监控	原油集输监控	●	●	●
	侧钻井	●	●			天然气集输监控	●	●	●
	储气库建设	●				重要场所监控	●	●	●
油田生产	油水井数据查询	●				GPS安全监控	●	●	●
	动态监测	●				网络安全监控	●	●	●
	油藏分级分类	●				有毒有害气体监控	●	●	●
	油水井大数据	●				防雷防静电监控	●	●	●
	开采现状图	●				视频监控	●	●	●
气田生产	气水井数据查询	●			生产辅助保障	电力管理	●	●	●
	动态监测	●				车辆管理	●	●	●
	气藏分级分类	●				道路管理	●	●	●
	气水井大数据	●				物资管理	●	●	●
	开采现状图	●				矿权管理	●	●	●
						油气销售	●	●	●
						机器人巡站	●	●	●
						无人机巡井	●	●	●
					应急抢险指挥	应急组织	●	●	●
						应急预案	●	●	●
						应急中心	●	●	●
						应急物资	●	●	●
						应急通信	●	●	●
						应急专家	●	●	●
						应急演练	●	●	●
						应急文件	●	●	●
					在线调度	在线调度	●	●	●
						重点工作	●	●	●
						会议通知	●	●	●
						报表管理	●	●	●
						值班业务	●	●	●
						市场业务	●	●	●
						运输业务	●	●	●
						综合业务	●	●	●
						路汛业务	●	●	●
						水电业务	●	●	●
						集输业务	●	●	●
						应急业务	●	●	●

● 图 3-1-23 应用集成示意图

此外，利用区域数据湖中矿权储量、油气藏、井筒工艺、生产运行、经营管理、安全环保、人力资源等相关业务数据，通过实时抽取、关联集成、可视化展现，开发了多个数据洞察业务场景，为分析决策提供快捷服务（图 3-1-24，图 3-1-25）。

长庆智能油气田

图 3-1-24　应用集成效果图

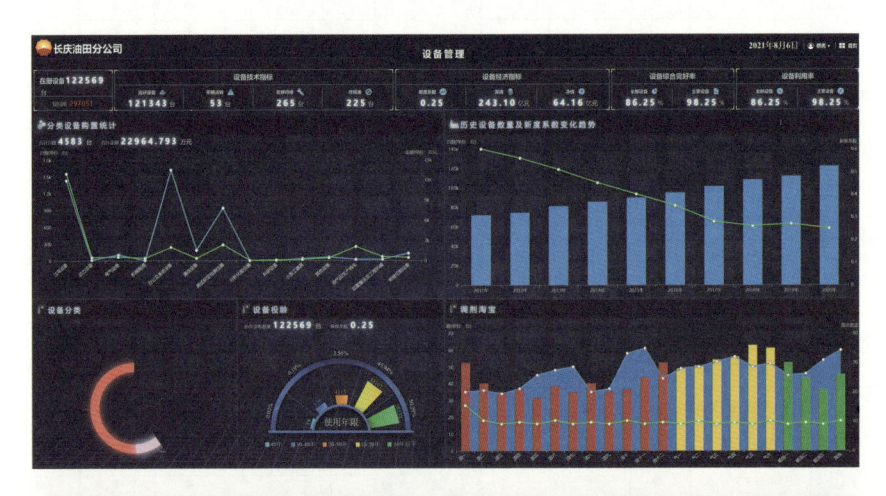

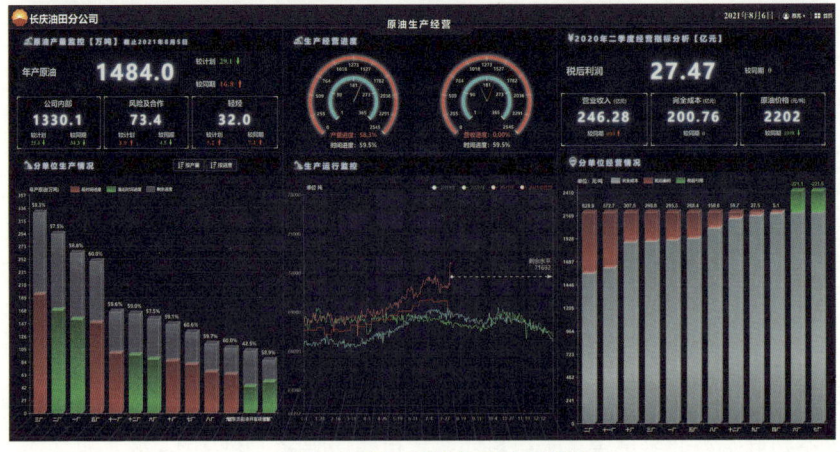

图 3-1-25　数据洞察业务场景

第二节 智能中台

长庆油田实施智能化建设，基于上游业务信息化顶层设计，初步搭建形成了以数据为核心，云计算平台与区域数据湖为基础的智能中台。采用了分布式中台架构，是多方参与、共享、共建的业务服务生态。其总体架构如图 3-2-1 所示，自下而上分为资源层、基础底台、智能中台、应用前台。资源层包括云计算平台和区域数据湖；基础底台通过勘探开发梦想云平台的本地化部署，继承了梦想云的 PaaS 平台能力，主要包括容器平台、微服务、开发流水线、中间件等；同时根据自身特点与业务应用需求分别搭建了以云管平台、GIS 空间地图服务、人脸识别算法服务等为核心的技术中台；搭建了以数据全链接为理念的数据中台；搭建了以智能油气藏研究、井筒工艺、生产运行等为特色业务中台；应用前台则涵盖了油气勘探、开发生产、协同研究、生产运行、经营管理、安全环保、工程技术、油气销售八类业务。

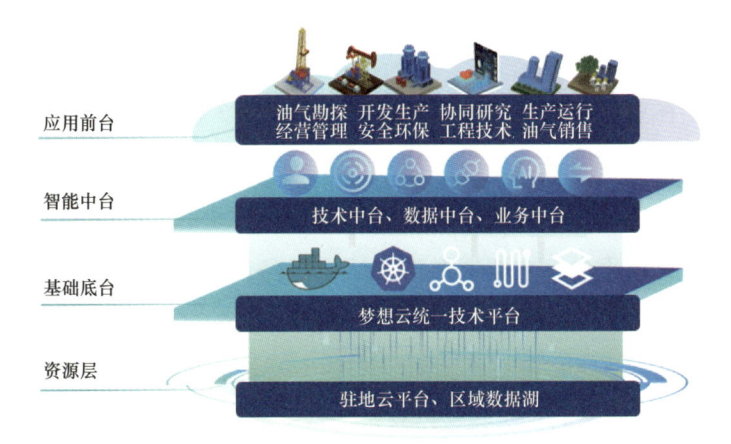

图 3-2-1 长庆油田智能中台总体架构

中台建设过程中，按专业分开建设，分布式部署，每个专业都包含了技术中台、数据中台、业务中台三个层次的内容，有效继承历史成果的同时，达到生态共享、共建的目的，同时通过协调机制避免功能重复建设。如图 3-2-2 所示，目前已基本建成了通用中台、智能油藏中台、井筒工艺中台、生产运行中台等特色中台，其他专业中台也在规划建设中。

● 图 3-2-2　分布式中台架构

下面分别阐述长庆油田智能化建设过程中，技术中台、数据中台、业务中台的建设情况。

一　技术中台

通过梦想云本地化部署，长庆油田搭建的技术中台可以提供容器平台（Docker、Kubernetes）、微服务、开发流水线及中间件（消息服务、缓存等）。开发人员可以通过这些 PaaS 平台提供的服务完成业务应用的云原生开发与部署。此外，长庆油田还搭建了多项实用的特色技术中台服务，下面举例说明。

1. 云管服务

长庆油田在立足已有规划和实施成果的基础上，按照梦想云的要求对 IaaS 层资源及 PaaS 层架构进行了升级迭代，形成了满足长庆数字化转型油田智能化发展、同时兼容梦想云技术路线的新一代云计算中心，并建立了配套的云管服务体系即云管理平台，主要提供自主运维服务、云安全服务及数据备份服务（图 3-2-3）。

自主运维服务：云管理平台将基础设施中的各种资源整合成一个拥有计算、网络、存储集合的资源池，兼容支持各类云技术，实现各类资源的统一管理。使用单位在线申请资源、管理部门在线审批、在线配置资源，利用 VDC（Virtual Data Center，虚拟数据中心）技术，使用单位可以很便捷地自行对所分配的计算、存储、网络、安全等资源进行个性化管理配置，实现了资源的高效管理利用。允许油田二级单位租户按需消费资源，同时也支持使用配额模式，为不同单位租户提供安全隔离的多租户平台。为租户的应用提供调度及业务伸缩等服务，支持资源池资源的灵活扩充，以满足租户更大规模的需求。

● 图 3-2-3　云管运行模式

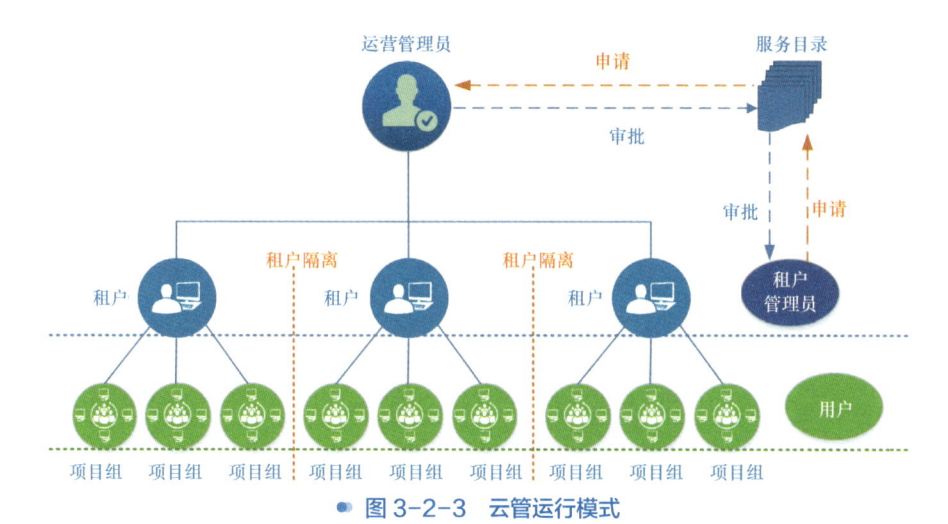

通过云管理平台，租户可以实现自主管理与自主运维（图 3-2-4）。允许各单位 VDC 管理员在配额内申请、审批、开通、关闭、回收虚拟资源。

● 图 3-2-4　云管理平台自主运维

云安全服务：图 3-2-5 展示了云管理平台，通过安全资源池基于软件定义安全提供云安全服务，能够根据业务实际需求制订安全策略，深入到云内部，实现统一的云计算底层、虚拟机之间及对外的安全服务保障和管理。灵活快速，不依赖于专用硬件，低成本提供安全接入、防护、检测、审计、应用等功能，并根据需求，可对功能和性能弹性扩容升级。

云安全资源池能够提供安全接入、防护、检测、审计、应用共 5 个模块 13 个安全服务包，包括基础防护、网站安全、主机安全、数据库审计等。主要涵盖了IPS、WAF、SSL VPN、日志审计、漏洞扫描、运维审计、防火墙、数据加密等多元化的信息网络安全功能，实现东西向的安全服务（图3-2-6）。

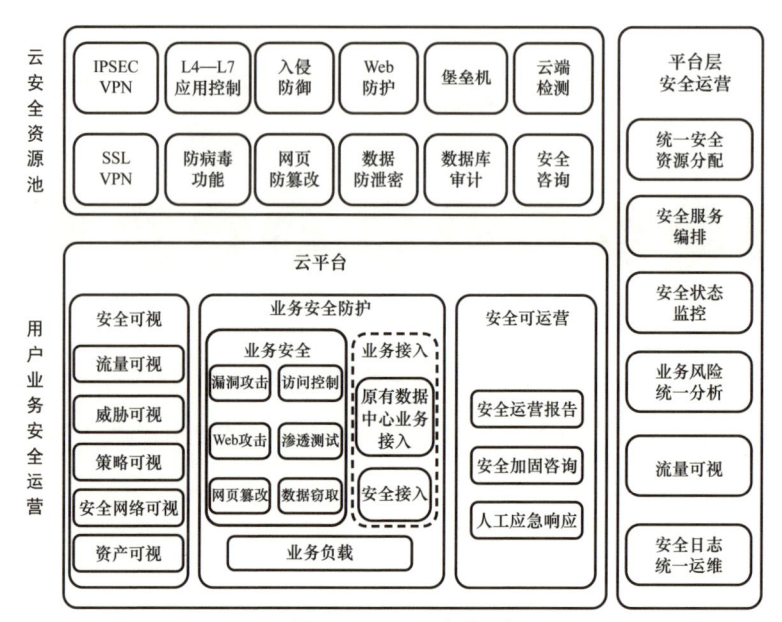

● 图 3-2-5　云安全服务

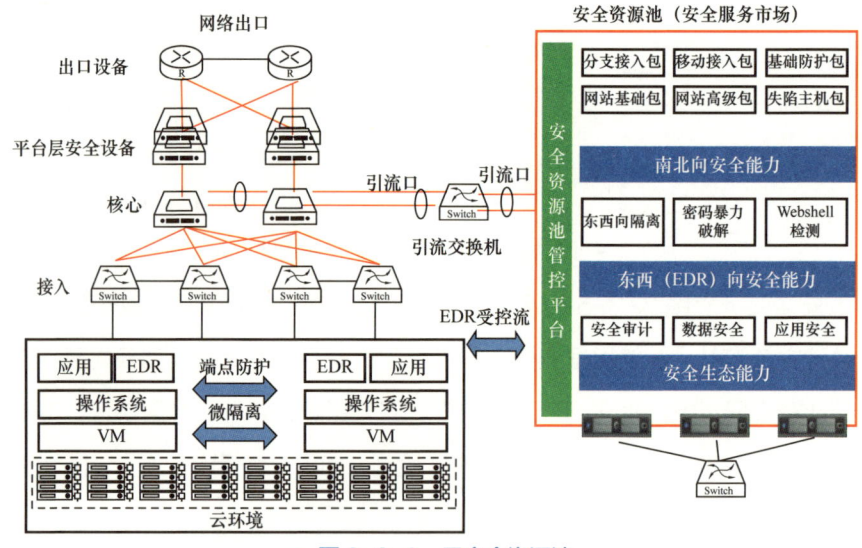

● 图 3-2-6　云安全资源池

租户可以享受由云管理平台统一配置提供的基础安全保障服务，同时还可以通过安全服务管理界面，根据自己的个性化需求，进行可视化安全策略配置，随时了解业务流量组成及趋势，实时监测业务面临的安全风险（图3-2-7）。

● 图 3-2-7 安全服务可视化配置

数据备份服务：采用 SAN+vSAN+ 光盘库等多种技术提供数据存储备份服务，通过存储虚拟化实现对于各类型异构存储资源的池化管理，能够按需为各个系统提供存储服务，有力保障了云计算中心各类应用系统的数据存储需求（图3-2-8）。SAN 存储适用于核心数据库，共享数据存储；vSAN 存储适用于高 IO 应用，大容量数据存储；光盘库适用于档案数据存储、历史数据冷备份。

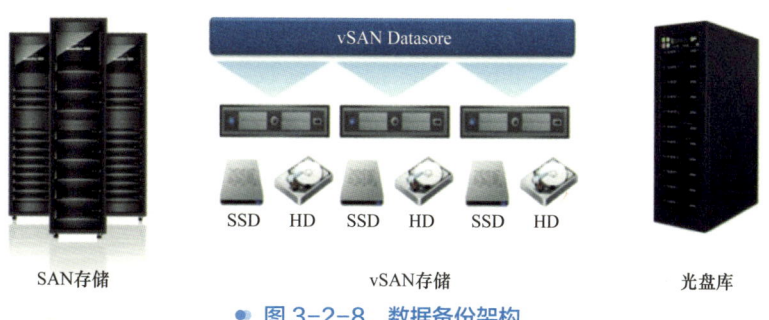

● 图 3-2-8 数据备份架构

数据备份服务包括数据热备份、光盘备份和自动备份。通过各类存储（SAN和vSAN）对应用系统数据进行热备份，同时可与异地灾备中心实现数据互备。重要冷数据需要在光盘上进行备份，配置光盘库定期对重要数据进行刻录备份可满足数据长期存储需要。根据应用系统情况实现虚拟机和数据库等的自动备份，可根据业务需求选择全备、增量、差异等不同的策略。

2. GIS 空间地图服务

油田生产区域跨度大、分布广，开采区域不断延伸，井数快速增长，部分作业区巡护管理数千口井，油区道路无指示标识，应急情况下曾出现无人带路的情况，基层员工经常为找不到新投产井站在哪里而苦恼。为解决此类问题，长庆油田进行了油区移动 GIS 导航平台建设，其中包括 GIS 空间地图服务中台的搭建。

油田各单位因业务需求，自行购置、开发使用基于 GIS 地理信息系统的业务应用，但是各系统的影像来源不同、影像分辨率（地图距离/像素）不同、比例尺（地图距离/实际距离）不同、地面分辨率（实际距离/像素）不同，各系统的技术路线、地图引擎等诸多要素也不同。因各系统地理空间数据独立闭锁式运行，这些不共享、不同步的地理空间数据使得同一位置或同一站库在不同应用系统中呈现出的地形地貌、相对位置、界面图素等存在差异，地图购置费和升级维护费多头重复支出，同时也带来了空间数据安全保密风险。因此需要搭建统一的 GIS 空间地图服务平台，为各业务系统提供地图引擎及专题要素查询服务，实现地图服务和数据的共享，作为智能油田各类应用的共享载体，将单井、站点等基础生产单元与人员、车辆、无人机、机器人、设备设施等元素进行空间关联，实现可视化生产组织管理。同时对各单位已建且应用较好的 GIS 应用进行服务整合和功能叠加。

考虑国家、中国石油、油田公司的相关保密政策，采用从互联网下载免费高清卫星影像图片（不涉密），下载后结合实际自主拼接、校正后使用的低成本地图获取策略（图 3-2-9）。将数据存储、数据服务、应用发布等服务部署在长庆办公网内，通过 APN 物联网实现用户授权访问，禁止数据在互联网的发布，禁止互联网用户的访问。

● 图 3-2-9　地面拼接采集过程

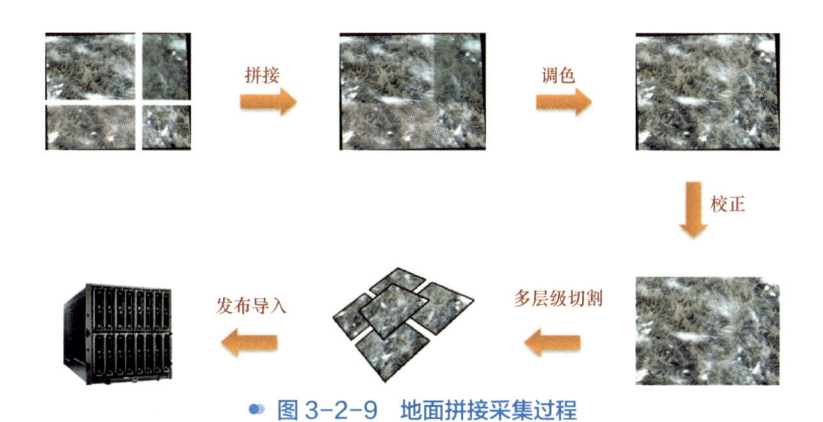

在 OCEM 和 RDMS V2.0 已建空间数据和框架基础上，统一油田 GIS 空间数据，构建长庆油田基础地理信息平台，实现油田矿权范围内的空间地理数据共享和地图引擎共用。GIS 空间地图服务平台总体架构如图 3-2-10 所示。

● 图 3-2-10　GIS 空间地图服务平台总体架构

按照以用促建的原则，采用 PostgreSQL+POST GIS 建立长庆油田空间数据库，成为油田公司区域数据湖的组成部分，并纳入中国石油 A4 系统进行统一管理。对当前已有的单井、场站、管线数据，电力、道路以及环保敏感区域（高后果区）数据进行收集整理，同时对于新的数据进行标准化收集，实现专题数据的入库。通过 GeoServer+Web 的方式实现对油区二维地图、三维地图的发布共享，支撑各个业务应用。通过 Https 或者 Web Service 提供主题元素查询接口，地图服务平台支持 Android、iOS 应用和 Web 端的各种应用，对目前的大部分应用可实现无缝对接。GeoServer 是 OpenGIS Web 服务器规范的 J2EE 实现，利用

GeoServer 可以方便地发布地图数据，允许用户对特征数据进行更新、删除、插入操作，通过 GeoServer 可以比较容易地在用户之间迅速共享空间地理信息。目前已实现的应用场景如下：

（1）地理空间服务共享：建立可动态扩充的二维、三维地理信息平台服务，支撑各个业务应用（图 3-2-11）。

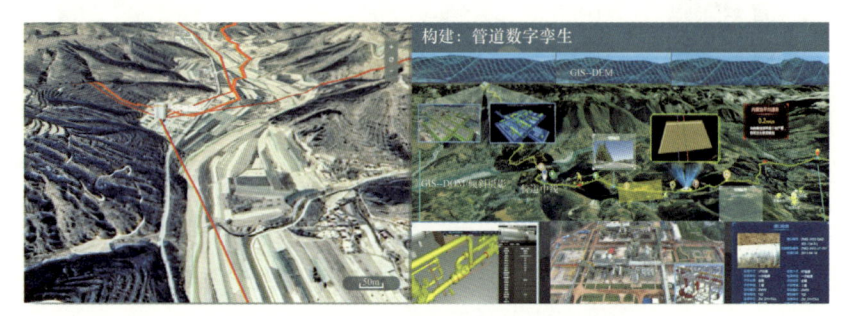

图 3-2-11　GIS 空间地图服务共享应用效果图

（2）移动 GIS 信息查询：通过移动 GIS 平台随时随地查询专题要素和统计信息。

（3）油区 GIS 导航：通过油区 GIS 导航应用 APP 为生产作业日常巡护提供便利的查询和导航服务（图 3-2-12）。

图 3-2-12　移动 GIS 导航效果图

（4）通过 GIS 定位引导巡检路径，并对巡检轨迹进行记录，实现文字、照片、录像现场各类证据的收集记录（图 3-2-13）。

图 3-2-13　GIS 服务在巡检过程中的应用

3. 人脸识别算法服务

2018 年长庆油田提出要建立人事管理大平台，提高员工的精细管理和精准管理水平。随后进行了企业员工智能服务系统的建设，其中搭建人脸识别算法服务中台。人脸识别算法服务包括服务器端和移动应用端两部分，可为 Windows、Linux、Android、IOS 等操作系统提供算法 SDK 能力，可以实现人员 1∶1 身份核验、1∶N 身份确认和 $N∶N$ 身份确认等功能，具体说明如图 3-2-14 所示。

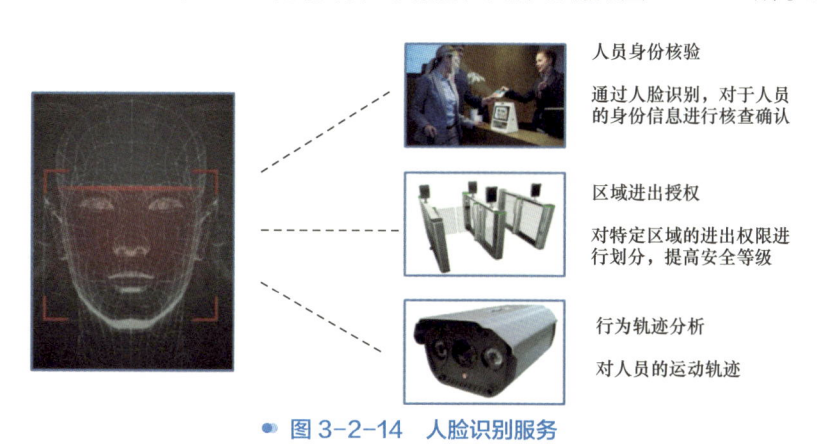

图 3-2-14　人脸识别服务

人脸检测：实时检测图片或视频流中的人脸并返回人脸框坐标，可适应侧脸、遮挡、模糊、表情变化等各种实际场景；支持储存检测到的人脸数据，用于后续人脸比对、人脸搜索等高级功能，包括人脸检测、跟踪、质量选优、人脸姿态、抓拍、年龄估计、性别识别（图 3-2-15）。

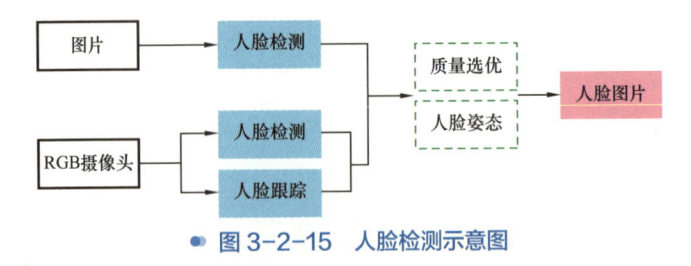

● 图 3-2-15　人脸检测示意图

人脸检测 +1∶1 比对：比对两张图片中的人脸，通过相似度分值来判断是否为同一个人；常用于需要验证用户身份真实性的场景，实现人证比对、人脸检测、面部跟踪、质量选优、人脸姿态、抓拍、结构化、特征提取、人脸比对功能（图 3-2-16）。

● 图 3-2-16　人脸检测 +1∶1 比对示意图

人脸检测 + 人脸 1∶N 搜索：在预置的人脸集合中搜索最相似的人脸，通过人脸搜索可确认人员身份；常用于判断用户身份是否存在的场景。实现人脸检测、面部跟踪、质量选优、人脸姿态、抓拍、结构化、特征提取、人脸比对、人脸搜索功能（图 3-2-17）。

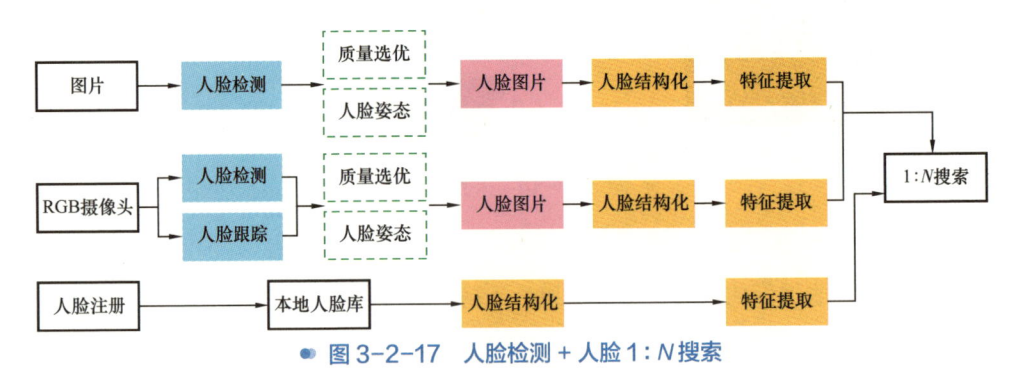

● 图 3-2-17　人脸检测 + 人脸 1∶N 搜索

人脸检测＋N∶N搜索：通过系统对两个指定视频/库中查找相似人脸，在一定的阈值下，返回两个视频/库中相似的人脸照和匹配分值。

目前人脸识别算法服务主要应用场景包括员工考勤打卡、承包商现场身份识别、手机APP人脸识别登录及统一身份认证等。

二 数据中台

数据中台是数据＋技术＋产品＋组织的组合，是企业数据治理战略规划的体系架构，与数据湖紧密结合（图3-2-18）。数据湖作为一个集中的存储库，可以在其中存储任何形式（结构化和非结构化）、任意规模的数据。在数据湖中，可以不对存储的数据进行结构化，只有在使用数据的时候，再利用数据湖强大的大数据查询、处理、分析等组件对数据进行处理和应用。因此，数据湖具备运行不同类型数据分析的能力。数据中台从技术的层面承接了数据湖的技术，通过数据技术，对海量、多源、多样的数据进行采集、处理、存储、计算，同时统一标准和口径，把数据统一之后，以标准形式存储，形成大数据资产层，以满足前台数据分析和应用的需求。数据中台更强调应用，离业务更近，强调服务于前台的能力，实现逻辑、算法、标签、模型、数据资产的沉淀和复用，能更快速地实现相应业务和应用开发的需求，可追溯，更精准（图3-2-19）。

长庆油田以业务数字化为前提，建设统一大数据模块，实现全域数据入湖，重点建设数据主题联接为基础的数据中台，提供数据服务，支撑各种业务场景的数据消费。数据中台的主要任务是将数据按业务流、对象、标签、指标数据与算法进行整合与联接，支撑业务的推演和原因分析。同时搭建数据分析与认知计算模块，提供智能检索、大数据分析、数据洞察能力。

Data API是数据中台的核心，它是连接前台和后台的桥梁，通过API的方式提供数据服务，而不是直接把数据库给前台、让前台开发自行使用数据。通过数据中台的实现，逐步打通数据入湖全链路，替代原有接口访问模式，解决"效率不高、协作不畅、能力不足"三大问题。

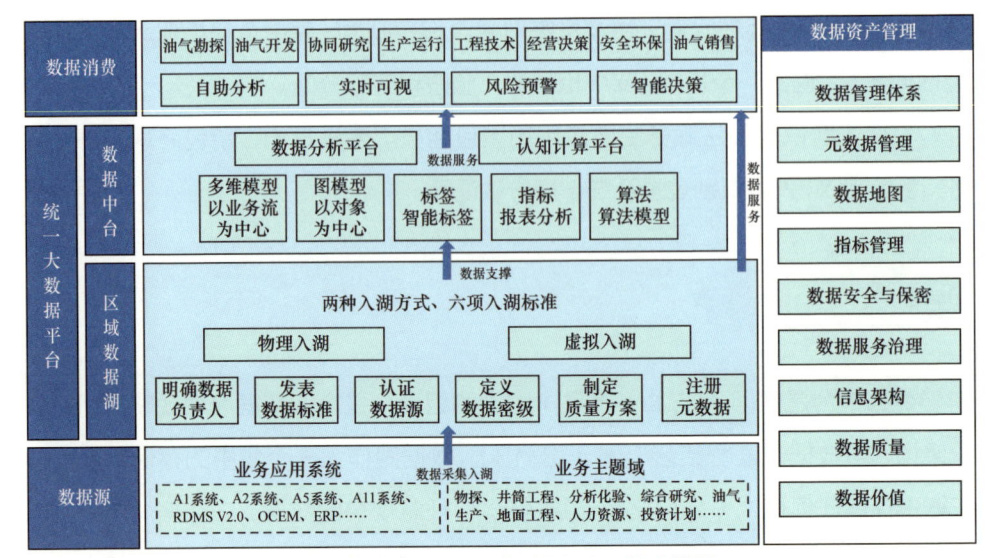

● 图 3-2-18　长庆油田数据治理战略模型

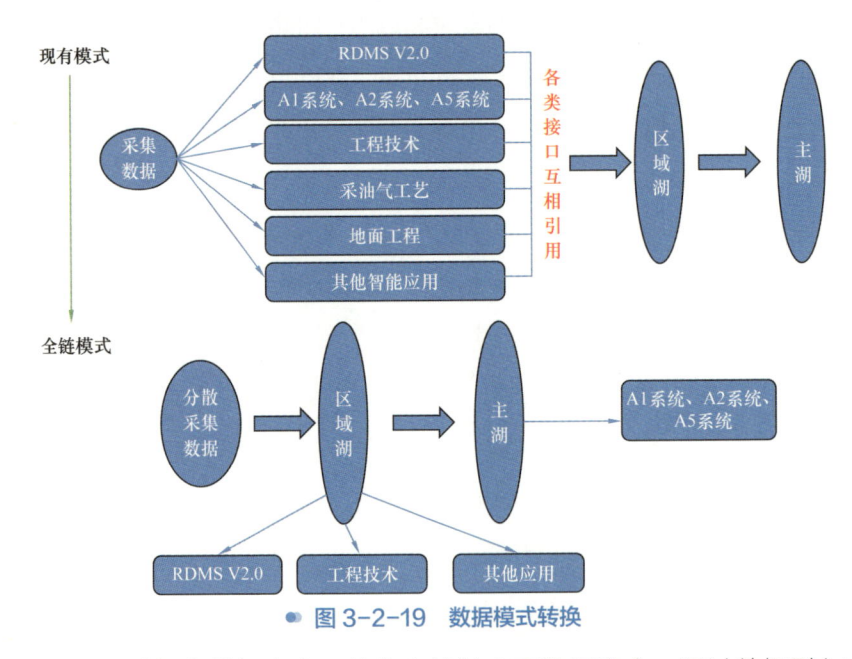

● 图 3-2-19　数据模式转换

长庆区域数据湖数据中台，总体上能够实现数据融合，通过数据引入功能，将业务系统数据集成、融合一体，统一基础数据；实现数据建模，通过规范建模功能，结合业务发展需求，自顶向下设计标准的数据模型，统一公共数据；实现数据生产，基于建模后系统代码自动化托管生产功能，快速响应业务需求。模型设计输出后，自动化生成代码、周期性调度产出任务；实现数据安全，引入数据共享服务安全体系，数据服务权限管理、身份认证；实现数据兼容，提供与梦想云及数据主湖标准一致的数据服务，能够兼容和扩展外部满足标准规范的数据中台，做到最大限度数据兼容。此外，长庆油田还搭建了多项特色数据中台，下面以生产数据中台为例进行说明（图 3-2-20）。

长庆油田依托 OCEM 模块，搭建了生产数据中台，主要实现了生产管理数据指标算法库的建立，按照数据采集→数据审核→汇总计算→报表→输出的步骤，标准化了数据处理流程（图 3-2-21、图 3-2-22）。

● 图 3-2-20　生产数据中台总体架构

生产指挥与应急管理系统按照数据驱动、业务融合的理念，采用中台化思路开展数据支撑体系建设。理清数据源头，规范数据采集流程，统一数据核算方法，建设公司级生产数据集散和发布中心。实现数据准确、及时、权威发布。开展数据关联性分析，将数据按照业务分类进行打包，并统一集中、在线管理，形成生产数据中台，支撑各个业务应用，最终形成公司生产运行数据资产。为智能应用提供底层数据支撑。

通过数据治理工作，理清了数据链条，打通了数据通道，与 RDMS V2.0、A2 系统、SCADA 等系统共享数据来源，实现数据标准入库。目前已为 20 多个系统提供 550 余项数据服务，实现数据共建共享。

依托勘探开发梦想云和油田公司云平台资源，采用微服务 + 容器化的云原生架构，设计生产运行业务云端开发和部署方案，标准化研发及运维过程，构建生产运行技术中台。支撑业务应用模块高效开发。实现新增业务需求便捷扩展、独立运行、无缝接入，开发、交付、发布、运维标准化管理的目标。

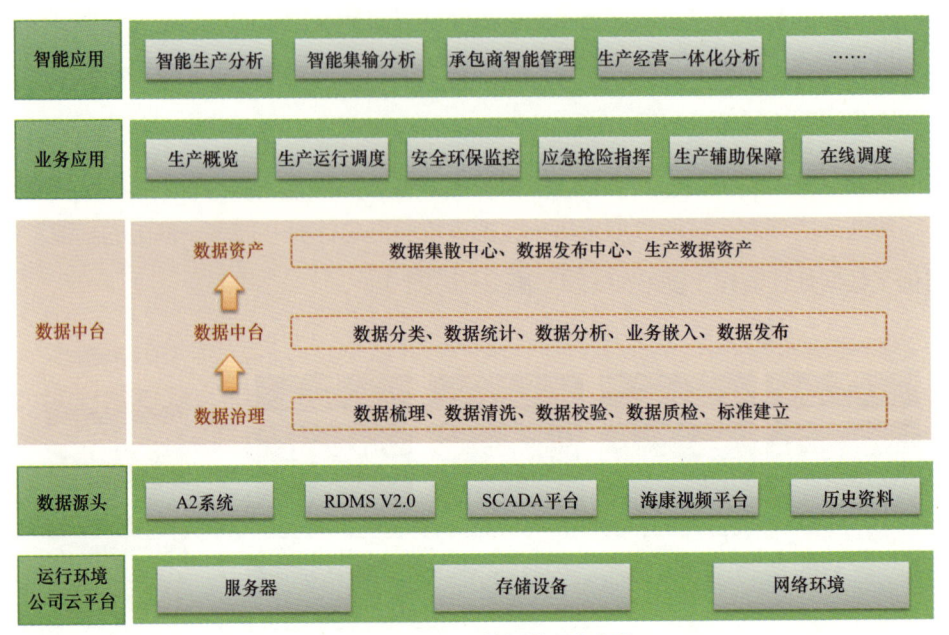

图 3-2-21　数据体系中台化

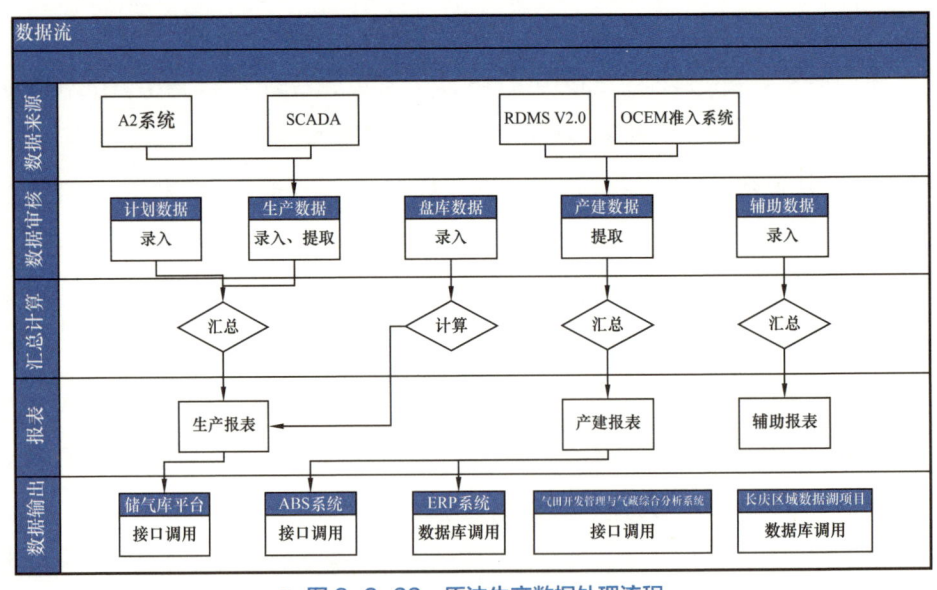

图 3-2-22　原油生产数据处理流程

抽象公共业务服务，支撑各个具体业务场景应用，形成生产运行业务中台。包括公共服务和具体应用场景2个部分（图3-2-23）。公共业务服务针对生产运行业务，抽象公共业务服务，支撑各个具体业务场景应用。具体应用场景覆盖生产运行具体业务，支撑工作业务开展，同时可将整个业务共享于云平台。

应用场景	生产经营分析	集输效益分析	产建智能管理	智能电网应用	智能运输管理	生产智能预警	……
	生产概览	生产运行调度	安全环保监控	应急抢险指挥	生产辅助保障	在线调度	APP应用
公共服务	用户中心	实时数据服务	生产数据服务	企业微信服务	任务调度服务	地图应用服务	……

● 图3-2-23 生产指挥中心业务服务中心

三、业务中台

在介绍业务中台之前先举一个真实发生的例子。长庆油田在开发地质工艺一体化平台的过程中，研究人员提出这样的需求，要求地质工艺一体化平台能够提供展示开采现状图、油藏剖面图、井组栅状图、水驱特征曲线、童氏曲版、递减分析、数字井史、多井对比、单井信息查询等功能。但是这些功能在 RDMS V2.0 系统中已经存在了，虽然开发人员已经通过数据中台拿到了相关数据，实现这些功能在技术上完全可行，但是有必要把同样的功能重复开发一遍吗？这里就引出了一个问题，数据中台提供数据共享能力，不能完全解决业务应用中的复用问题。再举一个常见的例子，出差时在差旅共享平台中填报了出差申请，然后通过共享平台进行订票，平台会将你的个人信息带入到同城商旅的系统中，订票完成后所有订单信息会返回到共享平台。同样的，在网上购物支付时，会跳转到其他 APP 的支付页面……这些都是业务中台在起作用。订票、支付都是复用性非常高的业务，业务系统在使用这些功能时，开发人员不是完全重新开发这些功能，而是直接引用了这些业务中台，使业务应用得以快速交付。

回到第一个问题上，地质工艺一体化模块想要复用 RDMS V2.0 中的成熟功能，而不是重新开发，如何实现。答案是 RDMS V2.0 系统核心功能上云，即云化改造，如图 3-2-24 所示。

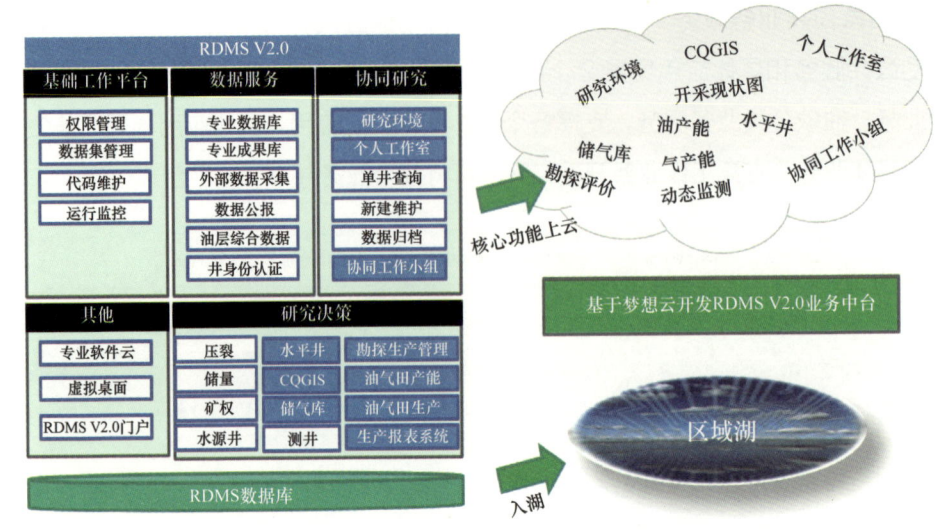

● 图 3-2-24　RDMS V2.0 核心功能上云示意图

基于梦想云技术进行 RDMS V2.0 模块核心功能的云化改造，搭建协同研究的业务中台，在地质工艺一体化、地质工程一体化、井筒质量智能分析等应用中都能得到业务功能的复用。在其他业务领域的智能化建设过程中，同样可以采取相似的做法，把通用性强、可复制的功能模块以业务中台的形式呈现。长庆油田在企业员工智能服务系统中已实现了员工管理和组织机构管理的业务中台，为其他系统构建用户中心提供了便利。

1. 零（低）代码开发模块

完全依靠专业 IT 公司实现业务的数字化过程，业务需求无法快速响应，系统、应用还没建好，业务流程就已经变了，拿到手的应用系统与实际业务"两张皮"，这样的事情时常发生。主要原因就是 IT 开发人员深入了解业务需要时间，无法快速交付，这就需要培养更多既懂业务又懂 IT 技术的复合型人才来完成，但是这样的人才在油气田企业又是最缺失的。而业务人员 IT 能力一般相对较弱，又无法完成系统的搭建工作。长庆油田部署的致远协同办公系统、帆软报表系统等零（低）代码开发系统都属于此类产品的佼佼者，可以有效缓解业务应用快速交付的问题（图 3-2-25）。

图 3-2-25 协同模块零代码表单设计

2. 云组态

油气田企业逐步实现工业互联网架构，使得传统的工业组态软件发生了质的变革，通过云组态的方式，管理人员坐在办公室里就可以监控现场工况。长庆油田在云组态方面也进行了一些尝试。通过部署基于 HTML5 的无插件在线组态工具，用户通过该工具可以完成实时监控界面的绘制，绘制完成的监控界面支持 PC、手机、平板等跨平台使用。能够支持麦杰实时库、InflexDB 时序库、TdEngine 时序库、Redis 缓存、ODBC 数据接口等通用数据源。目前主要在苏南生产指挥 APP 模块、站点工艺监控 APP 模块使用，用于绘制和显示组态页面（图 3-2-26、图 3-2-27）。

图 3-2-26 云组态软件设计界面

● 图 3-2-27　云组态软件监控界面

第三节　地质工艺一体化

以区域数据湖为基础，按照梦想云云原生开发规范搭建地质工艺一体化模块，集成了业务场景、数据中心、协同决策、通用工具四个子模块，实现智能油井、智能气井、管线泄漏预警、措施智能选井、智能井筒管理等功能。

一　智能井管理

1. 智能油井

油田建设的信息化、数字化系统所积累的实践和经验，为智能油井奠定了良好的基础。应用数字化建设成果，集成和创新，建设油田智能油井系统，实现对油井感知获取、过程监控、状态预警、优化生产全方位的智能化管理，为抽油机井工况实时智能分析和生产运行优化决策提供理论依据和技术支持。

智能油井系统主要包括作业区级、厂级、公司级"三级"用户。数据采集服务器部署在作业区，分析计算服务器、数据库服务器、Web 发布服务器等部署在采油厂，实现数据的调用、分析计算及存储发布，同时，由数据库服务器向公司级数据区域湖提供数据，实现数据云应用，并最终嵌入地质工艺一体化模块。智能油井系统具备抽油井生产工况诊断、功图计量、指标分析、优化生产、分析决策、生产管理、指标报表、数据管理、系统管理等深度应用功能（图3-3-1）。

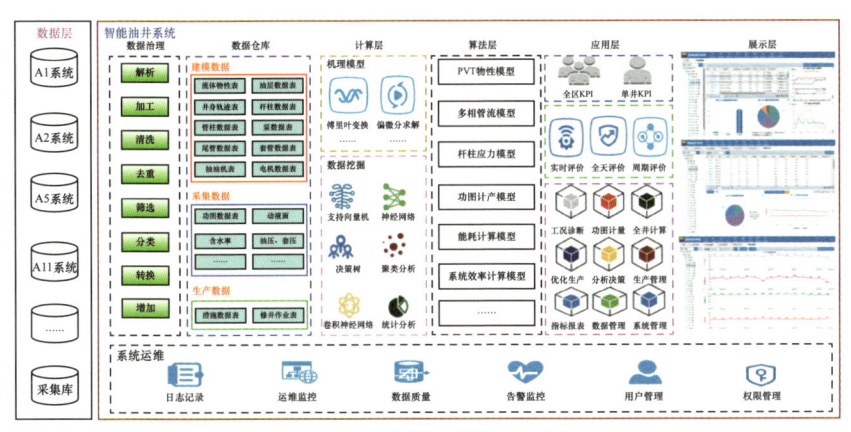

● 图3-3-1 智能油井系统总体架构图

1）数据管理

数据管理模块是整个平台的数据管理中心，实现系统数据的组织、存储与管理，油井基础数据、动态生产数据维护，包含增加、删除、修改等，预留用户修改管理界面。主要包括基础数据、动态数据、数据治理、技术参数、单井详细信息功能（图3-3-2）。

● 图3-3-2 数据管理模块——基础数据图

2）工况诊断

重点展示油井实时工况，并按照故障严重程度进行分类预警（图3-3-3）。一级预警主要包括杆断、泵卡、油管漏失等影响油井正常生产的预警；二级预警主要包括严重供液不足、严重气体影响、严重结蜡等影响机采系统效率的预警。通过分类预警，实现油井工况统计汇总、一级预警快速查询，并将预警信息及时推送至技术管理人员。

● 图 3-3-3　工况实时诊断图

系统进行任意时间段内油井示功图叠加，分析工况变化趋势，确定故障原因，及时发现工况及产量异常油井（图 3-3-4）。汇总所有的一级故障、二级故障和功图错误的油井信息，通过对单井实时故障功图、地面功图、标准泵功图、单井基础信息分析，将油井诊断结果及时推送至技术管理人员，引入专家经验对诊断结果进行核实，实现油井生产闭环管控。

● 图 3-3-4　单井预警处置图

3）油井产液计量

通过对实时采集示功图进行深度挖掘，在抽油井三维波动方程的基础上，完善阻尼系数计算方法，获得高质量的泵功图，结合大数据分析技术，智能识别泵功图有效冲程，实现油井产液实时计量和不同管理单元的产量分布以及变化趋势。主要包括油井日产分析、油井动态分析和单井实时计量功能（图3-3-5）。

系统重点展示当前油井实时生产数据，并可按照产液量、产油量、含水率等进行分类统计、汇总分析，发现产量异常油井，及时推送并进行集中治理。

● 图3-3-5 油井日产分析图

4）油井智能间开制度优化

针对低液量油井间开生产现状，基于海量功图数据，将"抽汲能力＞地层供液能力"作为间开自动选井条件，依据油井流入流出动态变化规律，结合人工智能计算方法，以井组最小费用和单井最大产量为目标函数，建立油井错峰间开优化调度模型，计算图如图3-3-6所示，形成油井错峰间开生产周期，并实时对间开制度进行效果评价及优化，运行效果评价如图3-3-7所示。

深度挖掘日产液量、泵效、充满系数等关键生产参数，建立间开选井模型。利用井底流入流出动态变化规律，合理匹配间开制度计算模型，实现间开井自动选井及制度计算功能。间开井运行时，通过采集数据进行运行效果评价，对间开井产液量、泵效、系统效率、耗电量等关键生产参数进行实时趋势分析，建立间开井运行效果动态评价和间开制度自适应优化模型，以产量波动平稳为目标，定期自动优化间开制度，确保间开井平稳运行。

● 图 3-3-6　间开选井及制度计算图

● 图 3-3-7　间开井运行效果评价

5）运行指标实时监控

根据抽油机井的示功图、电参、运行状态、抽油杆（管）等数据，结合油气举升理论与人工智能方法，对油井的系统效率、泵效、能耗、平衡度、杆管柱应力、物性剖面等进行实时计算及时掌握系统效率、油井能耗、油井平衡，并根据不同指标分布范围进行分级展示。

对油井运行示功图等参数，对油井的系统效率、泵效等参数进行计算分析，计算结果包括冲程、冲次、泵效、日产油量、日产液量、时率、系统效率、井下效率、地面效率、平均功率因数、平均有功功率，并根据采油厂、作业区、站点、单井系统效率和泵效值的不同界线值进行筛选统计分析，绘制不同级别的效率变化情况，进行系统效率分析（图 3-3-8）。

● 图 3-3-8　系统效率分析图

利用三相电参等数据，计算抽油机运行过程中日实时耗电量、日累计耗电量、顿油耗电量、吨油百米耗电量和历史耗电量等，同时实现按组织机构、时间段的能耗统计分析（图 3-3-9）。

● 图 3-3-9　油井能耗分析图

油井平衡分析计算结果查询，可分为实时结果与历史结果查询（图 3-3-10）。实时结果展示最新平衡度计算结果，历史结果查询图形与表格方式展示所有单位的油井在一段时间内的平衡度计算结果。

2. 智能气井

利用各类气井数据，开展长庆气田气井智能化管理技术研究，实现气井工艺指标管理、措施计划管理、远程智能监控、基础数据管理、数据统计分析等功能。

建成"异常井自动识别—措施方案执行—措施实施反馈—措施效果分析—措施再优化"的气井智能运行管理机制。

● 图 3-3-10　油井平衡分析图

智能气井系统是基于气井相关数据，利用通过 MQTT 服务接口，设计开发后台服务程序，实现数据自动采集、措施效果分析、措施制度生成、制动自动执行等功能。搭建了公司、采气厂、作业区三个层级的界面，宏观展示各应用层级所辖气井总体概况、水平井生产情况、气量及指标完成情况、智能措施应用井数等信息（图 3-3-11）。

● 图 3-3-11　气井分析管理界面

1）工况智能诊断

应用井口采集的实时数据，通过数据分析、整理，综合运用临界携液流量计算模型、油套压差专家经验法、气量变化规律生产拟合法等判断方法，结合动态监测数据和智能液面监测数据，及时发现"生产异常"气井。闭环管理流程如图 3-3-12 所示，根据气井积液程度、措施设备故障、数传通信故障、井下工具异常等因素对异常气井进行分类统计，形成各类异常井排查列表，异常信息推送至作业区技术人员即时通处置。

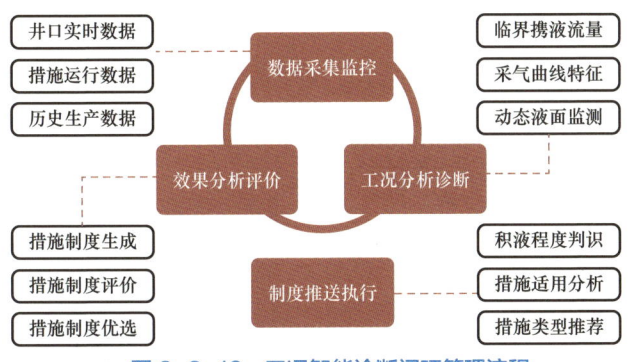

图 3-3-12 工况智能诊断闭环管理流程

2）柱塞气举智能控制

结合地层能量，利用井筒积液预测采气指数方法，拟合柱塞历史运行数据，分析运行曲线变化特征，形成柱塞制度优化和效果评价智能算法。通过智能算法，深度分析柱塞运行工况，智能诊断措施气井异常情况，并根据故障诊断图版进行制度优化调整和紧急处理操作，实现柱塞气举井运行制度自动调参、运行工况智能优化、故障诊断智能分析，实现柱塞气举实时调参、远程自动控制。目前已应用于 3700 余口井（图 3-3-13）。

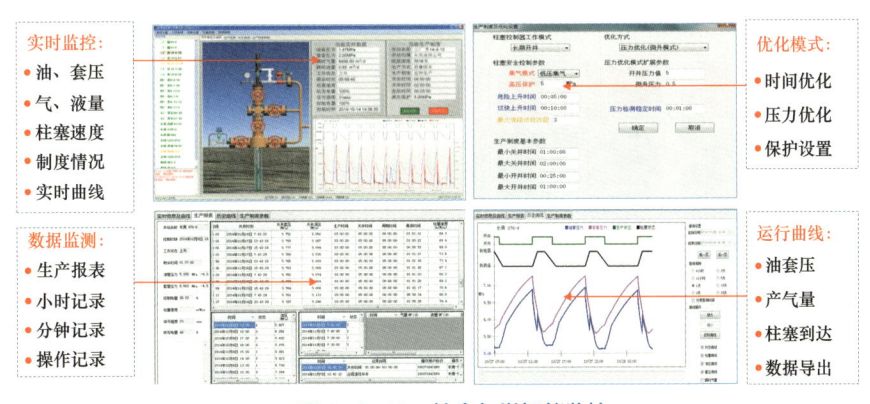

图 3-3-13 柱塞气举智能监控

3）气井自动间开

针对间歇井人工开关工作量大、操作成本高、间歇制度执行不到位的现状，应用气动薄膜阀，研发电子指挥器及气井自动间歇控制程序，实现间歇井开关自动控制（图3-3-14）。薄膜阀自动控压开井，提高低产井携液能力，实现减轻劳动强度、降本增效（图3-3-15）。

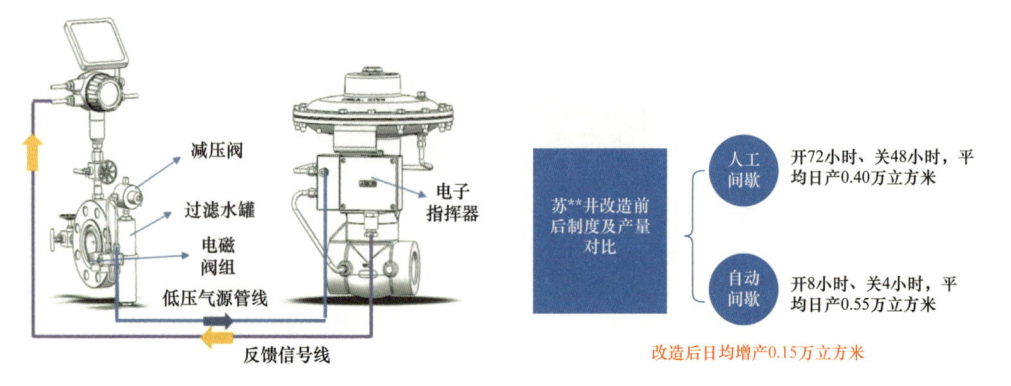

- 图3-3-14 自动间开控制示意图
- 图3-3-15 某井自动间开前后对比

4）巡检手持终端及APP软件试点效果明显

针对人工巡检信息收集方式繁琐、效率低的现状，开发气井作业APP 9项功能模块，研发并配置巡检手持终端73台，功能及应用界面如图3-3-16所示，实现巡检信息无纸化采集，减少资料录取工作量，提高工作效率。取代纸质记录20项，减少现场人员60%信息录入工作量，改变巡检资料手工填写、人工统计的工作模式；实现巡检全流程信息化管理（图3-3-17）。

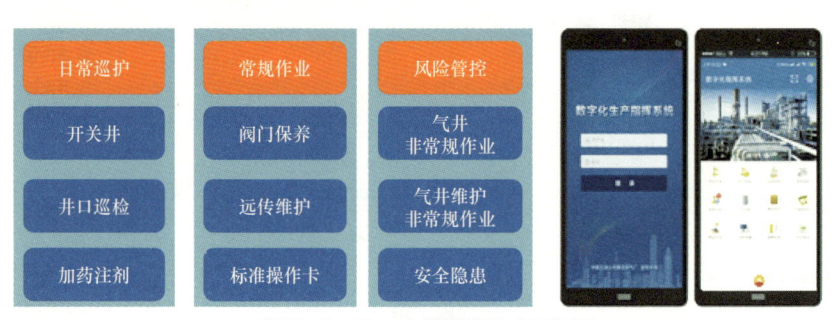

- 图3-3-16 功能模块及应用界面

序号	业务内容	应用前表单数量			应用前表单数量			效果（减少记录）
		纸质记录	电子表单	耗时	纸质记录	生成表单	耗时	
1	开关井	1	2	3分钟/井次	0	1	0.5分钟/井次	67%
2	巡井	2	1	5分钟/井次	0	1	0.5分钟/井次	67%
3	加药注剂	3	2	6分钟/次	0	2	0.5分钟/次	60%
4	安全隐患	2	1	10分钟/次	0	1	3分钟/次	67%

图 3-3-17　应用效果

油井智能化运行

气井智能化运行

二、大数据分析应用

1. 集群化管线泄漏监测系统

集群化管道泄漏监测系统基于网页浏览，建立三级报警、联锁控制、分级推送、闭环处置的管道泄漏管理流程，同时集成了管道档案、管道地图、高后果区识别、管道特征点、应急预案等功能，实现对泄漏事件及时发现、风险综合评估、快速控制，将风险损失降低到最小化。建立了与PLC的双向通信协议，报警特征较为明显时，实现远程停泵，及时控制。

管线泄漏监测系统在采油三厂做了探索性应用，将判断结果按概率比等级划分为预警、泄漏报警、报警联控三类。根据自设定的时间间隔和用户级别自动进行报警消息分级推送。值班人员填报处理情况，结束报警，形成闭环处置。报警信息自动记录，生成报警专题日志。具备基于条件查询浏览、单条管线报警日志查阅、历史曲线追溯等功能。图 3-3-18 至图 3-3-23 展示了主界面能够实时展示管线先行状态；系统实时监测管道运行数据曲线；联动地图查看管道穿跨越、穿路、三庄及周边道路、水系、桥梁等重点关注的地物要素及高后果区分布；联动管线档案掌握管线全面信息；报警记录信息处置，形成闭环管理；对接"中油即时通软件"，实现报警消息的分级推送，推送角色等级、推送时间及循环间隔均可通过系统设置进行配置。

● 图 3-3-18　集群化管线泄漏监测系统主界面

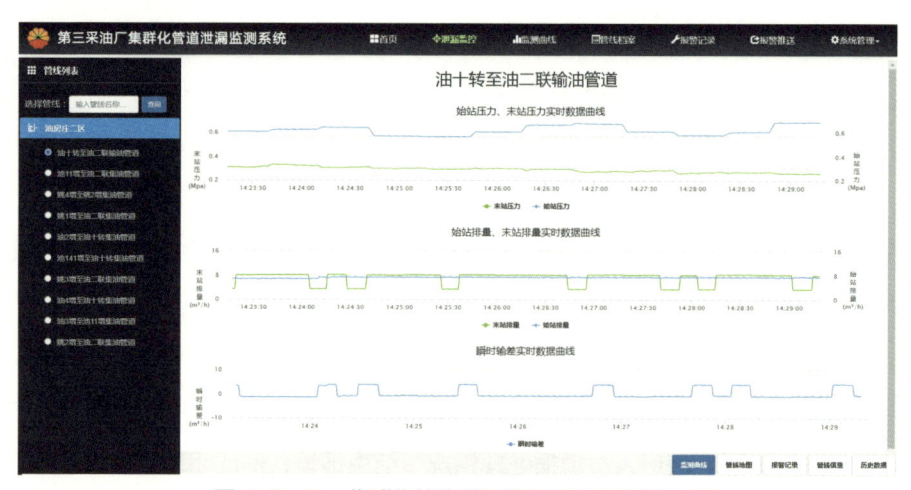

● 图 3-3-19　集群化管线泄漏监测系统运行数据曲线

图 3-3-20　集群化管线泄漏监测系统地理示意图

图 3-3-21　集群化管线泄漏监测系统管线档案

图 3-3-22　集群化管线泄漏监测系统报警记录

— 153 —

● 图 3-3-23　集群化管线泄漏监测系统报警处置

2. 油水井措施智能选井

通过地质静态和动态分析综合对比研究，提出措施意见，制订措施方案；定制开发作业区生产所需日报、周报、旬报、季报，使基层人员从繁重的报表整理中解放；建立典型案例管理知识库，共享动态分析和措施选井专家经验，快速生成汇报材料和措施方案，进一步提升技术管理人员综合素质，日常工作量减少60%，系统架构如图3-3-24所示。

● 图 3-3-24　油水井措施智能选井系统架构

3. 井筒智能分析

整合现有数据库，简化数据填报流程，形成数据展示、井筒预警、分析决策等功能模块，建立以单井为核心的油井大数据模块化管理模式，实现油井状态实时监控与智能预警，达到让数据多"说话"、让员工少"动手"的目的（图 3-3-25）。

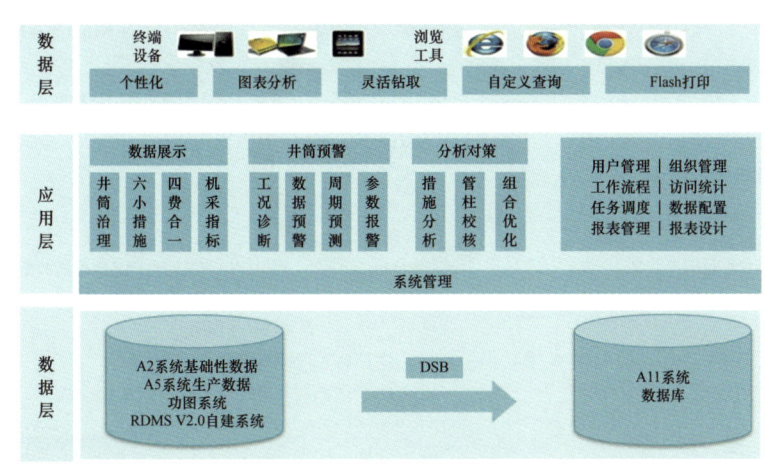

● 图 3-3-25　井筒智能分析

4. 生产报表优化

长庆油田生产报表管理信息系统经过近 4 年的建设应用和探索，通过不断架构优化，提升了系统稳定性及可靠性，极大提升了用户体验。完成对 12 个采油厂、1 个采气厂 1879 张报表开发及推广；报表系统的数据作为长庆油田区域数据湖的重要组成部分，配合数据入湖工作，实现采油厂核心生产数据快速入湖、全面共享、价值提升。切实减轻了一些人员工作量，提高了工作效率。

1）统一数据资产

生产核心数据集中管理，形成公司级数据资产（图 3-3-26）。

2）提高自动采集数据利用率

报表系统利用 DSB 技术，充分利用自动采集数据，减少了员工录入工作量，促进了数字化与生产管理的深度融合（图 3-3-27）。

3）报表展示灵活多样，数据应用快捷科学

报表信息系统支持报表按 Excel、图片或 Word 等多种展示样式导出，也可进行在线打印、按自定义条件灵活筛选，满足用户生产管理灵活多样的应用需求（图 3-3-28）。

长庆智能油气田

简化数据采集方式
- 统一数据源，解决多头录入问题；
- 自动化采集数据系统自动提取，用户只需审核修正；
- 使用表格化采集模板；
- 历史数据通过Excel模板导入（DSB）；
- 录入过程中，数据有效性自动验证

灵活多样的统计图表；
- 数据来源于核心数据库；
- 报表格式统一规范；
- 支持固定和自定义报表；
- 日常产量监控类和技术分析类报表

提高数据应用程度

生产核心数据库及报表系统

生成数据统一集中存储
- 统一全厂生产数据模型；
- 统一数据标准；
- 生产数据全厂围内共享

通过DSB向其他自建系统推送数据

高效提供数据服务

● 图 3-3-26　生产核心数据管理

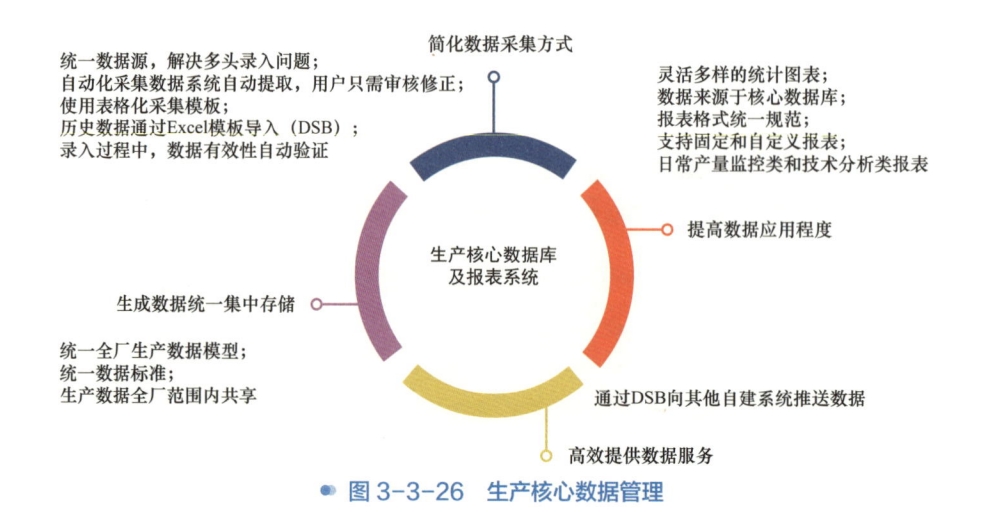

油井工况系统 → 自动读取 → 3206口油井功图计产液量、最大载荷、最小载荷、功图解释 → 数据应用 → 功图计量审核日报 / 测井报表

注水工况系统 → 自动读取 → 1287口注水井分压、管压、日注水量 → 数据应用 → 注水井日报

SCADA系统 → 自动读取 →
- 油罐液位：83个数据点
- 外输流量计：37个数据点
- 外输压力：31个数据点
- 外输温度：31个数据点
- 水罐液位：89个数据点
- 注水泵流量计：73个数据点
- 注水泵压力：70个数据点
- 注水干线流量计：93个数据点
- 注水干线压力：90个数据点

→ 数据应用（597个数据点）→ 联合站（转油站、注水站）生产报表

● 图 3-3-27　提升自动采集数据利用率

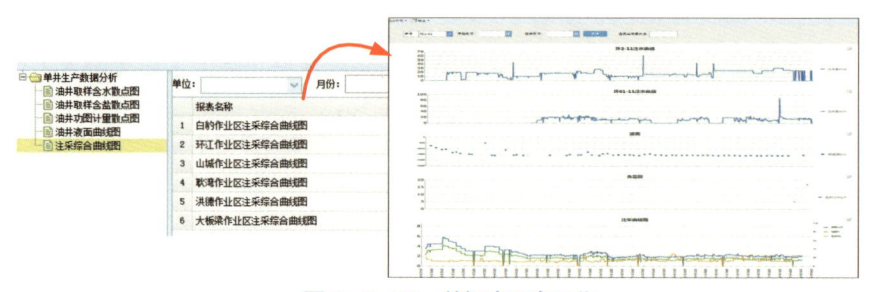

● 图 3-3-28　数据应用多元化

— 156 —

4）业务应用云化部署

如图 3-3-29 所示。

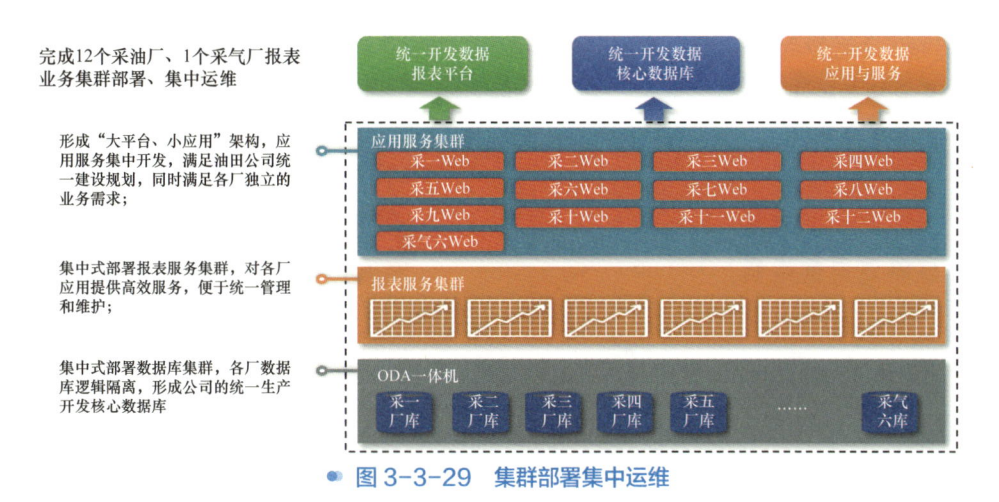

● 图 3-3-29　集群部署集中运维

5）数据融合、提升数据分析应用能力

打通与 A2 系统的数据接口，实现油水井生产数据的自动推送，解决过去多系统录入、数据不一致问题（图 3-3-30）。

● 图 3-3-30　数据共享

运用系统已建单井生产和修井数据进行井筒分析、判断和预测，在异常情况发生前或发生时能够提前预判或及时发现，由事后分析、被动治理升级为提前治

— 157 —

理、及时分析（图 3-3-31）。

● 图 3-3-31　井筒分析

基于报表系统单井生产日数据，结合大数据模型算法，实现对载荷、油压、套压、产液量变化趋势的预判，合理采取相应作业措施，提高油井利用率和系统效率（图 3-3-32）。

● 图 3-3-32　系统效率分析

基于报表系统的生产数据，结合财务数据，完成对单井生产、产量、资产、成本、效益多维度的分析及监测，实现单井的精细化管理（图 3-3-33）。

图 3-3-33　生产经营分析

第四节　生产运行管控

以业务中台为基础，按照梦想云云原生开发规范搭建生产运行管控模块，集成了无人机、巡检机器人、无人值守、一体化集成装置、生产现场管控、重点作业闭环管理、生产调度指挥等智能应用。

一　智能装备应用

1. 无人机

无人驾驶航空器（以下简称无人机）是利用无线电通信和飞行控制程序控制的自主航空器，最早在 20 世纪 20 年代出现。随着无线通信、电子飞行控制等技术的迅猛发展，无人机应用已日趋成熟，行业应用也越来越普及。固定翼和多旋翼无人机已经在农业植保、电力巡检、警用执法、环保监督、地形测绘、勘探和森林防火等领域应用广泛。按照不同动力及机体形式可分为多旋翼无人机、固定翼无人机和无人直升机三类，不同机型性能对比见表 3-4-1。长庆油田特有的地貌特征和开发环境，导致油田生产人工巡检存在"四高一低"问题，即高频次、高成本、高强度、高风险、低效率。以无人机代替人工徒步和人车搭配的巡检实验一直在探索过程中。

表 3-4-1　无人机性能参数对比

序号	性能	多旋翼机	固定翼机
1	动力类型	电动	电动或油动
2	续航时间	≤60 分钟	180～300 分钟
3	负载重量	≤7 千克	电动：≤7 千克，油动：≥7 千克
4	滞空情况	可悬停	
5	飞行速度	≤45 千米/时	≥80 千米/时
6	起降方式	垂直起降	垂直、弹射等
7	抗风能力	4 级	7 级
8	优点	体积小，操作简单，可飞行、定点悬停拍照，多用于勘察、植保和电力巡线	续航时间长，飞行速度快，多用于测绘

2015 年，立足工作区域及现实环境，长庆油田首次开展无人机巡线探索。先后进行了管线巡检、昼夜巡检、航线规划、数据传输、续航能力、吊舱选择、实时监控、漫游中继、云直播等技术领域试验，取得了良好现场应用效果。2019—2020 年，按照"区域共享、统一管理"的思路，建立无人机巡检云模块，统一管控资源成果，大数据管控成果后可以生成大量统计报表和预警，实现油气管线巡检管控的体系化、智能化、可视化、全流程化，实现巡检工作前后端数据的互联互通，形成完整的油气巡检工作闭环。

多旋翼无人机的观测角度为 30～50 度巡检模式，观测位置为井正前方和正后方 70 米，距离地面 80～120 米。飞机航时 1.5 小时，飞控半径小于 5 千米。数据传输半径 28 千米。定点悬停，摄像头手动控制，单口井耗时不超过 2 分钟（图 3-4-1，图 3-4-2）。

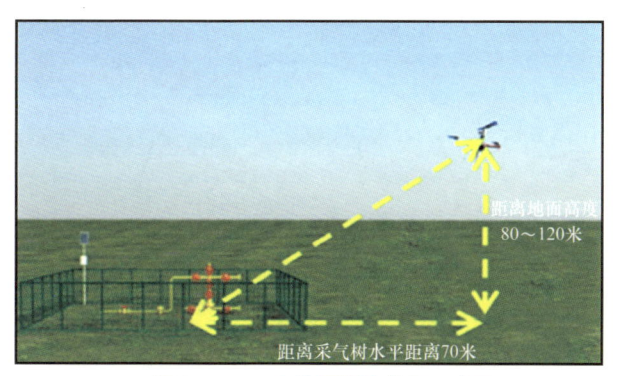

● 图 3-4-1　多旋翼巡检位置示意图

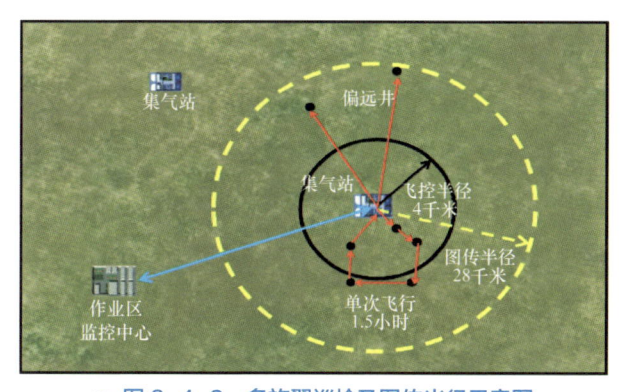

● 图 3-4-2　多旋翼巡检及图传半径示意图

固定翼无人机的观测角度为 45 度，观测位置为离地面 150～220 米，距离井口 260～300 米。采用绕点飞行，单口井耗时不超过 3 分钟，飞机有效航时 6 小时，飞控半径 30～50 千米。数据传输半径 30～50 千米（图 3-4-3，图 3-4-4）。

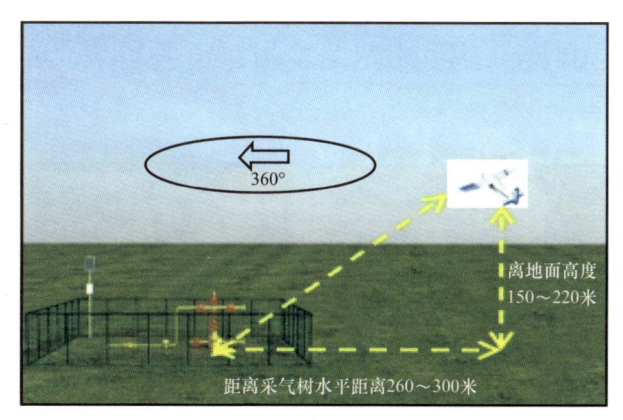

● 图 3-4-3　固定翼巡检位置示意图

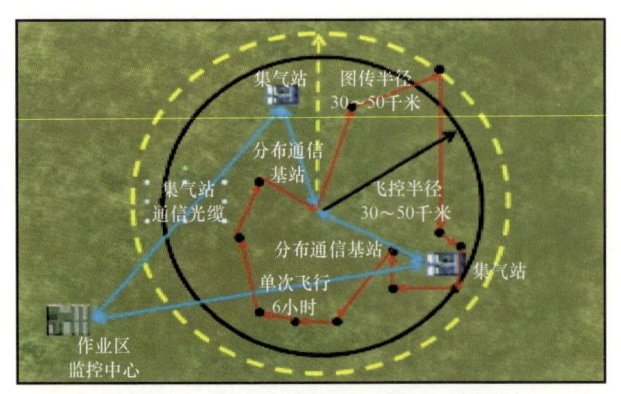

● 图3-4-4　固定翼巡检及图传半径示意图

经过高频次管线巡检飞行试验，以起飞点为基准点，搭载三轴30倍可见光吊舱，飞行相对高度在170～220米区间时，巡检效果良好的，可取得地表细节，满足多角度立体巡检的需求。夜间巡检：配合综治部门开展夜间巡查，搭载4倍双模式红外吊舱能够发现井场、站点异常情况，巡检效率高，机动性好，通过无人机搭载的蜂鸣报警器威慑作用强大。目标跟踪：通过地面站软件能够及时准确对日常拉运车辆进行锁定，同时开启追踪功能，在白天及夜间，曾多次发现可疑人员及车辆，并开启追踪功能全程对可疑人员及车辆活动轨迹录像取证，配合保卫部门成功进行了抓捕。管线泄露模拟：管道巡检时飞行相对高度170～220米，能发现0.4平方米以上的目标面积，当管道发生泄漏时，无人机巡检能够准确发现事故现场，实时拍摄现场情况，缩短应急响应时间，提高管道泄漏应急处置时效。施工作业过程巡检：根据属地管理原则，对钻井、试井、地面工程等项目开展定期和不定期巡检，对现场人员劳保着装、消防器材、安全警戒线、地面工程进度等巡检，可满足日常巡检需要（图3-4-5）。

● 图3-4-5　无人机现场巡检示意图

对一个千吨采油作业区开展常态化无人机巡检，每天飞行时间须保证在12小时以上（昼夜各6小时以上），每天起降13次，每次间隔约10分钟。每3天可全覆盖采油作业区管线及井站，且重点管线及井站可达3次以上重复巡检。实现无人机全面无死角巡检，减少人工巡检频次。尤其对夜间巡查效果显著，有效减小了人工巡检的安全风险，对比效果见表3-4-2。一个百万吨采油厂，3~4套无人机组能可达到开发区块全覆盖，实现190余人日常巡检人员受益，日减少出车20余台次，提高了巡检效率，减少了人工巡护风险，实现了降本增效（图3-4-6）。

表3-4-2 传统巡护与无人机巡检数据分析对比表

序号	巡护类型	用工类型	人工巡护（每周）		无人机+人工		减少人员及车辆	
			巡护频次	巡护方式	人数	车辆	人数	车辆
1	输油管线	兼职	1~2次	人车结合	244人次	12人次	50人次	5人次	194	7
2	集油管线	兼职	3~5次	人车结合						
3	出油管线	兼职	2~4次	步行						
4	夜间巡护	兼职	7次	人行结合						
5	其他巡护	兼职	7次	无人机在作业现场、综合治理巡查及特殊天气巡护等方面明显						

● 图3-4-6 无人机巡检综合应用

建成了无人机巡线智能化模块，实现了公司无人机集中管控，采集信息集成共享。部分区域可以取代人工巡护，大大降低人工巡线的劳动强度，巡线效率大幅提升。在长输管线巡线巡护中，效果明显，成为补充人工巡线的重要工具。特殊天气及突发状态应用，能够替代人工巡线的不足。突发山洪、塌方等紧急情况，可以快速出动，提高了管线巡查的及时性和效率。遇到突发险情，无人机可以快速获取事故发生区域的影像信息，便于应急处置，降低负面舆情发生，是油区综合治理的有力抓手。热红外无人机夜航，可以及时对现场盗油现象进行拍照取证，形成一定的震慑力。无人机也可以完成生态环境监测、生产区域矿权巡护、治安保卫、紧急情况下辅助远程应急抢险指挥任务。任务测试飞行过程中，检验了各无人机厂商设备的硬件性能，根据长庆实际确立了无人机的性能指标要求。也培养了70多名飞手，为下步工作开展做好了技术和人才的储备。

2. 智能巡检机器人

在长庆油田井场、增压点、集气站、净化厂、联合站试用了不同导航模式的机器人10余台，分别测试了磁轨导航和激光导航巡检机器人（图3-4-7）。根据长庆油田现场实际，长庆油田的智能巡检机器人需要搭载红外热成像仪、可见光摄像机、气体探测仪、拾音器等，能够实现自诊断电量情况并自动充电、自动巡检并推送巡检信息等功能（图3-4-8）。

项目	性能指标	项目	性能指标	项目	性能指标
外形尺寸	918毫米×724毫米×935毫米	转向半径	原地回转	防爆等级	ExdmbIIBT4 Gb
产品质量	≤400千克	控制方式	远程监控、自主运行	驱动方式	四轮差速驱动
行走速度	0~1米/秒	电池	磷酸铁锂电池组36伏36安时	仪表识别时间	20秒
爬坡角度	≤20度	工作时间	续航时间5~6小时，待机24小时	气体检测	甲烷、硫化氢、氧气、一氧化碳
涉水深度	≤200毫米	工作模式	自动巡检、手动巡检	对讲	语音、可视对讲
导航方式	磁轨/激光	防护等级	IP65	避障功能	前后自主避障，避障距离≥1米
导航定位精度	≤1厘米	环境温度	-30~60摄氏度	充电方式	无线充电

● 图3-4-7 巡检机器人性能参数图

第三章　数字化转型成果

红外热成像仪
可见光摄像机
声光报警器
气体检测仪
避障传感器
拾音器
无线充电模块
运动底盘

● 图 3-4-8　巡检机器人

开发了巡检机器人控制系统（图 3-4-9），通过机器人 B/S 监控程序、机器人控制程序，实现机器人巡检控制、巡检过程实时监测、巡检结果统计分析、巡检历史查询等功能（图 3-4-10）。

● 图 3-4-9　巡检机器人控制系统

— 165 —

● 图 3-4-10　巡检机器人软件架构

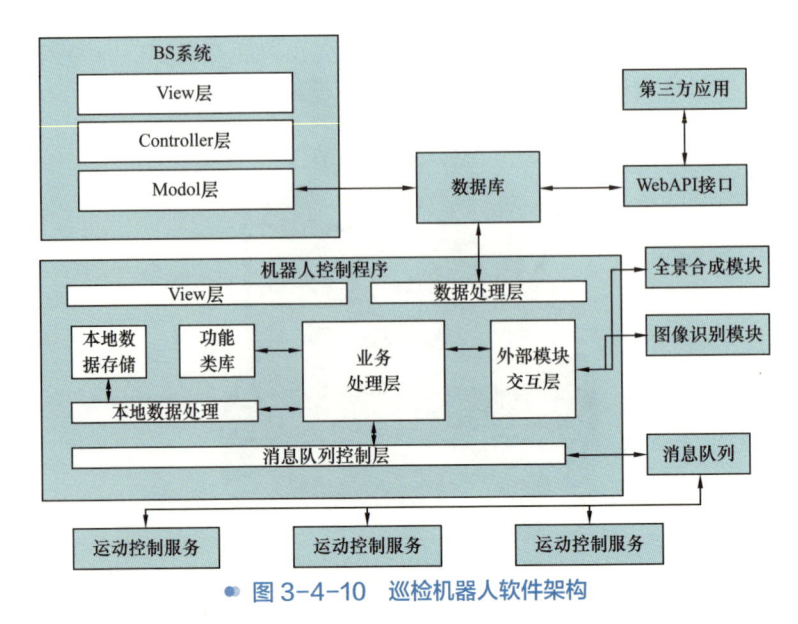

无人机按照规划的巡检路线、巡检周期，自动进行巡检工作，巡检信息实时回传监控模块，记录巡检信息，并形成巡检报告，推送至监控人员（图 3-4-11）。

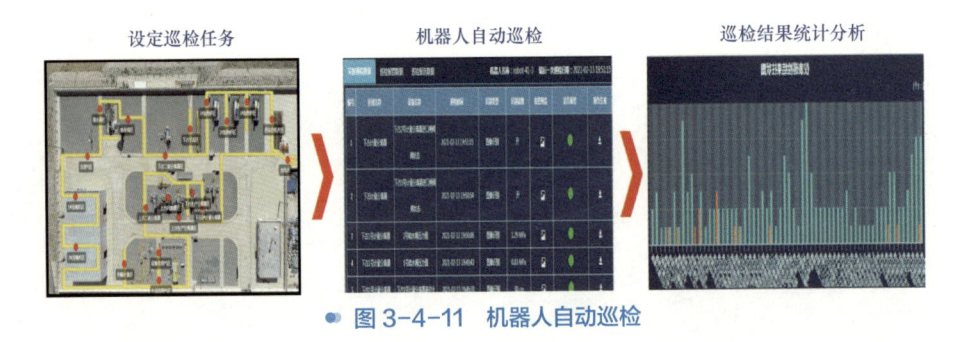

● 图 3-4-11　机器人自动巡检

调控中心监控人员发送控制指令，控制机器人开始巡站，机器人按照巡检路线巡检或直接到达任务点进行巡检，巡检信息实时回传调控中心（图 3-4-12）。

● 图 3-4-12　远程控制机器人巡检

通过图像建模识别技术和机器深度学习算法，机器人准确识别现场各种仪表、阀门等设备状态，单个仪表识别时间20秒，综合识别准确率91%（图3-4-13，图3-4-14）。

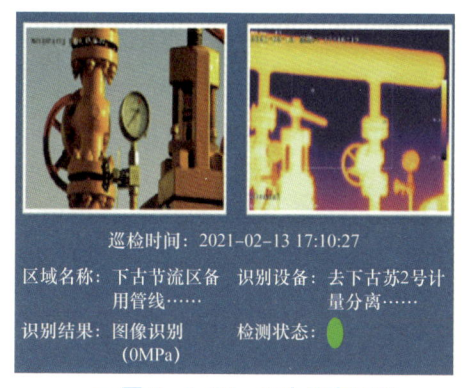

● 图 3-4-13　压力仪表识别

● 图 3-4-14　闸门开关状态识别

利用红外热成像技术实现对现场动设备的某些关键部位的温度分布特征值检测，通过长时间监测特征值变化，评估设备的工作健康状态；及时捕获天然气泄漏点区域的温度异常，推送报警信息（图3-4-15，图3-4-16）。

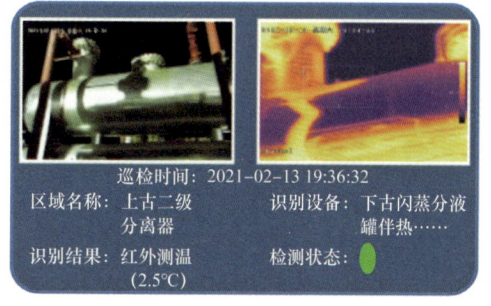

● 图 3-4-15　设备温度监测

通过对压缩机、分离器等设备的声波信号进行采集，对比历史数据变化，检测压缩机特定部位声音频率，判断现场动设备健康状态（图3-4-17至图3-4-19）。

智能巡检机器人实现了对生产区域关键设备、高含硫危险区域关键参数的定时自动巡检，代替人工巡检，巡检质量和效率大幅提升、安全风险得到有效管控，进一步盘活内部人力资源，助推劳动组织优化。提升工作质量和效率，推动油田智能化管理：智能巡检系统对生产数据、设备状态、异常信息进行智能对比分析，比人工巡检数据更全面、更精准，有效提高了巡检质量及效率。综合比较集气站机器人与人工巡站结果，智能巡检机器人可替代完成23项巡检作业，其中10项巡检

长庆智能油气田

● 图 3-4-16 巡检监测展示

● 图 3-4-17 压缩机运行状态监测 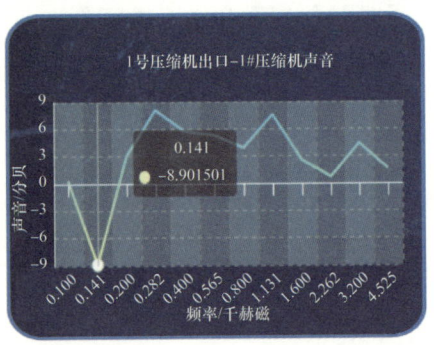　　● 图 3-4-18 压缩机运行声音频率

● 图 3-4-19 机器人巡检模块

效果优于人工巡检。巡检机器人使用后，人工巡检频次由原先的一天两次降低为三天一次，提升站场巡检效率和巡检质量。传统巡检模式受到员工技能水平和责任的

— 168 —

制约，部分隐患问题无法及时发现，巡检机器人可将巡检结果直接推送至监控模块，并提醒岗位员工处置，避免人为原因导致巡检质量不高。减少人员高危区域停留时间，提高生产管理本质安全：人员在生产现场的停留时间缩短至约 2 小时 /3 天人次，巡检频次降低，削减了员工受到伤害的风险，提高了油田本质安全水平，提升集气站作业管控质量。利用巡检机器人各级管理人员可通过系统模块远程查看现场施工作业、设备运行情况等现场信息，出现异常远程控制机器人现场查看，提高工作效率和应急响应速度。

机器人巡检

3. 一体化集成装置

通过对站内生产设施橇装化集成，研发了数字化增压橇和数字化注水橇，代替传统的增压点和注水站，实现远程控制、无人值守。

1）结构原理

数字化增压橇主要由集成装置本体、混输泵、控制系统、阀门管线及橇座等组成，将原油混合物的过滤、加热、分离、缓冲、增压、自控等多功能高度集成，通过电动阀门切换可实现多种工艺流程，适用于低渗透油田原油混合物的增压混输站场（图 3-4-20，图 3-4-21）。

● 图 3-4-20 集成增压装置模型　　● 图 3-4-21 集成增压装置实物图

集成装置采用两台螺杆油气混输泵为输出动力，是以一主一辅运行方式为增压输出流程设计的，其规格及参数见表 3-4-3 和表 3-4-4。以油气加热密闭混输为条件，分离出的气体满足装置加热部分燃烧外，剩余气体全部油气混输至下一级

站。自动动态控制两台螺杆泵的转速使来油与其外输对应，达到油气平稳输送，两泵可相互主辅切换。主要生产流程实现"一键式"流程切换，辅助流程方式中也可运行单泵或控制阀的任意控制，因此大大降低了现场员工的劳动强度和切换运行的误操作风险。

表 3-4-3　橇装增压集成装置规格型号

序号	规格型号	日处理规模/立方米	外输压力/兆帕
1	SIU-120/25-I	120	2.4
2	SIU-120/25-I	120	3.2
3	SIU-240/32-I	240	2.4
4	SIU-240/32-I	240	3.2

表 3-4-4　橇装增压集成装置主要参数

50摄氏度黏度/毫帕·秒	凝固点/摄氏度	气油比/米^3/吨	来油压力/兆帕	来油温度/摄氏度
5.56	22.5	50～80	<0.4	3～20
20摄氏度密度/吨/米^3	初馏点/摄氏度	含水率/%	燃烧器燃料	外输温度/摄氏度
0.85～0.9	44.2	30	伴生气	35～50

橇装增压集成装置正常生产流程如图 3-4-22 所示。加热增压：油井采出物由各井组输至增压站场，经总机关混合、自动收球装置收球、快开过滤器过滤后，进入装置加热区加热至 35～50 摄氏度，通过混输泵增压外输。加热缓冲增压：油井采出物由各井组输至增压站场，经总机关混合、自动收球装置收球、快开过滤器过滤后，进入装置加热区加热至 35～50 摄氏度后，一部分通过混输泵增压外输，另一部分进入装置缓冲分离区进行气液分离，分离出的干气作为装置加热区燃料使用，此段油气混合物经混输泵增压外输。不加热不缓冲增压：油井采出物由各井组输至增压站场，经总机关混合、自动收球装置收球、快开过滤器过滤后，通过混输泵增压外输，适用于环境温度较高等不需要加热的场合，也适用于投产作业箱原油外输。

● 图 3-4-22 橇装增压集成装置工艺流程

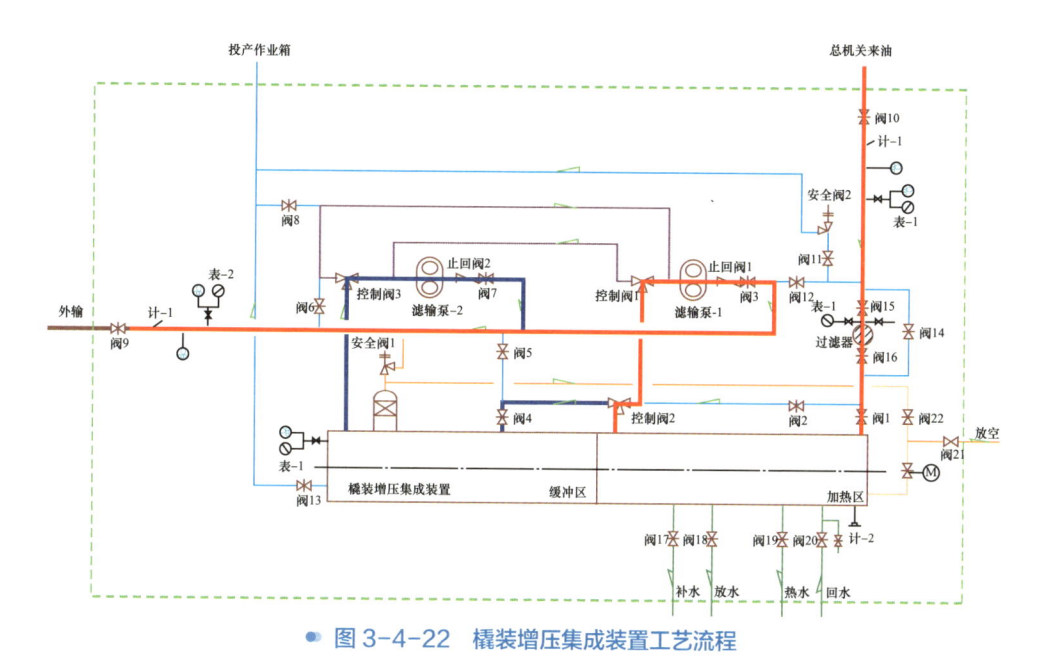

加热不增压：油井采出物由各井组输至增压站场，经总机关混合、自动收球装置收球、快开过滤器过滤后，进入装置加热区加热至 35～50 摄氏度，不增压直接外输。

油井采出物（含水含气原油）由各井组输至增压站场，经总机关混合、自动收球装置收球、快开过滤器过滤后，进入装置加热区加热至 35～50 摄氏度后，不增压直接输至投产作业箱。

功能集成：将原油混合物的加热、分离、缓冲、增压、自控等多功能高度集成，通过电动阀门切换，可满足多种工艺流程，适用性强。结构橇装：主要由装置本体、混输泵、控制系统、阀门管线及橇座等组成，便于标准化建设，有效缩短建设周期，提高工程建设质量。操作智能化：通过装置所配的远程控制终端（RTU），集成井站实时数据采集、电子巡井巡站等数字化管理功能，对装置及所辖井场生产情况进行实时监测和日常管理。通过 RTU 与电动三通阀结合，主要生产流程通过软件控制，使装置初步达到了智能化和一键式操作。工艺流程简化优化：减少了由于管线连接多个设备造成的中间热能损失，简化了操作和检修程序。减少占地面积降低工程投资：通过减少增压站场内设备、管线和输油泵房等设施，符合油田低成本开发战略要求。

数字化注水橇是将中间水箱、水处理设备、注水泵和控制系统集成橇装化，依托井场露天布置，节约占地面积，降低投资，远程智能监控生产运行动态，实现无人值守。

采用变频控制方式，压力反馈，根据注水量，调节柱塞泵流量，利用最优化原理与方法结合变频调速技术，实现注水泵站效率优化控制，以满足油田生产节能降耗的需要。

系统采用现场触摸屏控制，便于实现对现场的监控，自动化程度高；可根据每口井的配注量设定注水量，也可通过 PID 调节器的智能控制，实现注水泵流量同水源泵流量的动态平衡；注水量由 PLC 上位机组态软件控制，通过设计用水量优先级，变频控制，保证重要的注水井优先注水，优先级低的适时供水，实现智能调节（图 3-4-23）。

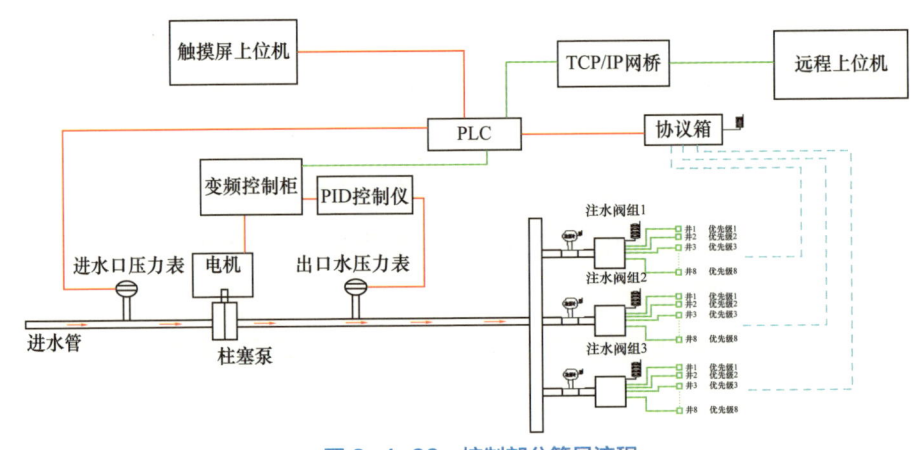

图 3-4-23　控制部分简易流程

2）应用效果

对站内生产设施在数字化智能控制的基础上开展橇装化集成，以"小型化、橇装化、集成化、一体化、网络化、智能化"共"六化"为原则，研发了系列一体化集成装置（图 3-4-24）。一体化集成装置是工艺、机械、结构、自控等有机结合形成的多功能高度集成的工艺装置，是低渗透油气田低成本开发建设的核心技术之一，实现站场一体化建设模式。自主研发了油田集输、气田集输、油气处理、油田供注水、公用工程五大类 60 余种一体化集成装置，全面覆盖了油气田各个工艺单元。

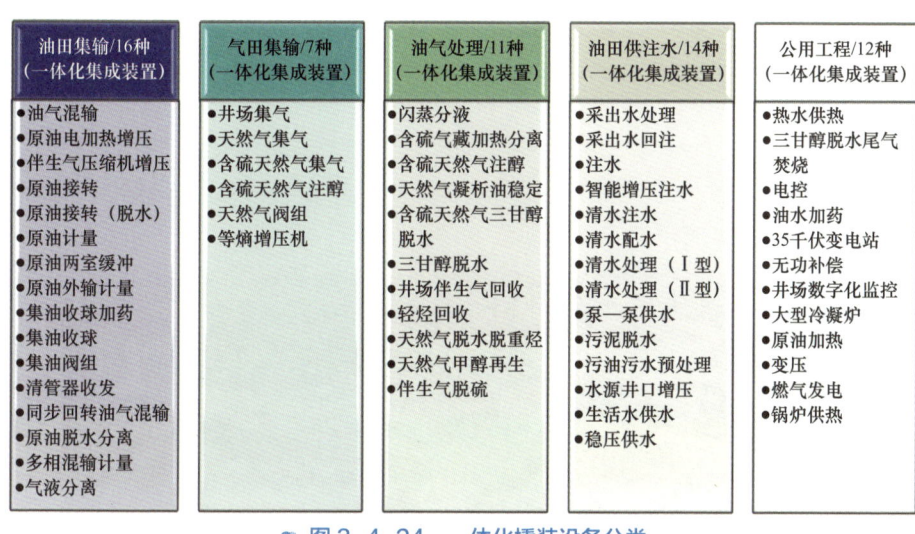

油田集输/16种（一体化集成装置）	气田集输/7种（一体化集成装置）	油气处理/11种（一体化集成装置）	油田供注水/14种（一体化集成装置）	公用工程/12种（一体化集成装置）
●油气混输 ●原油电加热增压 ●伴生气压缩机增压 ●原油接转 ●原油接转（脱水） ●原油计量 ●原油两室缓冲 ●原油外输计量 ●集油收球加药 ●集油收球 ●集油阀组 ●清管器收发 ●同步回转油气混输 ●原油脱水分离 ●多相混输计量 ●气液分离	●井场集气 ●天然气集气 ●含硫天然气集气 ●含硫天然气注醇 ●天然气阀组 ●等熵增压机	●闪蒸分液 ●含硫气藏加热分离 ●含硫天然气注醇 ●天然气凝析油稳定 ●含硫天然气三甘醇脱水 ●三甘醇脱水 ●井场伴生气回收 ●轻烃回收 ●天然气脱水脱重烃 ●天然气甲醇再生 ●伴生气脱硫	●采出水处理 ●采出水回注 ●注水 ●智能增压注水 ●清水注水 ●清水配水 ●清水处理（Ⅰ型） ●清水处理（Ⅱ型） ●泵一泵供水 ●污泥脱水 ●污油污水预处理 ●水源井口增压 ●生活水供水 ●稳压供水	●热水供热 ●三甘醇脱水尾气焚烧 ●电控 ●油水加药 ●35千伏变电站 ●无功补偿 ●井场数字化监控 ●大型冷凝炉 ●原油加热 ●变压 ●燃气发电 ●锅炉供热

● 图 3-4-24 一体化橇装设备分类

其中三甘醇脱水一体化集成装置、天然气集气一体化集成装置等 3 套装置经产品鉴定达到了国际先进水平，油气混输一体化集成装置、电控一体化集成装置等 8 套装置达到了国内领先水平，多项产品获得"中国石油自主创新重要产品"称号（图 3-4-25）。

● 图 3-4-25 一体化橇装设备

长庆智能油气田

同时，开展了一体化大型站场的研究探索，按"单元成橇，组合成站，工厂预制、现场组装"的思路，结合工艺优化分析与站场完整性评价，采用多套一体化装置组合替代油气田大中型站场。建成了以庄三联、庆四联、岭二联、佳县处理站为代表的大型橇装化站场，实现了由中小型站场向大型站场的全面集成应用（图3-4-26）。

● 图3-4-26 佳县集中处理站

佳县天然气处理站（五亿立方米）是国内首个按照橇装化、智能化理念设计完成的天然气处理站（图3-4-27）。通过装置小型化、智能化研究，将常规处理厂13个装置区合并优化成9套模块化装置，大大降低了用地面积，解决了气田快速开发建设与自然社会条件限制之间的矛盾。

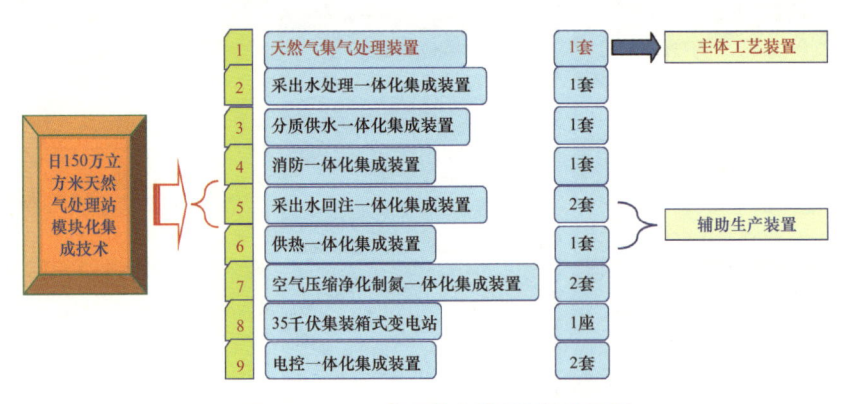

● 图3-4-27 佳县集中处理站设计原理

天然气集气处理装置将天然气处理流程中的原料气集气等8大功能组合在1个模块化装置上，缩减占地85.6%。全站占地面积为46.84亩（不含火炬区、截断区），相比常规天然气处理厂占地面积节省51.2%，满足了米-38区块试采区天然气快速有效开发的需求，有效降低了占地面积、工程投资，减少了定员，缩短了施工周期（表3-4-5）。

表3-4-5　佳县天然气处理站指标对比表

序号	指标	一体化处理站	常规处理厂	降低比例
1	总体投资	20522万元	21138万元	2.9%
2	占地面积	46.84亩	96.05亩	51.2%
3	定员	42	65	35.4%
4	现场施工周期	约10个月	>12个月	16.7%

通过对站内生产设施橇装化集成，研发了系列一体化集成装置，目前应用数字化增压橇、数字化注水橇、数字化高/低压集气装置等系列一体化集成装置共63类2092台，建成了以佳县处理站、庆四联、岭二联、梁四转为代表的大型橇装化站场。实现了远程控制、无人值守，并研发了油气混输泵，通过橇装集成，实现油气密闭输送，提高伴生气有效利用率。新建场站配套橇装一体化装置，实现了正常情况下的智能化自动运行、设备故障时的自动保护和紧急情况下的自动停车，平均减少占地面积60%，缩短施工周期50%，降低投资20%，助推地面建设模式变革（图3-4-28）。

● 图3-4-28　一体化橇装设备应用对比

二、无人值守应用

长庆油田快速发展中面临资源品位差、环境敏感、管控难度大、安全环保风险压力大、用工总量刚性控制等一系列难题。积极应用物联网、自动控制等新一代信息技术，开展井场无人值守和中小型场站无人值守模式建设，助推了地面建设优化简化和劳动组织架构扁平化。

1. 井场无人值守

长庆油田井场数量多、区域分散，油井分布于沟壑纵横、梁峁交错的黄土塬环境，气井分布于人烟稀少的沙漠环境，距作业区驻地距离远，交通十分不便，外部环境差。为确保油气水井正常运行，采用员工住井看护、倒班轮休的模式。随着长庆油田5000万吨快速发展，以前端为基础，推行数字化建设，电子巡井、远程控制、智能预警和井场闯入报警等系列技术研发、应用，形成井场无人值守、定期巡检管护模式。

1）油井工况智能诊断和液量自动计算

在抽油机上安装载荷、位移传感器，采集油井载荷、位移，生成油井示功图，通过油井工况诊断和产量计算系统，实时计算油井产液量、故障智能诊断、分类预警，代替人工井口憋压、摸光杆、示功图测试、油井工况对比分等工作量，提高油井运行效率和管控水平。

2）抽油机智能控制

通过电参数采集模块和RTU，实时采集抽油机电机三相电参数，主要包含以下功能。抽油机运行状态监测：通过交流接触器吸合状态、输入电流、抽油机载荷和位移等参数，判断抽油机启停状态，自动统计油井开井时间，为采油时率自动统计提供数据。抽油机智能保护：通过输入电流、抽油机悬点载荷实时采集、分析，对抽油杆断脱、卡泵造成载荷增大和电流缺项等故障进行智能停机保护、预警和报警。油井远程起停：RTU接收上位机控制指令，实现抽油机远程启停，数据通过有线或无线传送至井场 RTU。油井智能间开：油井智能间开有三种模式，包括远程下发抽油机启停指令、就地设定间开时间、油井示功图和动液面智能分析自动间开。井场视频系统具有智能分析功能，人员进入井场视频系统跟踪，发出语音警示，调控中心连锁报警，值班人员远程喊话预警；抽油机周围安装安全防护栏杆，防止人员进入造成伤害；抽油机启动时，控制柜内喇叭语音警示"抽油机 1 分钟后启动、请远离井场、注意安全"，并 10 秒钟语音倒计时提示，确保抽油机启动安全。

3）井场集油管线运行监控

在井场集油管线出口安装压力变送器和自动投球装置，实时采集井场集油管线压力，结合站内进油管线压力用于判断集油管线是否结蜡、堵塞和泄漏。

4）注水井智能控制

在井场配水阀组间安装稳流配水控制装置、压力变送器和协议转换器，采集注水瞬时流量、累计流量和压力，并通过作业区 SCADA 实现注水井远程调配和注水量智能调节。生成实时配注量曲线、注水压力曲线和注水报表，全面监控注水井运行状况（图 3-4-29）。

● 图 3-4-29　稳流配水阀及控制

2. 场站无人值守

1）基本概况

为适应"三低"油气藏开发，在工艺流程方面，气田形成"气井—集气站—天然气处理厂—天然气净化厂"天然气生产工艺，油田形成"油井—增压站/计量站—接转站—联合站"的原油生产工艺和"水源井—供水站—注水站—注水井"的油田注水工艺。在管理流程方面，气田形成"采气厂—作业区—集气站—井场"管理架构，集气站员工住站操作，井场人工定期巡检。油田形成"采油厂—作业区—井区—井站—井场"的管理流程，井站员工住站操作和维护管理，井场员工住井看护。

为应对持续稳产和油田地面设施的刚性增长与公司劳动用工总量不增的突出矛盾，长庆油田积极探索实践，深化数字化应用，通过对油田站内局部工艺实施自动化改造，提高现场自动化、智能化、数字化水平，推进中心站管理模式，优化生产资源配置，实现站点远程监控、无人值守，以缓解劳动用工紧张的局面，实现降本增效，促进可持续发展。

场站无人值守是指利用现有的数字化管理系统，通过对站内局部工艺设备的自动化改造，由下游站点通过 SCADA 工控系统、视频对上游站点进行远程监视、控制和日常巡检等管理，实现上游站点无人值守、远程监控、定期巡检、紧急情况下远程切断，作业区、井区协同调度、指挥、应急处理、紧急切断。

2）无人值守站建设的可行性

一是已建成国内最大的油气生产物联网系统。自 2007 年开始，长庆油田通过先导试验、技术攻关，形成了完善的数字化油田配套建设规范及标准和"三端、五系统、三辅助"管理体系。SCADA 系统、工业自动化系统、远程控制系统、视频监控系统等信息化手段广泛应用到生产过程中。以油气基本生产单元过程控制为核心的作业区 SDACA 管理系统，实现对单井、管线、站（库）等基本生产单元的生产过程控制和管理。以井、站和管线等为物联对象，结合装备的网络化、智能化发展趋势，开展底层嵌入式技术集成应用，形成了电子巡井、电子执勤、智能化设备、橇装集成、数据传输和数据共享等应用技术系列。为油气田场站无人值守奠定了基础。

二是技术已成熟。国际油气行业广泛应用工业控制技术，远程对现场设备设施监控，现场设备自动运行、无人值守，是一项很成熟的技术，其目的就是降低综合管控成本，苏里格气田规模性的无人值守集气站已稳定运行 10 年。通过几年的数字化建设，形成"千兆到厂、百兆到作业区、十兆到井站"的网络架构，为油田场站无人值守提供了稳定的数据传输保障。国产 SCADA 系统在作业区已应用三年，运行稳定，为场站无人值守搭建了远程控制技术。

三是安全上具有保障性。通过对站内关键工艺局部改造，实现原油外输及供注水流程自动连续运行，紧急情况远程"一键停车"的控制模式，既能控制改造成本，又能实现站内安全可控。工艺设备设施关键运行参数实时采集，远程实时多级预警、告警，较 2 小时人工巡检在安全上更加及时、准确、可靠。将人工在高压、危险区域的频繁操作改为自动运行，能够很好地实现人与危险区域有效隔离。

四是支撑"油公司"模式改革的重要举措。为贯彻落实中国石油劳动人事分配制度改革总体部署，将现有的"作业区—井区—站场—井场"四级管理模式可进一步扁平化为"作业区—中心站"两级管理模式，持续优化生产组织方式和劳动组织模式为改革驱动，有序推进"油公司"改革。劳动组织结构实现高度减量化、扁平化，深度盘活一线人力资源，提升本质安全与管理效率。图 3-4-30 为某采油厂管理模式变革历程。

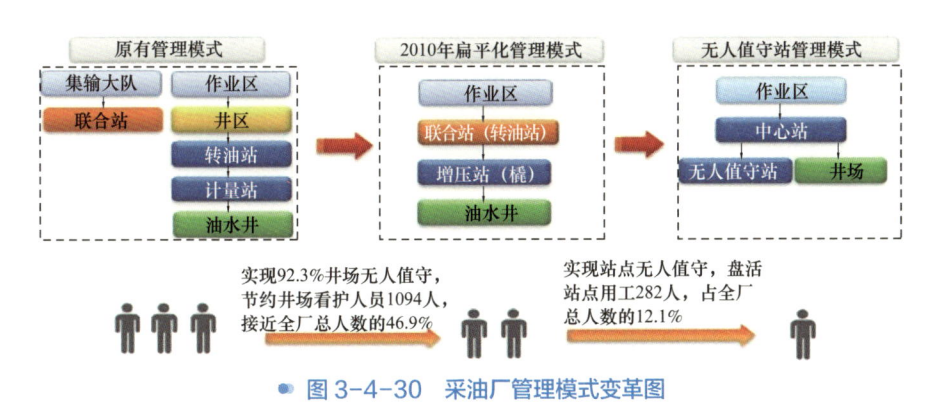

● 图 3-4-30　采油厂管理模式变革图

3）无人值守站建设目标

建设目标是优化管理模式、减少用工总量、提升管控效率，形成中心站＋无人值守站新型生产组织模式。应用智能化集成橇，优化简化工艺流程和布站方式，缩短建设周期，减少建设投资和运行费用。视频监控，设备运行状态和油气水泄漏、排放自动检测，超限预警、报警，设备自动运行，紧急"一键停车"，确保设备、管线安全运行。系统自动优化调节输油泵排量、加热温度、注水泵排量等，消除注水泵回流，优化运行模式，确保站内设备高效运行，实现节能降耗。

技术目标是完善数据采集与监控子系统；设备、管线运行全面监控，流程远程切换；加热炉熄火保护、自动点火；输油温度智能控制；设备远程起停、自动运行；分离器自动排液；安全风险全面受控，智能化水平进一步提升。

管理目标是立足于解决安全环保、经营成本、用工矛盾三大问题，通过优化劳动组织架构及生产组织模式，以精细化管理为目标、数字化管理为保障，结合油田管理现状，充分运用自动化、信息化、数字化、物联网等新技术，以建设无人值守站点为着力点，探索实践了数字化条件下中心站管理模式。实现中小型场站无人值守，大型场站少人值守。

4）建设内容

按照"顶层设计、示范引领、分步推进"的原则，通过变频自动连续输油、自动排液、加热炉熄火保护与自动点火、流程远程切换与集中控制、视频监控、预警报警等系列技术攻关应用和站内设备、工艺自动化改造，设立中心站，按照流程归属对上游无人值守站场远程集中监控，紧急情况"一键关停"，建立了"无人值守、集中监控、定期巡检、应急联动"的智能化生产组织方式。

实时采集站内设备运行压力、温度、液位和可燃气体检测，代替站内岗位员工资料录取、报表填报及统计分析工作。变频自动输油控制技术根据储油罐液位自动调节输油泵排量，实现自动输油和控制。加热炉自动点火技术，实现加热炉熄火保护，自动点火，并与外输温度联动智能调节加热炉温度。集成增压橇将缓冲、分离、加热、混输等功能集成橇装化，变站场为装置，实现远程控制，无人值守。气液分离器液位检测、自动排液代替人工手动排液，减少操作人员安全风险。生产管理系统按照软件工业化的要求，针对生产工艺流程和管理需求，开发适合各类仪表和装置的标准数据交换接口，应用软件集成技术，实现对站内及所辖油气水井生产数据实时采集、分析判断、集中存储和安全风险预警提示、工况判识、单井产量自动计算、生产过程远程监控等。

按生产流程以接转站或联合站为区域中心，托作业区 SCADA 系统对其上游增压站、注水站、供水站及油水井进行远程监控，上游站场及井场实现无人值守。中心站设置运维班和监控岗，运维班负责落实作业区调控中心生产指令，开展所辖井、站、管线的集中监控、巡检管护、应急抢险、日常维护与设备保养等工作。监控岗负责日常生产数据、设备动态监控和报警处理等工作。作业区垂直管理，中心站执行操作人物，实现管理与操作分离，提高管理效率。

5）无人值守站建设效果

（1）劳动组织架构扁平化，生产组织更加高效。按照"无人值守、集中监控、定期巡检、应急保障"的思路，油气田场站无人值守，由中心站集中管控，组织架构由"作业区—应急班—场站"三级变为"作业区—中心站"两级，实现作业区直管场站，生产组织更加高效（图3-4-31）。

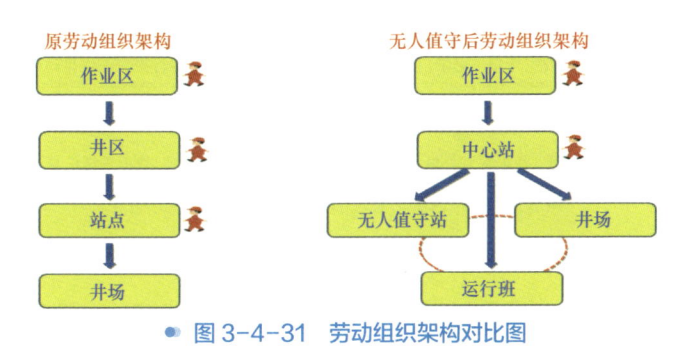

● 图3-4-31 劳动组织架构对比图

（2）盘活劳动用工，降低生产一线用工成本。2017—2019年长庆油田建成668座无人值守站，内部盘活用工1176人，减少社会化用工820人，新建场站331座，新建油水井6604口，没有新增员工。以某作业区为例，自2017年以来，作业区新建井场3座，新投油井18口、水井2口，新建站点1座（旗21增），推行中心站以后，在册员工保持不变的情况下，业务外包人员减少90人（图3-4-32）。

（3）降低劳动强度，提升劳动效率。中心站运行模式下，将分散驻站转变为集中巡护，利用智能化技术降低各类繁琐、重复性工作，运行管理过程更加便捷、高效。液位计代替人工2小时上罐量油，设备远程启停代替人工操作，流程远程切换代替人工开关阀门，生产数据、视频实时采集代替人工2小时巡检（图3-4-33）。

— 181 —

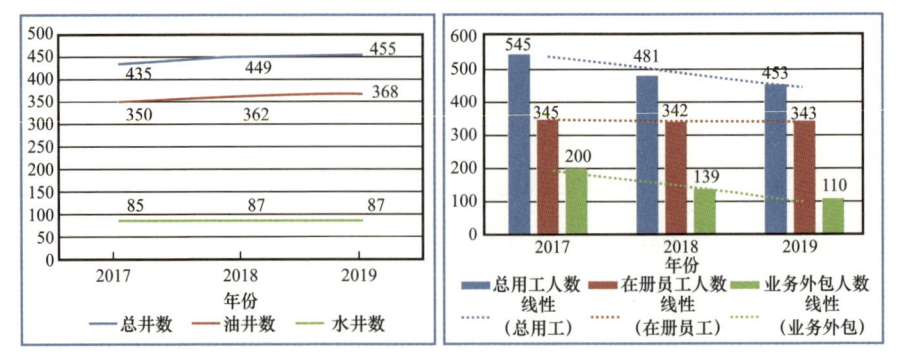

● 图 3-4-32　某作业区油水井数及用工情况统计

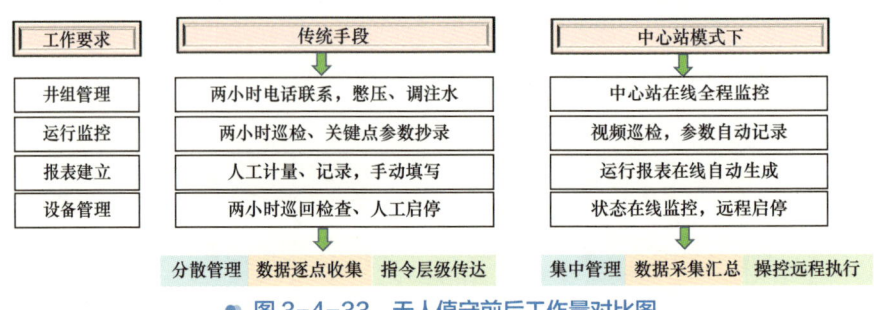

● 图 3-4-33　无人值守前后工作量对比图

（4）人员远离风险区域，安全环保受控。无人值守站1人看护，由中心站集中监控，流程远程切换、设备自动运行、运行状态实时监控、趋势自动分析、超限预警报警，操作人员更安全。视频全面覆盖，对人员操作、管线监控、环保巡查、设备状态、安全教育实时监控，安全、环保风险全面受控（图3-4-34）。

● 图 3-4-34　井站无人值守改造前后运行情况对比示意图

（5）报表自动生成，消除重复录入。通过对全区各类资料摸排梳理，消减、整合、生产数据自动生成等措施，重新优化各项资料报表，并将部分资料收归上移至机关组室，同时使用资料共享模块实现资源共享，为员工日常工作"减负"（图 3-4-35）。

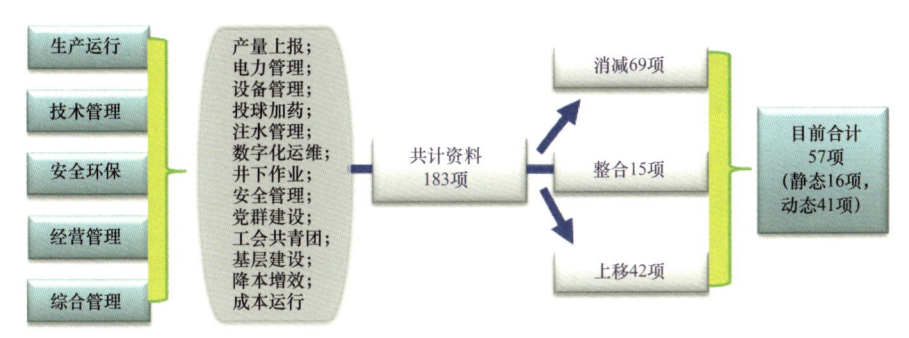

● 图 3-4-35　报表自动生成及消减整合

（6）优化资源配置，管理提升更显著。运行监控岗由"操作层"升级为"白领"，工作更专一，现场受控程度提升。运维大班由"单兵作战"转变为"群体合作"，人员集中，工作更主动，现场管理标准提升（图 3-4-36）。

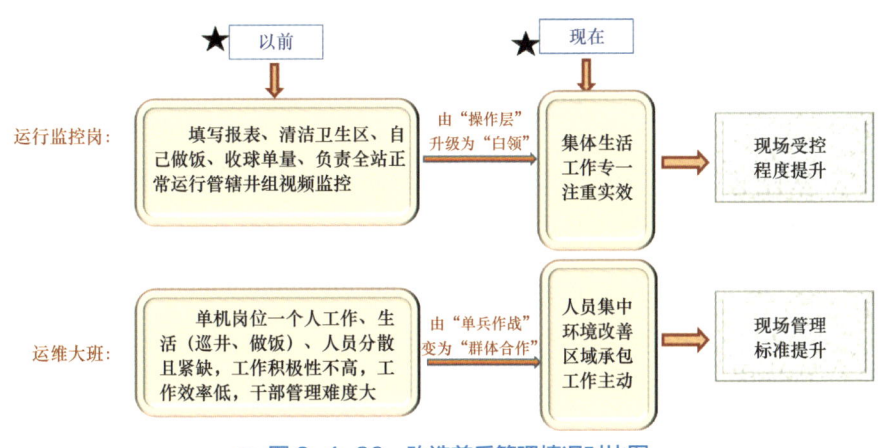

● 图 3-4-36　改造前后管理情况对比图

（7）增强团队凝聚力，提升员工幸福指数。分散驻站员工集中后，依托中心站配套生活设施，改善了工作生活条件，完善了基层员工的正常轮休制度，丰富了集体生活，增强了团队凝聚力。员工与干部"同吃、同住、同劳动"，如同四合院里的一家人，干群关系、队伍凝聚力、向心力显著提升。

中心站

— 183 —

集体生活让员工在岗期间的生活有了更多的保障和便利，生活质量得到提高，轮休时间得到保障，集体活动多了热度。

三　生产现场管控

1. 井筒工程监控

依据国家标准、行业标准、企业标准和油田公司相关规章制度，对施工过程关键工序进行结构化分解，明确检查要素，优化采集填报手段和关键控制环节。对井控质量安全环保监督要素进行分类整理，将钻井、录井、测井、试油（气）和修井作业工序监督检查内容标准化、表单化、信息化（图3-4-37）。

● 图3-4-37　井筒工程监控模块

固化监督检查内容，按照标准化检查清单，实现5个专业、286道工序、3422项检查内容移动端监督管理，解决监督"不会查、查不全、不会改、改不对"的问题。监督依标、依表逐项检查，排查作业现场隐患，通过手持终端实时上传检查数据。压实层级管理责任，强化监督履职尽责，促进管理模式提升，确保井筒作业风险全面受控（图3-4-38）。

以压裂施工作业过程实时监控为例，压裂施工质量是保证压裂措施效果的关键。通过实时采集传输压裂施工过程中的压力、排量等关键数据及视频，自动在线生成压裂曲线、发现施工异常及时预警。具有的多井多段曲线比对分析功能，实现了跨单位跨部门技术人员协同远程决策、优化分析施工参数，进一步提升了压裂施工作业质量,形成了"少人多井"的无技术支持模式,大幅度提高了支撑效率。

身份验证定位打卡　关键部位拍照验证　检查内容步步确认　信息数据智能分析

工序内容照单检查　重点环节全程把控　远程监控层级审核

● 图 3-4-38　井筒工程标准化作业

油气压裂工程监控系统主要由采集客户端、数据传输系统、数据服务器和 Web 应用服务器等组成,各部分之间逻辑关系如图 3-4-39 所示,采用分层次、模块化的方式进行程序设计各系统集成。系统采用 B/S+C/S 模式运行,用户通过浏览器访问及操作后台数据(图 3-4-40)。

● 图 3-4-39　油气井压裂监控系统组成示意图

油气压裂工程监控已在页岩油等单位水平推广应用,2020 年累计在线实时监控支撑 131 口井 849 段,指导现场解决问题、调整施工方案共 109 次,基本形成了"曲线传输、专家决策、实时调整"的新型技术支撑模式,取得了 3 个方面的应用效果。

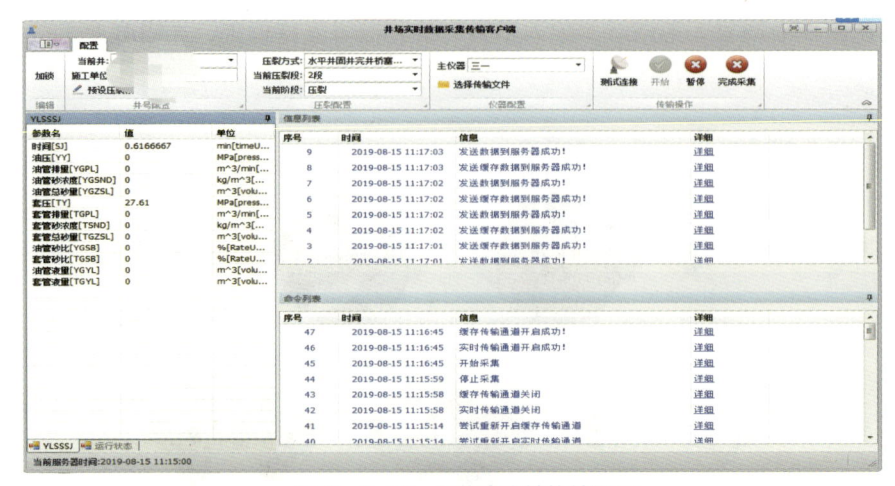

● 图 3-4-40　采集客户端软件图示

（1）压裂曲线数据实时、精确、安全地传回到了油田办公网内的数据中心，并利用大数据技术开发了数据异常报警的功能，技术人员在办公室内通过访问网页就可以实时监控到压裂现场的施工情况，第一时间掌握方案执行情况，提高了突发事件时方案应急调整的响应能力。数据保存在数据中心，通过开发多层级共同监管功能，实现了历史数据可追溯，有利于施工质量的提升（图3-4-41）。

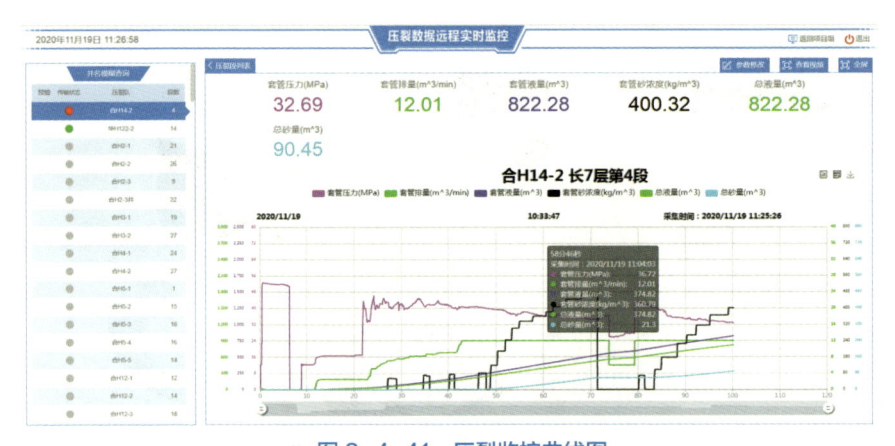

● 图 3-4-41　压裂监控曲线图

（2）未使用系统前，技术人员从压裂现场拷贝数据至个人工作电脑中，需要数据分析时手工通过Excel把数据整理成规定格式，然后导入专业软件（FracproPT）中进行数据分析，数据处理效率低，且不能够实现数据共享。使用油气压裂工程监控系统后,数据自动规范入数据库,一键式导入专业软件进行曲线展示和数据分析,任何有权限的用户都可以共享数据资源,优化了压裂施工数据的搜集处理流程。

(3)极大地提升了技术人员的工作效率。一方面技术人员在办公室就可以同时监控多口井的施工状况,省去了在各个井场之间来回奔波的时间;另一方面多个技术人员在系统内协同办公,集体在线决策,提高了分析支撑效率。

2. 净化厂可视化系统建设

净化厂的危险作业相对集中,在工业视频监控系统全面覆盖、工业无线网络建成以及智能巡检、智能作业管理系统全面应用的前提下,应用物联网及智能视频集成技术,对现场作业环境各类监控资源(视频、图像、气体数据)进行整合,结合智能作业管理模块,实现危险作业现场实时监控、有毒有害气体实时检测、作业场景可视化交互、危险作业信息实时共享、作业过程多级管控,及时发现作业现场操作、人员及环境异常,并作出干预决策。具体工作流程如图3-4-42所示。

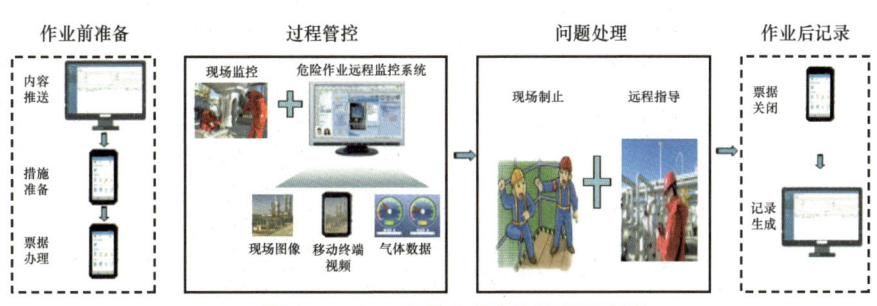

● 图3-4-42 危险作业实施流程示意图

实现了以下四项功能:

(1)能够实现作业许可模板定制和作业计划推送。根据危险作业安全管理细则,将作业许可的模板进行统一定制维护,包括作业单位、作业地点、作业类别、作业内容、能量隔离措施、作业人员及证件,并根据作业性质选择需要的附件模板。在作业计划推送之后,相关的属地监督、批准人通过移动终端即可进行作业内容的查看,根据职责分工进行作业措施的落实。系统自动提取作业的基本信息,属地监督人员根据许可内容进行确认，最终由作业申请人、消防戒备负责人、属地监督、作业监护人、批准人进行集中签名审批（图3-4-43）。

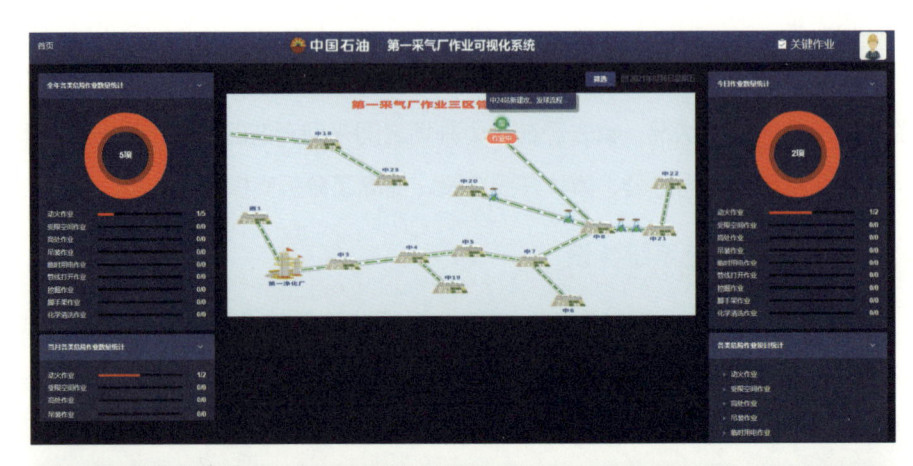

● 图3-4-43 作业可视化总体监控界面

（2）分类统计当前危险作业总数、进行中数量、危险作业项目等信息，以及危险作业的平面位置分布信息。通过特定危险及关键作业信息展示功能，集中显示危险作业的视频、图像及气体检测数据。

（3）系统实时采集作业点周围的工业视频、无线摄像机画面和气体检测仪在线数据等作业环境信息，且可以根据作业控制要求设定气体检测报警值，当数据超限时自动进行报警，并通过语音及颜色的显示对监控人员和现场操作人员进行提示。

（4）危险作业负责人可通过可视化系统接收的视频、检测数据，利用电子审批功能远程签发作业票据。同时，系统当前在线人员可进行视频通话，并查看关键作业实时画面。当出现异常报警时，系统自动抓拍现场的图像，并根据用户请求进行影像抓拍及录制，并将录取的影像资料存储在本地。经过作业可视化系统的应用，实现了数据、人员和流程的整合，论证了将可视化技术应用于作业过程管理的可行性。通过增加作业可视化系统应用的深度和维度，可以实现跨地域、跨部门的多方协作，从而更有效地排布资源、全面评估风险、科学制订决策（图3-4-44）。

● 图3-4-44　作业可视化系统与移动终端视频通话

3."源供注配一体化"管理

应用PLC控制、稳流配水技术，将注水系统由"单点—远程—控制"向"联动—闭环—自控"升级，减少供注中间环节的计算和操作工作量，提升精细注水管理水平（图3-4-45）。核心功能：水源井分组自动启停控制（图3-4-46）；供水站供注平衡液位控制，转水泵与注水站水罐液位联动，实现恒液位供水（图3-4-47）。注水站恒压注水控制，注水泵与系统压力形成联动，实现恒压注水控制（图3-4-48）。注水井自动计算调配控制，依托SCADA系统每1小时自动计算超欠注量，联锁控制稳流配水阀组自动调配（图3-4-49）。

图 3-4-45　源供注配系统流程图

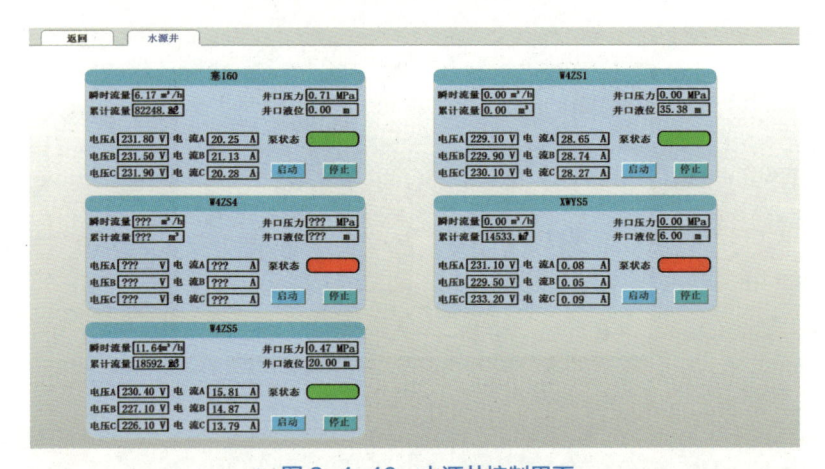

图 3-4-46　水源井控制界面

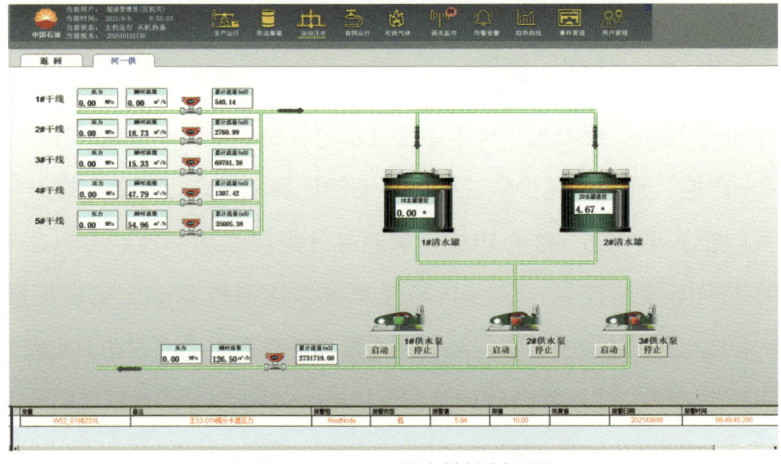

图 3-4-47　供水站控制界面

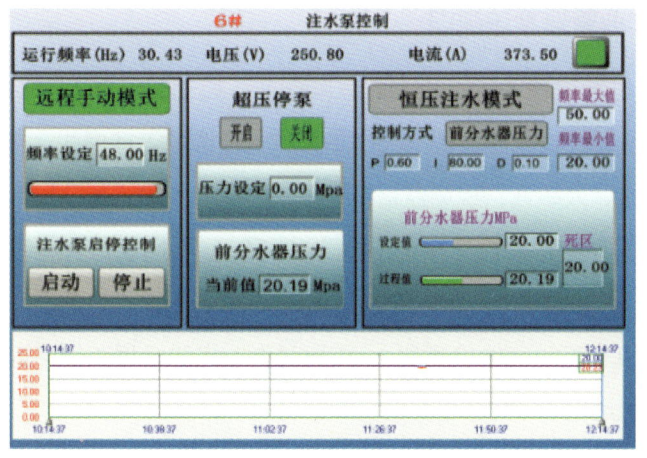

● 图 3-4-48　注水站控制界面

● 图 3-4-49　配水阀控制界面

智能注水控制系统已在五里湾一区、油房庄二区、吴起等 13 个作业区 28 口水源井、4 座供水站、35 座注水站、2166 口注水井应用。精细注水管理水平提升：源、供、注、配联锁控制实现供注平衡，每天超欠注大于 1 立方米的注水井占比由 73% 下降至 4%，注水更加精细。注水劳动强度大幅降低：取消水源井人工跑井，供水站、注水站实现无人值守，平均每座供水站节约用工 2 人，注水站节约用工 4 人，中心站由人工计算远程调配变为智能分析自动调配，人工干预时间由 6.4 小时/天下降至 0.8 小时/天，降幅 88%。

4. 风险作业管理系统建设

日常运行维护过程中存在大量的危险作业，如动火、受限空间等作业时提前办理票据、作业现场要求由监护人员在场操作。传统的管理模式，办理票据资料需要多方签字确认，效率低，现场监督工作量大，监督人员不足，因此开发了基于风险作业全流程管控的智能管理系统（图 3-4-50）。利用现有智能移动终端灵活方便的优势，实现作业票据的移动办理。同时通过对现场监控资源进行整合（工业视频、无线摄像机、无线气体检测仪），实现对作业点的远程监护、远程监督，目前已在个别单位试运行。

按照 9 大类危险作业许可纸质票据内容，将作业许可相关的纸质资料形成固定的模板存入数据库，确保纸质票据与电子模板票据的一致，实现模板一次配置多次复用。9 大类危险作业许可实现票据在线申请审批、措施落实情况实时跟踪、危险作业信息统计分析等功能。

● 图 3-4-50　风险作业管理系统

危险作业任务票据办理由管理人员通过 PC 端统一推送。推送内容包括危险作业名称、作业单位、属地单位、作业区域、作业地点、作业内容基本描述、人员安排、各类许可模板及安全附件落实模板等内容。作业任务推送给作业批准人、现场负责人、现场监护人、现场配合人、该项作业责任安全员，同时将所有的危险作业任务推送给单位主要领导和安全主管领导。推送完成后，作业批准人、现场负责人、现场监护人、现场配合人通过 APP 可获取到作业信息。相关人员利用移动终端进行作业数据填写及签批操作办理页面如图 3-4-51 所示。

● 图 3-4-51　风险作业许可办理

系统针对不同危险作业，推送需准备的工器具，包含应急器材等。系统根据危险作业的种类，推送危险工作前安全检查明细表。现场施工及监护人员利用系统推送的模板开展危险工作前安全检查、确认及技术交底。现场监督录入现场施工及完成情况照片，工作完成后发起关闭功能，作业批准人确认后关闭/取消作业，实现危险作业资料归档及后期调取（图 3-4-52，图 3-4-53）。

● 图 3-4-52　风险作业准备

图 3-4-53　风险作业实施过程资料

5. 数字化交付

建立以工厂对象为核心的模型、数据、文档的交付体系，建成数字档案馆，为生产运行阶段智能化应用打下数据基础。汇集项目管理数据、设计数据、采办数据、施工数据、监理数据等，能够采集、上传、审核、发布数据，形成数字化移交资料库，实现项目全过程管理，数字化交付，现已用于上古天然气处理总厂的全过程（图 3-4-54）。

图 3-4-54　上古天然气处理总厂数字化交付

基于设计承载基础数据，实现了"工厂未建，场景已现"（图 3-4-55）；施工阶段，用激光扫描记录真实位置及路由，实现了现场施工与设计"高度一致，真实可视"（图 3-4-56）；竣工阶段，通过数据关联呈现真实的业务场景，实现了"数据归一，业务融合"（图 3-4-57）。

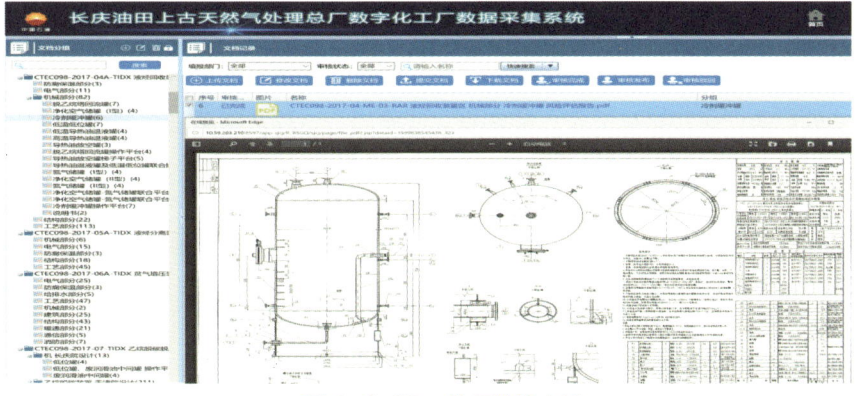

● 图 3-4-55　施工数据交付

● 图 3-4-56　实现与现场高度一致的竣工模型

● 图 3-4-57　施工过程可视化数据回溯

二维数据与三维模型相关联，施工情景与设计一一对应，体现了数字化工厂"起于设计、源于现场、归于孪生"的特点。

长庆智能油气田

施工阶段，利用数据智能分析，提前预制，能够进一步优化现场工序管理，提高施工效率。对于隐蔽工程，从管沟开挖、施工到施工完毕的回填的每个阶段都有详细的影像记录和坐标记录，能够真实还原施工过程及隐蔽工程资料。

| 实景三维现场管理 | 实景三维智慧场站 | 数字化交付 |

四 作业闭环管理

作业区闭环管理系统是智能化建设的重要环节，是基于管理闭环的智慧管理系统，由PC端和移动终端两部分组成，包括：数据库，用于存储数据；任务模块，与数据库连接，主要用于发布任务，并跟踪任务完成情况；可视化管理模块，与数据库连接，用于展示系统中涉及生产过程中的生产数据、日常任务、重点工作等信息。由若干生产管理方式构成的连续封闭的反馈回路管理系统，对生产管理过程涉及的日常工作、重点工作以及在这个过程中发生的问题形成有效的反馈机制，形成完整的闭环管理流程，如此一来提高了管理的科学性和效率，提升了生产力，使其成为一个分析智能化、数据可视化、管理高效化的闭环管理系统（图3-4-58）。

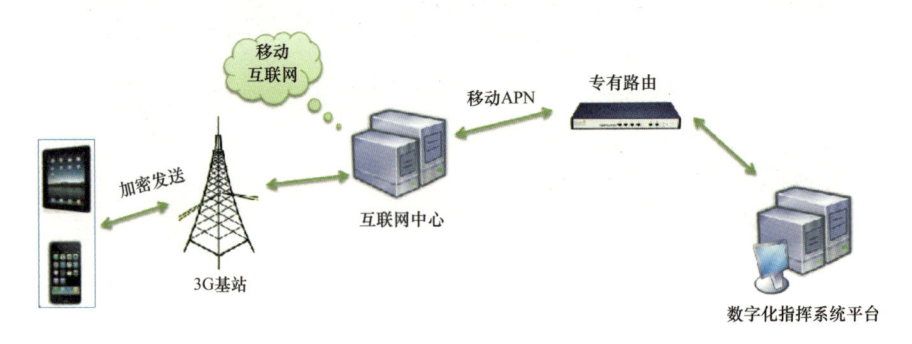

● 图3-4-58 通信架构图

采用PC+APP的方式进行设计,充分发挥移动互联网的便捷性。基于防爆手持终端的移动APP,用户通过移动互联网(移动APN)与数字化指挥系统的服务器连接,实现对生产现场全过程的实时监控。

作业区闭环管理系统包含两个部分,PC端应用和移动端应用。用户基于移动设备或PC电脑,通过APP应用或浏览器直接访问系统,获取相应信息。采用机器学习+数值计算相结合的方式分析信息,充分挖掘数据价值。采用微服务等云技术进行架构,充分保障设计的延展性和部署的简易性。大部分数据通过自动采集和API接口的方式获取,不增加员工数据录入工作量;数据发布与业务流程相关联,最终岗位工作人员在使用系统时能够方便地查询、处理与自己工作相关的数据,进而实现业务流与数据流的统一(图3-4-59)。

● 图3-4-59 系统架构图

系统围绕作业区3大类15项生产运行工作落实,以"中心站PC端管理+运维班移动终端录入"相配合的方式,自下而上地实现重点工作全过程闭环管理,建成一个具有数据可视化、管理高效化的作业区闭环管理系统。

系统功能主要包括重点工作模块、日常运行模块、队伍建设模块。APP首页公布有中心站每日值班人员信息,方便生产过程中发现问题,并集中展示值班干部关注的生产概况情况,例如开井数、产液量、产油量[配产/完成(影响因素)]、注水量［配注/完成（影响因素）］等，这些数据实现了数据自动调用、实时展示、趋势跟踪（图 3-4-60）。

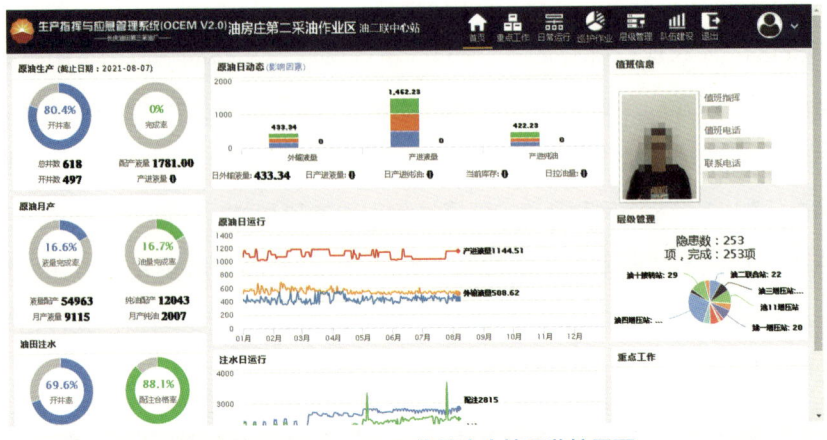

● 图 3-4-60　PC 终端生产情况监控界面

作业区/中心站值班干部每日重点关注的任务，分为派工、扫线、调参、热洗、清水试压、水井洗井、层级管理、安全附件八项内容。以作业区、中心站、班组三级上传、下达任务为基础，作业区/中心站下达任务内容→运维班/驻站员处理落实→落实后的结果上传反馈回作业区/中心站，形成闭环管理处置流程（图 3-4-61）。

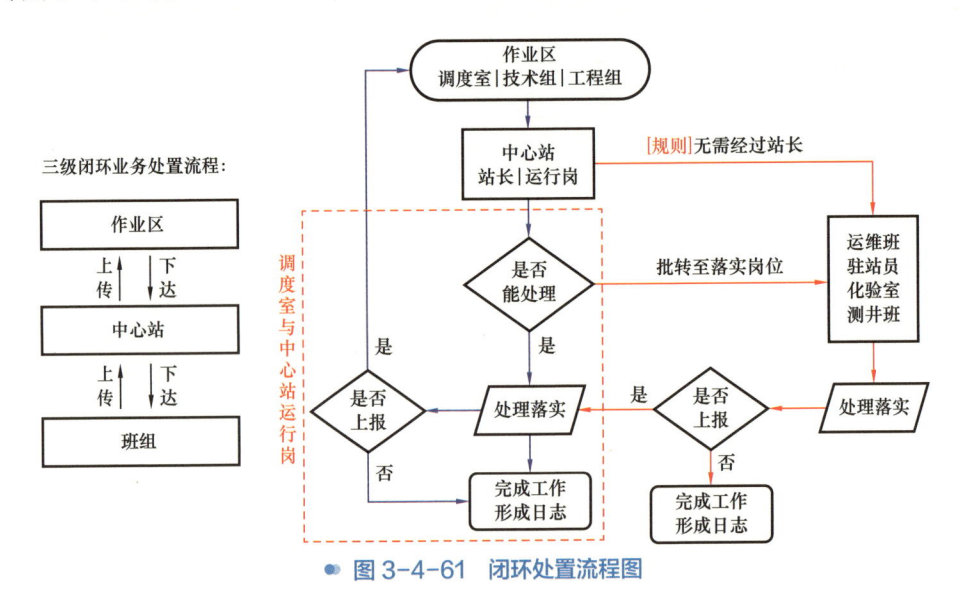

● 图 3-4-61　闭环处置流程图

围绕以上 3 大类 15 项生产运行工作，下发重点工作内容、日常运行工作、队伍信息化建设，制订任务具体责任人，而相关责任人接收到分派任务，落实并反馈现场作业情况（现场照片）到系统中，形成重点工作和日常运行的闭环管理过程，在这个过程中的每一个环节都是可视的、可控的、及时的，这样一种管理制度流程有效地帮助各级领导管理生产过程中的日常事务，并能通过该系统快速了解生产经营过程中发现的问题和问题落实情况，及时了解任务完成情况，全面掌控生产经营全过程。

通过重点工作闭环管理、日常工作痕迹管理，确保清水试压、巡线、扫线、六小措施等 3 类 15 项生产任务 100% 落实到井站、岗位；管理效率得到提升：通过工作任务线上发布、落实情况移动端录入，生产数据可视、重点信息提示，中心站每日碰头会、电话上传下达等工作下降 70%；劳动强度得到降低：3 类 14 张运行报表自动生成，中心站监控岗报表填报工作量消减 90%。

五 生产调度指挥

按照公司—厂处—作业区三级架构开展业务融合，覆盖油气田生产调度主要业务场景，通过三级联动、上下贯通、层层穿透。实现生产调度、安全环保、应急抢险和辅助保障的分类分级管理，确保现场生产高效有序、受控运行（图 3-4-62）。

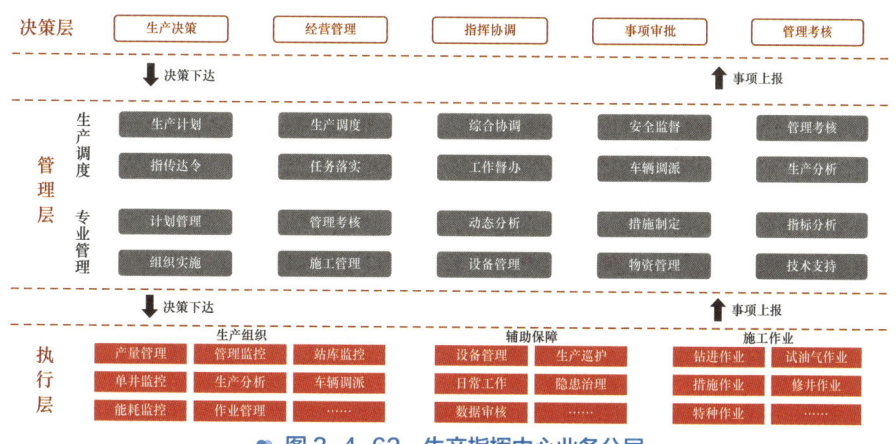

● 图 3-4-62　生产指挥中心业务分层

1. 公司及厂处生产调度指挥

实时在线调度：油气生产企业的调度主要承担组织、服务、监控、协调和指挥五大职能。

精益生产管理：紧扣生产集约化理念，实现油气生产建设实时监控、运行态势精准把控、异常情况实时报警、信息指令实时推送、突发状况高效处置，确保生产经营受控运行。主要覆盖原油生产、天然气生产、原油集输系统、天然气集输系统和产能建设5大部分。

安全环保监控：运用可视化监控系统实现油气产能建设（钻、录、试、投、修）、井站、管线、环境敏感区（河流、水库）等风险全过程、全方位、全天候管控，提升本质化安全管理水平（图3-4-63）。

图3-4-63 生产现场视频集成

通过实时数据监控，从原油集输监控、气田集输监控、重要场所监控、GPS安全监控、网络安全监控、有毒有害气体监控、防雷防静电监控和视频监控共8个方面对风险源点进行实时监控。

集成油气田生产及作业现场33000余路视频。通过高后果区的监控界面，可实时查看各风险源点现场动态，确保各风险点处于受控状态。缩小监控范围，可实现专业数据分析与视频监控相结合的场景化业务应用（图3-4-64）。

应用人工智能神经网络技术，对油田生产现场特定场景学习，实现、烟、火、车辆、未佩戴劳保人员、动物闯入等AI智能分析，及时预警、报警。可根据云台控制、录像回放、本地保存等功能，提供远程监控、过程存档、问题溯源等风险管理支持（图3-4-65）。

第三章　数字化转型成果

● 图 3-4-64　视频监控模块

● 图 3-4-65　视频回放

应急抢险指挥：建立流程化的应急管理体系，按照资源共享、重点突出、节约高效的原则，统筹优化各类应急抢险资源，实现应急现场可视化、应急资源协同化、应急救援专业化、应急处置规范化。通过建立"及时发现、有效控制、快速处置"的应急管理体系，实现了消防、抢险、医疗等11850人的抢险队伍及8个应急救援中心、112座油田应急库、218座气田应急库6000余件应急物资的快速调用，通过GPS车辆监控系统对9000余台车辆监控和进行合理调派，同时对油气区温度和雨量的天气情况进行及时预警，通过对2000多千米的长输管线进行

GPS实测，结合三维地形对真实场景进行还原，为管道抢险提供科学依据，最大限度减少事故损失和环境污染。

生产辅助保障：建立供水、供电、道路、通信在线监控、集中管理网络系统，推动油气生产重点区域、规模建产区域的五保措施，能够对供用电、重点部位视频、道路及通信等业务进行实时监控，实现对防洪防汛、光缆故障等情况进行及时预警，提高对安全生产的保障能力，为油气田生产建设提质增效提供保障。

2. 作业区生产调度指挥

围绕作业区3大类15项生产运行工作落实，以中心站PC端管理＋运维班移动终端录入相配合的方式，自下而上实现重点工作全过程闭环管理、危险作业全流程在线管理。能够实现以下四项功能：生产数据可视化展示，开井数、产液量、产油量、注水量等数据自动调用、实时展示、趋势跟踪；重点工作闭环管理，中心站在线发布调参、扫线、热洗等任务，运维班实时接收、落实工作安排，作业区跟踪、检查落实情况；常规工作留痕管理，单量、加药、投收球、取样、换盘根等常规工作信息同步录入，生成可追溯、可查询的操作记录；生产报表自动生成，作业区、中心站不再通过电话询问等传统方式收集、填报报表（图3-4-66）。

● 图3-4-66 作业区生产指挥与应急管理

通过重点工作闭环管理、日常工作痕迹管理，确保清水试压、巡线、扫线、六小措施等3类15项生产任务100%落实到井站、岗位。工作任务线上发布、落实情况移动端录入，生产数据可视、重点信息提示，中心站每日碰头会、电话上传下达等工作下降 70%。实现了 3 类 14 张运行报表自动生成，中心站监控岗报表填报工作量消减 90%。

第五节 精细油藏研究

以区域数据湖和智能中台为基础，按照梦想云云原生开发规范搭建三维地震体数据智能化应用、油藏智能诊断与预警、智能化测井解释评价技术、水平井远程实时监控与地质导向等技术共享应用。

一、三维地震体数据应用

长庆油田三维地震成果数据智能化应用基于 H5 框架，开发了三维地震、地质建模、地表影像多学科集成应用模块，并进行了全交互式窗口设计，通过云计算提供瞬时地震属性分析功能，达到了地震勘探信息的云存储、数据共享、网络浏览和在线智能化应用目标。

在原有技术手段下，三维地震数据体大、专业性强，网络传输带宽占用高，实体数据应用无法脱离专业的软件，必须抓取相关图片，制作成地震部署井位卡片才能应用，即使最简单的应用也需要地震专业人员配合完成，增加了劳动强度和应用环节。

在 H5 网络应用环境下，各类三维地震解释成果数据存储于生产网内的专业软件项目工区中，使用时不用安装任何插件，打开浏览器直接进入系统就可获得全三维的地震剖面和解释层位、建模、数模及井筒数据，并可进行瞬时属性、振幅统计、滤波等属性分析与信号提取。同时支持跨平台使用，适用于电子大屏、台式计算机、移动设备等应用。特别是在井位论证、"甜点"优选、水平井导向等工作中，对于 200 平方千米的三维地震工区的十字、箱装、栅状剖面资料，客户端应用程序的响应速度在两秒内就能完成，为勘探生产提速提效夯实了基础。

1. 解释成果在线浏览

实现地震解释成果的在线浏览显示，包括基于 Web 的地震数据、解释成果数据、井数据的跨平台访问及标准化显示；地震主测线及联络测线数据提取及显示；解释层位、断层显示；同时对多个地震剖面进行显示；地震剖面综合显示；井相关的各种数据和地震剖面的叠合显示；任意线联井剖面显示；地震工区数据管理；GIS 集成井列表、底图中二点距离测量、任意多边形面积计算等功能；GeoEast 数据接口开发；SEGY 标准数据接口；地震数据缓存存储及瓦片流传输技术研发。

支持用户自定义地震剖面显示参数（横纵显示比例）、显示方式（波形变面积或变密度）及地震剖面显示时窗（图 3-5-1，图 3-5-2）；地震工区的自由切换；多窗口地震剖面显示。

地震窗口与 GIS 地图窗口的操作联动。人机交互界面及地震数据可视化功能要求与传统基于工作站的 Landmark/GeoEast 解释系统相匹配。解释层的数据可以在线显示和管理，同时可以把解释层位的网格和 GIS 叠加展示。在地震剖面上可以显示井轨迹、井的层位标定、合成记录及时深关系表和网格功能。

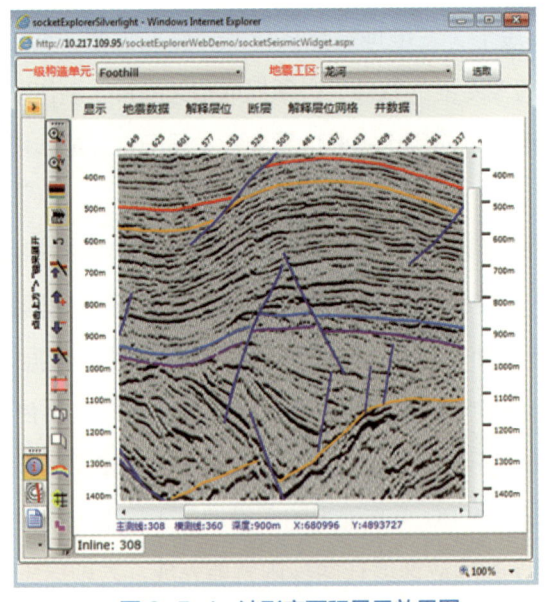

● 图 3-5-1 波形变面积显示效果图

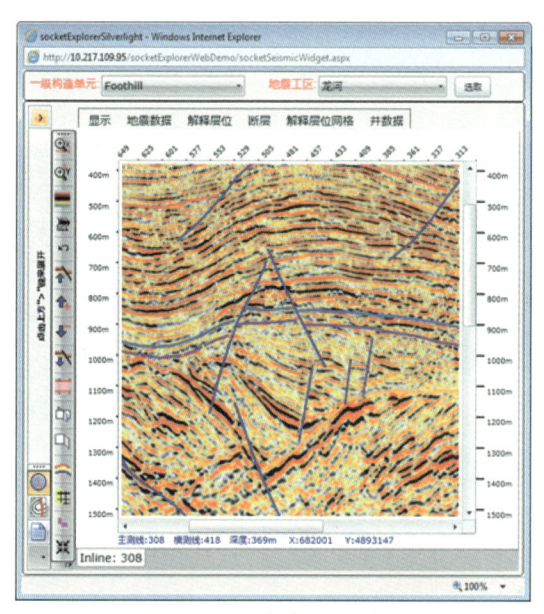

● 图 3-5-2 变密度显示效果图

2. 基于 Web 的三维地震可视化

应用最新网络 HTML5 及 GPU 图形图像显示技术实现三维场景可视化。

地震数据三维可视化：地震主侧线及水平切片剖面的真三维展示；解释层位三维展示；断层三维展示；过井、十字、栅装剖面展示（图 3-5-3，图 3-5-4）。

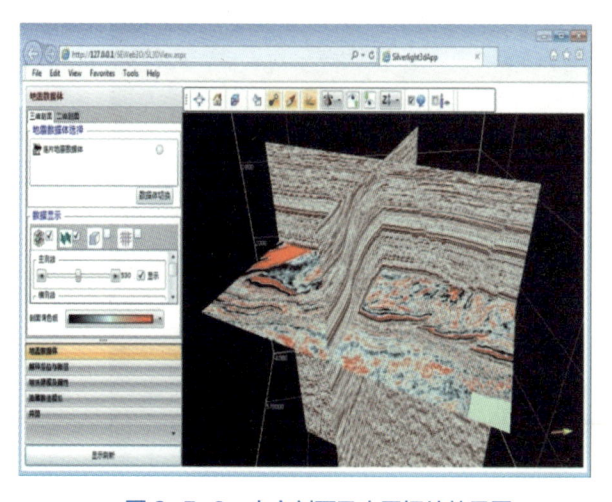

● 图 3-5-3 十字剖面及水平切片效果图 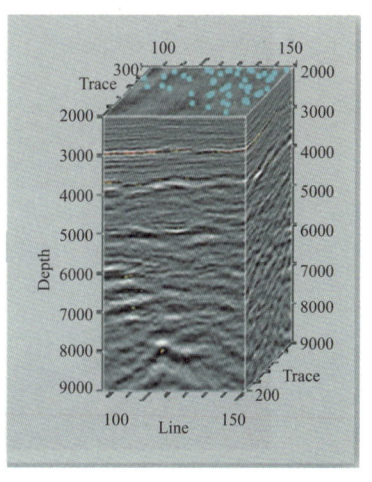　　● 图 3-5-4 箱状地震剖面效果图

井筒数据的三维可视化：测井、随钻测井、录井曲线三维展示；井深结构及井筒随钻轨迹追踪显示（图3-5-5）。

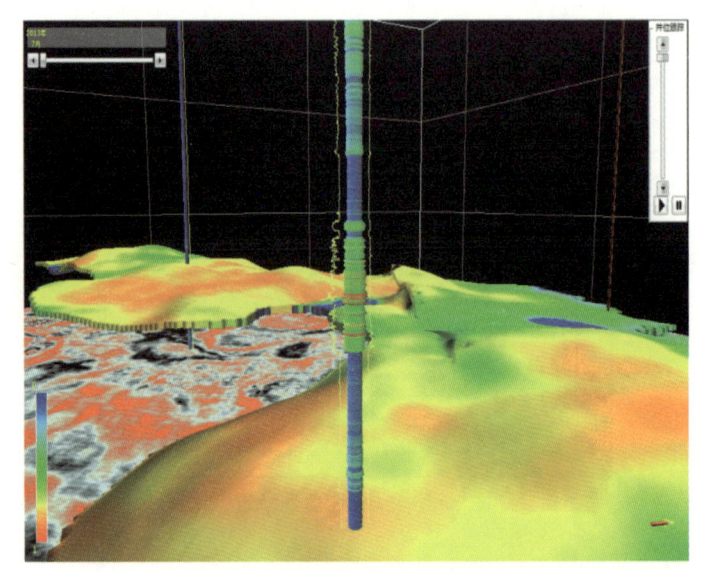

● 图3-5-5　井筒三维可视化效果图

地上地下一体化：地上通过三维 GIS 在线显示地貌特征，与地下通过地震数据三维展示相结合，形成了地上地下一体化三维场景（图3-5-6）。

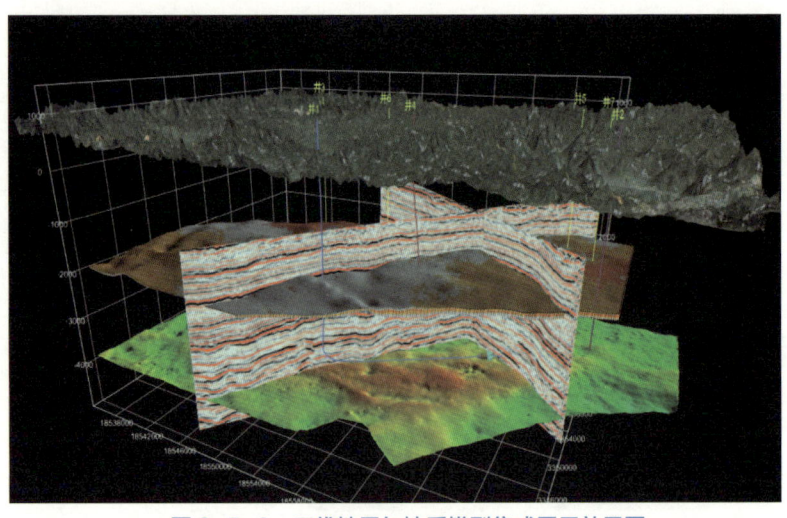

● 图3-5-6　三维地震与地质模型集成展示效果图

3. 地球物理云计算及地震海量数据挖掘

物探大数据提取及跨工区联井剖面在线展示：应用先进的数据挖掘手段，绘制跨工区任意线剖面。例如在鄂尔多斯盆地范围内，可以针对大于 10 个地震工区的数据任意线绘制剖面，为大盆地大勘探提供有力的技术手段。快速算出多个工区间的切割关系，提高测线及层位提取速度，实现地震大剖面、解释层位数据快速显示。跨工区连片剖面显示技术无需工区在 GeoEast 里加载连片处理三维地震剖面便可快速展示（图 3-5-7）。

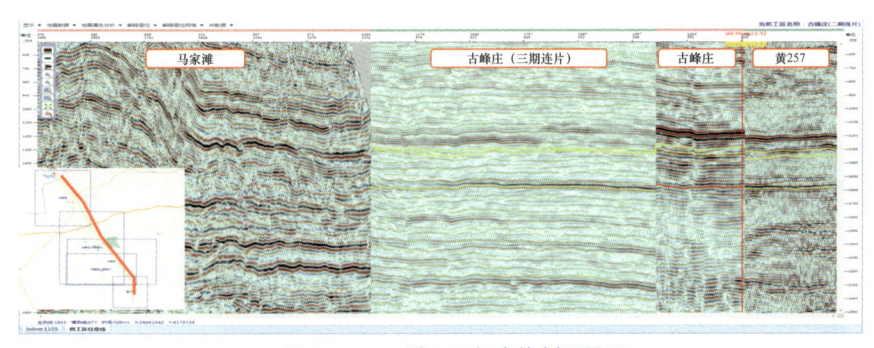

● 图 3-5-7　跨工区任意线剖面显示

地震剖面显示参数及剖面定位：利用 AGG 反锯齿图像算法，对实时发布的地震工区解释成果数据进行显示，并对剖面显示提供了便捷的、用于调整剖面显示参数的工具栏，主要包括：变密度、波形变面积显示；纵横比例调整显示；选择各种常用调色板及自定义调色板显示；剖面显示范围等。除此之外，还提供了便捷、专业的地震剖面快速定位显示功能，如快速定位到"下一条有解释层位"测线，当前地震道的垂向测线等功能。

地震剖面与 GIS 地图的鼠标联动操作：具备双屏设计方式，用于导航图和地震剖面间的联动显示（图 3-5-8）。用户可便捷地在 GIS 地图上进行主横测线和任意线的选取，然后进行地震剖面的在线显示。在地震剖面显示窗口中可进行多个地震剖面显示，且各显示剖面保留各自的显示参数，当用户切换到任一显示剖面时，系统主界面中 GIS 地图上会自动定位到当前剖面对应的测线位置上。

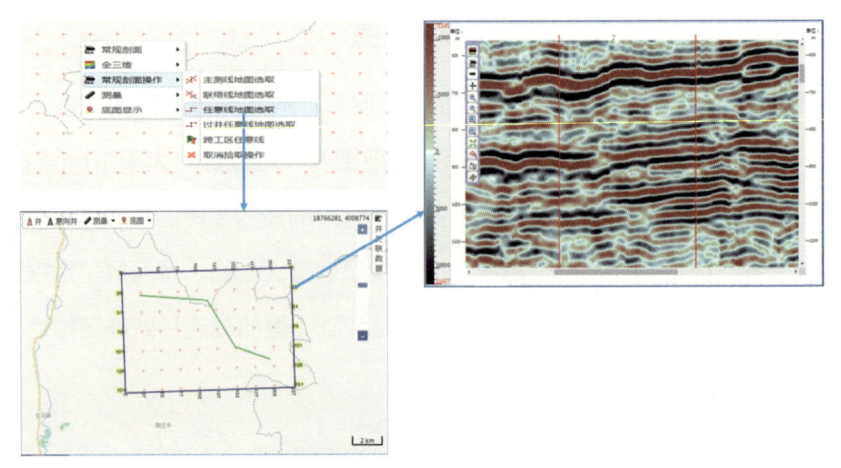

● 图 3-5-8　地震剖面与 GIS 地图的鼠标联动显示

二　油藏智能诊断与预警系统

在智能评价模型建立的基础上，完成油藏智能诊断与预警系统开发，包含 4 个应用模块和 1 个辅助模块，共 32 个功能点（图 3-5-9）。

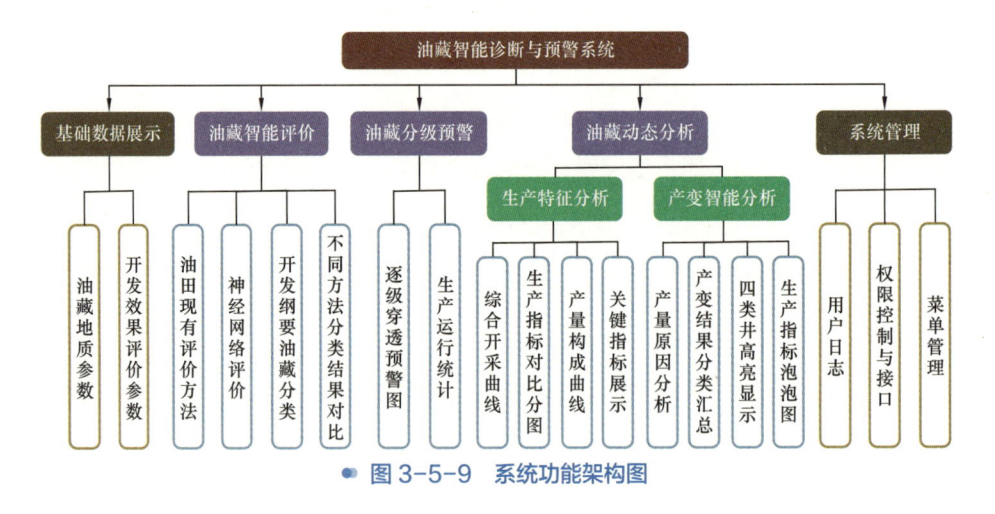

● 图 3-5-9　系统功能架构图

1. 油藏智能评价

原有工作模式：各厂地质所每季度手工统计上传评价参数，系统按照低渗透、超低渗、致密油等不同类型油藏经验公式进行定量化评价和预警。各厂评价参数计算方法不统一，人为因素影响大（图 3-5-10）。

● 图 3-5-10　原有工作模式示意图

智能化工作模式：系统自动提取油气生产、动态监测数据库评价数据，调用 BP 神经网络模型智能评价，有效提高油藏评价的时效性与效率。新产生的评价结果可作为样本持续迭代学习，不断优化评价模型。评价结果以 GIS 图方式直观展示，支持油藏信息导航、检索高亮居中和钻取动态分析（图 3-5-11）。

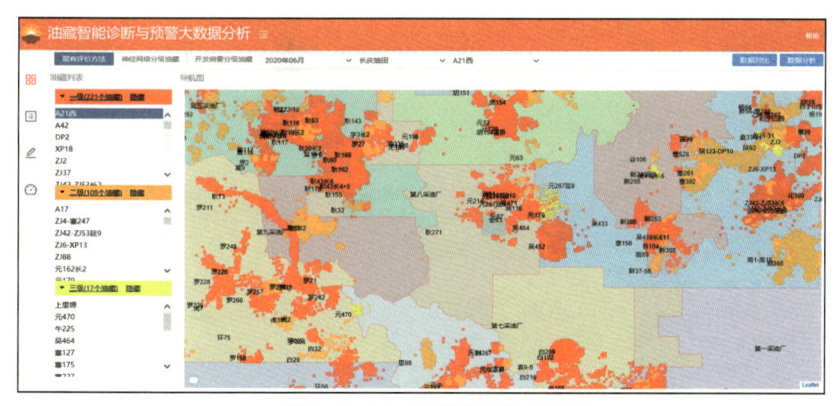

● 图 3-5-11　油藏分级显示界面

评价模型支持迭代更新，每季度对新产生的数据样本库进行重新学习，进一步提高模型的准确率。最优邻近法（KNN 算法）根据用户选择的指标进行目标油藏的最邻近对象分析，便于借鉴类似油藏开发经验进行油藏管理，K-means 算法按照用户指定指标将相似度高的油藏划分至同类。

对渗透率、年产油量、可采储量采出程度、含水率四项指标按照开发纲要划分界限进行分类，通过图像展示分类结果，支持多指标组合筛选（图3-5-12）。

● 图3-5-12 渗透率分类展示

2. 产变原因智能分析

建立单井增、减产知识库，应用多级分类分析和智能检索技术，实现了油井产量变化原因自动诊断，给出措施建议，并按照厂处、油藏统计长关井、高含水井、措施井和低产井信息，便于科研人员全面掌握开发现状。各类井在GIS图上显示，辅助进行地质认识与趋势分析，为长停井复产及老井复查提供参考（图3-5-13）。

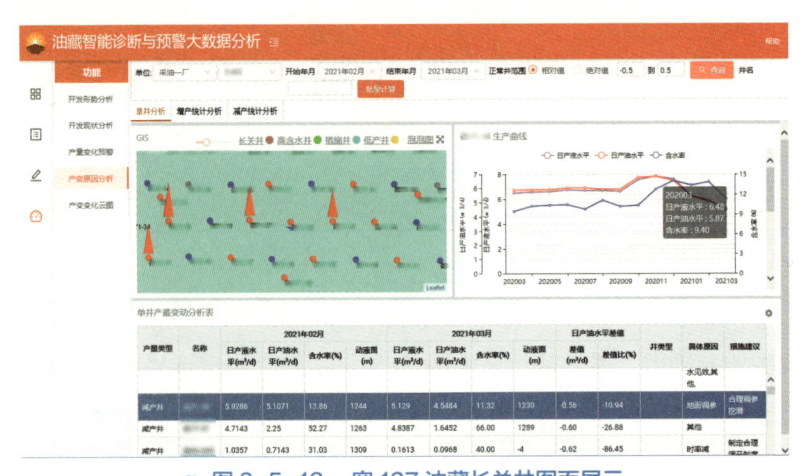

● 图3-5-13 塞127油藏长关井图面展示

对比分析两个时间点或者时间段的生产差值，按照合理阈值进行预警，及时发现开发管理存在问题，开展针对性分析（图 3-5-14）。

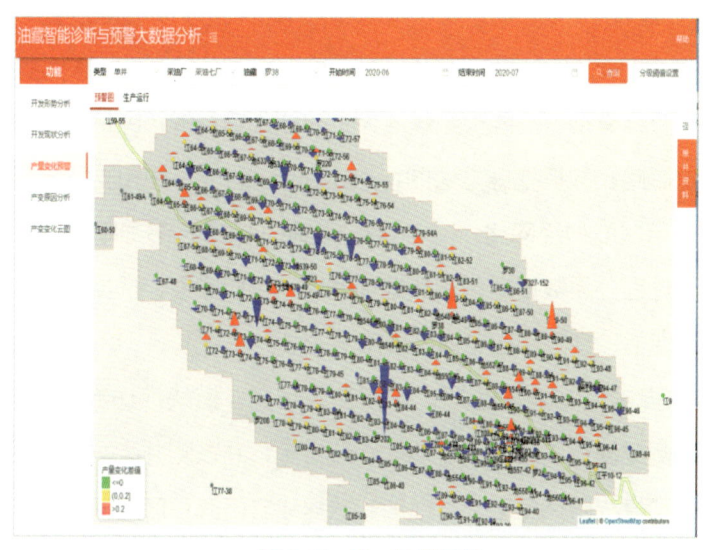

● 图 3-5-14　单井预警

双屏联动、导航进行油藏分析，多功能集成展示，图表灵活切换，实现了生产监控"一键式"完成，算法、数据源界面化，用户可以详细了解数据来源及算法（图 3-5-15）。

● 图 3-5-15　月度生产特征集成展示页面

三 智能化测井解释评价技术

鄂尔多斯盆地超低渗透储层孔隙结构复杂，非均质性强，不同类型储层产能变化大，测井解释复杂，产能预测难度大，智能化测井解释评价技术主要是通过测井评价的传统思路和数据挖掘方法的特点，利用 KNN 算法和支持向量机进行流体性质识别，采用深度神经网络、KNN 算法实现孔隙度、渗透率、饱和度计算和产能预测，主要过程分为数据准备、数据预处理、分层取值、选择特征参数、构建预测模型、模型评估、模型修正和模型应用（图 3-5-16）。

通过模块推送或本地加载方式获取工区数据，模块推送数据主要包含井位、测井数据、气测数据、压裂试油、地层水分析等，并在测井大数据模块中一键接收相关数据并自动建立研究工区。本地加载数据建立研究工区是通过数据处理建立标准样品数据，提交样品数据。

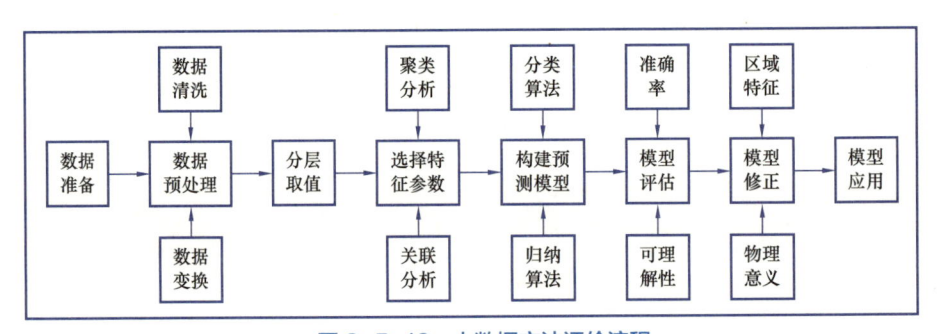

● 图 3-5-16 大数据方法评价流程

样本数据提交方式有三种：一种是在试油结论道，可以选择一段一段提交样本数据，也可以一键提交试油结论道的所有试油数据；第二种方式是在流体样本道提交流体样本道的所有数据；第三种方式是在对应的分层道提交相应层位的所有流体样本数据。

单井样本数据提交前查询，可以对单井样本数据进行查看，包括测井信息、测录单点数据、测录特征值数据、物性单点数据、压裂试油数据、岩电实验数据及地层水分析资料等（图 3-5-17）。

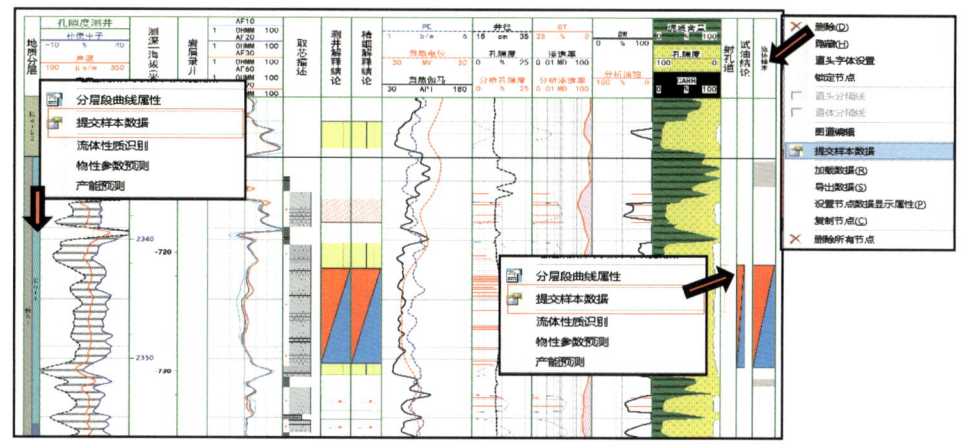

● 图 3-5-17 提交样本数据

基于支持向量机（SVM分类）方法，建立对象油藏流体性质预测模型，其中基于GR、SP、DEN、CNL、AC、RT10、RT90 7条曲线的样本回判率100%。以专业软件为基层，开发学习样本查询接口（图3-5-18）。

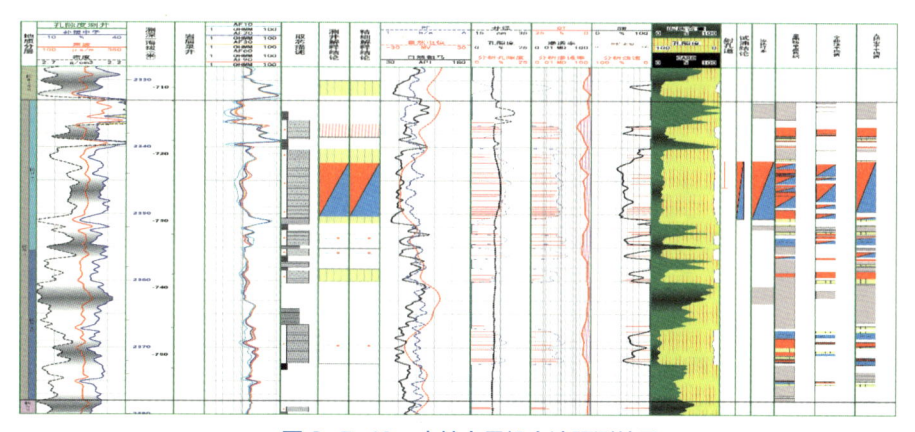

● 图 3-5-18 支持向量机方法预测结果

利用直方图统计分析方法查看每类学习样本数据频率分布区间，对异常段进行针对性统计，利用误差检验法确定最佳属性个位数。选择不同的学习对象，找到对象油藏最佳属性模型。在单井解释器分层道右键菜单上创建"流体性质识别"选项，生成流体性质识别成果（图3-5-19）。

利用KNN算法进行流体性质识别成果图，KNN方法整体效果略优于支持向量机法（图3-5-20）。

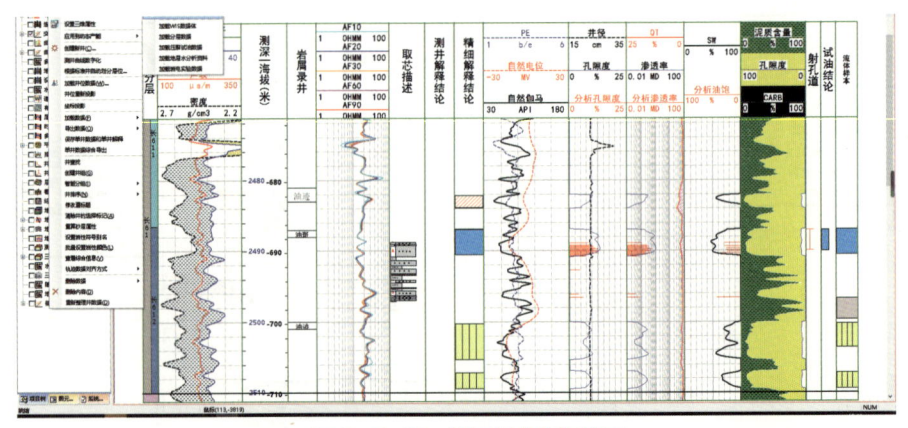

● 图 3-5-19　学习样本查询接口

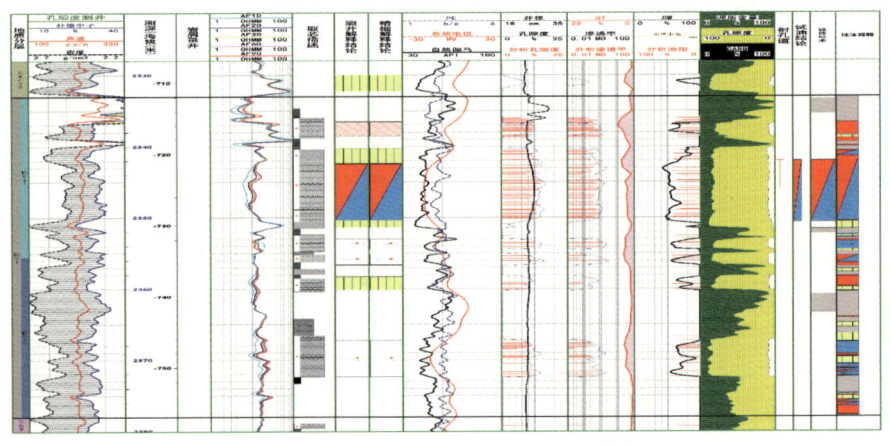

● 图 3-5-20　KNN 算法流体性质识别成果图

四　水平井监控与地质导向

　　近几年，长庆油田水平井新建井数快速增长，成为转变发展方式、提高发展质量和效益的重要途径。传统地质、工程人员驻井录取采集钻井、测井、录井等资料的工作方式已不能满足大油田管理的要求。研发的集室内综合研究分析、井场数据传输、远程协同决策等功能的水平井监控与导向系统，支撑了水平井设计、监控、随钻分析与调整的一体化工作。

　　水平井监控与导向系统基于 Silverlight 集成框架，实现了基于 B/S 网页访问的应用模式（图 3-5-21）。系统通过自动采集井场 LWD/MWD、综合录井仪数据及各类手工整理数据，利用卫星、3G 等多种传输方式将井场实时采集的数据回传至系统，有效缩短了科研人员获取第一手井场资料的时间，此外系统提供了地质设计、轨迹跟踪、砂层自动判别、储层钻遇率计算、模型修正、手机短信预警等功能，满足了水平井一体化、多学科协同研究与决策业务需求。

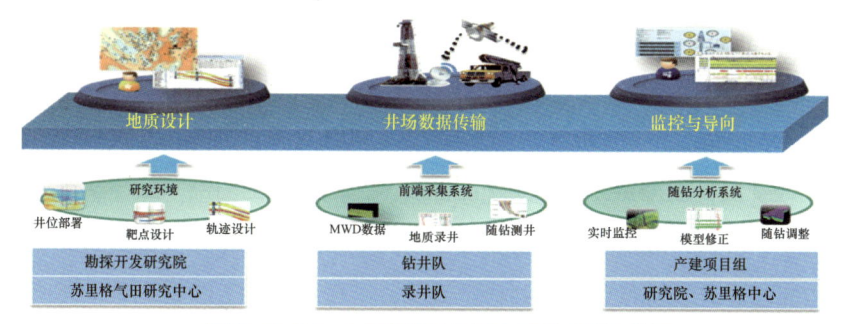

● 图 3-5-21　水平井监控与导向系统功能架构图

截至 2020 年，已完成了 5000 余口油气水平井数据传输与远程集中监控，有效支撑了油气田生产建设，改变了水平井地质设计与随钻导向工作模式。通过数据自动采集、远程实时传输、多井集中监控，实现了多学科协同决策，助推了致密油气藏水平井开发提速提效，通过数据的高效组织、研究、决策与现场的无缝对接，促进科研生产一体化、地质工程一体化，有效缩短了钻井周期，提高了储层钻遇率。

1. 现场关键数据实时采集传输

采集软件通过实时接收 MWD/LWD、综合录井仪广播接口或仪器数据库，动态获取仪器钻井、录井、测井等各项实时数据。前端采集软件可识别并支持的仪器包括斯伦贝谢公司、贝克休斯公司、哈里伯顿公司系列及国内主流 LWD/MWD、综合录井仪共 40 款（图 3-5-22）。

2. 多井实时监控与远程指挥

基于 WPF 的图形绘制、编辑算法，采用 WPF 图形控件的 RIA 技术，实现了在 Web 浏览器下集成展示随钻伽马、钻时、气测等各类实时曲线，三维井轨

● 图 3-5-22　前端数据采集传输示意图

迹，钻机数字仪表盘等参数。地质、工程技术人员在油田内部网络环境下，可随时随地通过个人计算机或监控室大屏幕显示系统，实时监控正钻井运行动态，综合分析数字仪表盘、井轨迹参数及录井显示情况，指导现场施工作业（图3-5-23）。

● 图 3-5-23　实时曲线、工程参数在线监控界面

3. 随钻地质导向

实时接收钻井、录井、试井等各类数据，动态叠加到地质模型中，自动生成标准的地质导向图。将地质与工程信息集成展现，直观地显示实钻井眼轨迹在地层中的钻遇情况，以及实钻井轨迹与设计井轨迹的相对位置和钻遇靶点的情况。并提供了岩性判识、油气层自动解释、油层钻遇率统计、地层模型修正等辅助分析工具，支撑科研人员对不确定性情况进行分析，并可对各项数据是否相互吻合进行判别（图3-5-24）。

● 图 3-5-24 水平井地质导向图

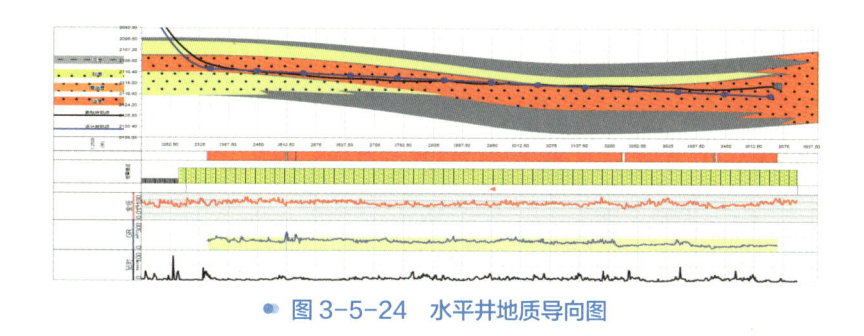

4. 油气层自动解释

系统自动识别砂层、泥层，进行砂层钻遇率的计算。通过泥质含量计算结果确定砂层，设置气测门限值，系统自动识别为有效储层的井段，在地质导向图上标识解释结论，结合实钻井轨迹、设计井轨迹、地层模型在图形上的关系，可判断实钻井轨迹是否在目的层中钻进。基于判定的有效储层可计算有效储层的钻遇率，进而把握水平井整体钻进质量。

5. 在线小层对比

通过数据整合服务技术从测井数据库自动提取伽马、岩性分析及解释结论数据，并结合分层数据，进行垂深校正后以海拔深度进行对齐，快速生成邻井单井柱状图投影到水平井地质导向图中，对比标志层，进行靶点控制、井轨迹预测，在线实现小层对比，指导水平井随钻调整（图 3-5-25）。

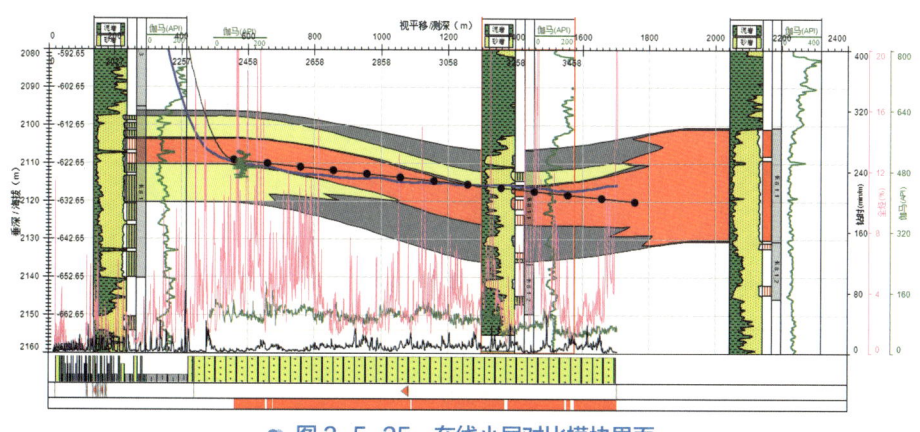

● 图 3-5-25 在线小层对比模块界面

6. 手机短信预警

系统通过短信收发应用程序软件接口，使用专用驱动设备（GSM Modem）实现短信发送，可统计数据采集传输异常及钻遇异常的井信息，以短信形式发送给随钻分析人员，以便随时随地了解水平井的钻遇情况，对水平井钻遇异常情况进行实时预警（图3-5-26）。

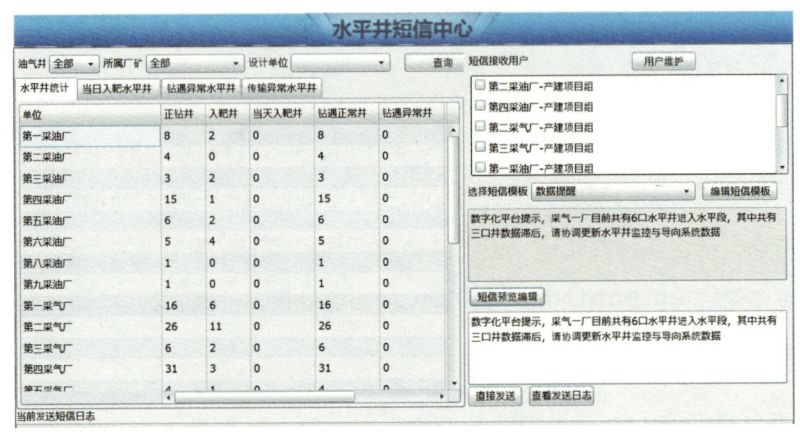

图 3-5-26　水平井短信中心界面

五　油气藏协同研究环境

基于勘探开发梦想云平台，构建了包含油气藏研究项目资料数据组织与快速查询、专业软件集成应用、在线辅助分析工具以及项目全过程管理的项目工作室，给科研人员提供一体化协同共享的油气藏研究工作环境。实现了油气藏研究数据、软件、成果的共享与工作协同，全面支撑了油气田勘探开发业务工作，提升科研工作的质量和效率。

以研究项目为基本协同单元，以项目生命周期为主线，将研究人员与项目、岗位、数据（含成果）、专业软件、常用工具有机融合，按照不同项目类型定制业务节点、数据集、相关专业软件和工具，构建项目工作室。所需的各类数据通过数据湖、其他项目关联、专业软件关联及本地上传等多种方式获取，做到数据、成果、软件之间的共享与协同。建立基于任务驱动的项目过程管理，项目经理或项目负责人可以根据研究内容，定制研究流程，组件项目团队，分解研究任务，把控项目进度，审核研究成果，成果按时归档，做到了科研项目全线管控（图3-5-27）。

● 图 3-5-27　协同研究环境主页面

借助梦想云协同研究环境，快速获取三维地震、钻井、录井、测井等综合资料，在1个月内可以完成以往2~3个月才能完成的各类综合成果图件的制作。数据的高效提取、软件的无缝集成、成果共享与继承，避免了低效的数据准备和重复劳动。改变了传统的研究模式，实现了勘探与开发、研究与生产、地质与工程一体化，促进了油气藏管理水平的提升。以项目为核心的研究管理，建立了跨学科、跨部门、跨地域的协同研究团队，实现了数据、成果的共享和项目进度管控。

1. 搭建项目工作室

根据项目类型定制开展本项目研究所需的业务节点和数据集、专业软件、在线分析工具，应用盆地区域数据湖资源，选取研究目标区重点井的钻井、录井、测井、试井、分析试验等相关资料，搭建项目工作室（图3-5-28）。应用项目过程管理功能，项目经理围绕主要研究目标细化下发子任务，指定具体的承担人、交付成果及完成时间。

2. 项目资料在线查看、成图与归档

利用协同研究环境和数据可视化功能，快速查看单井相关数据，在线调用已归档的测井曲线、岩心照片、四性关系卡片、地质图件等成果资料（图3-5-29）。

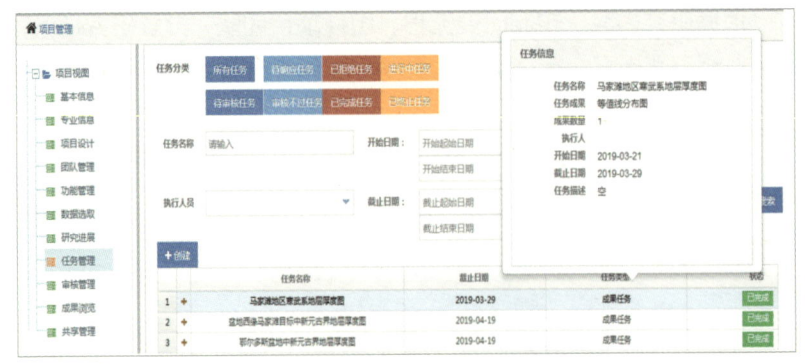

● 图 3-5-28　项目工作室管理页面

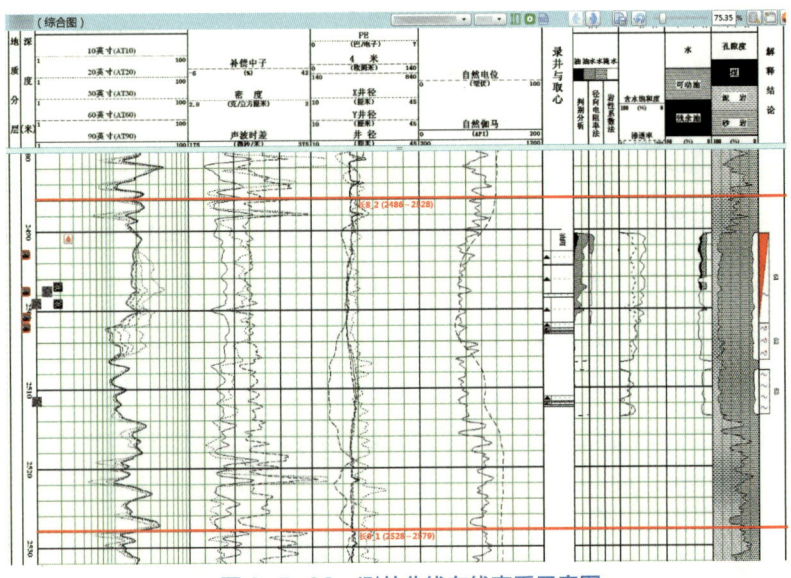

● 图 3-5-29　测井曲线在线查看示意图

通过专业软件接口，将单井资料推送至专业软件中，快速编制地层对比剖面图、成藏模式图等图件，综合分析有利成藏条件，并将更新后的成果归档至数据湖，实现成果的继承共享。

3. 地震资料云端应用

应用云平台三维地震数据可视化工具，远程调用、查看研究工区的二维剖面，对三维地震数据体过井剖面进行自动切片，立体展示反射层构造形态，辅助开展地震、地质综合研究，精细刻画目标区地质特征（图 3-5-30）。

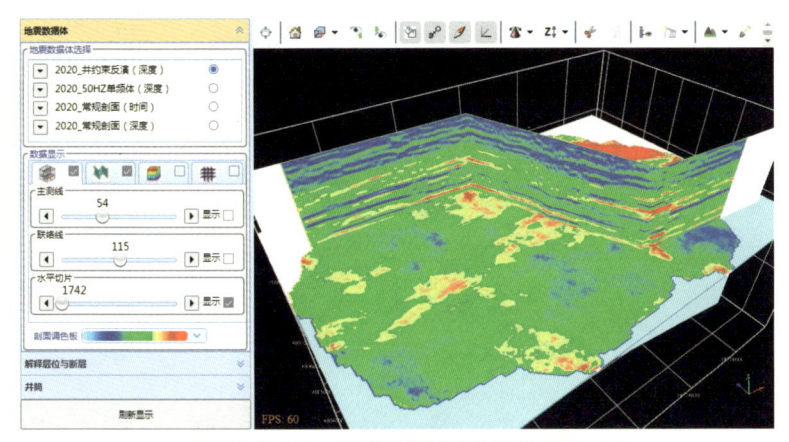

● 图 3-5-30　三维地震数据体切片剖面展示

4. 意向井部署

利用梦想云协同研究环境井位部署论证应用场景中的地层厚度图、沉积相图、构造图等多类型图件，多图联动对比部署意向井，综合分析地质、地震、生产等各类资料的基础上，多专业协同分析井位的合理性，协同确定意向井（图 3-5-31）。

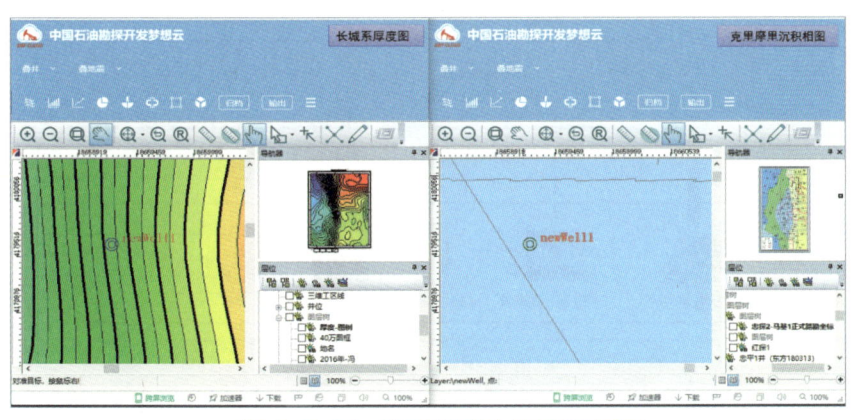

● 图 3-5-31　多图联动意向井部署示意图

第六节　精益运营管理

以区域数据湖和智能中台为基础，搭建员工智能服务、业财融合、设备管理、物资共享、两册管理、车辆共享、数字化交付模块，实现人、财、物精准管理。

一　员工智能服务

运用"互联网+"思维，利用大数据分析、云计算和移动应用技术，开发员工智能服务模块，实现员工在岗状态、工作地点考勤打点实时监测，请销假在线管理系统统计分析。同时为员工提供查询考勤、公积金、健康等信息查询功能。

1. 系统架构

系统采用多级别的分层架构，总体分采集层、数据层、服务层、应用层 4 个层级，采用数据基础总线的方式对数据采集层的数据进行接口对接，具体情况如图 3-6-1 所示。

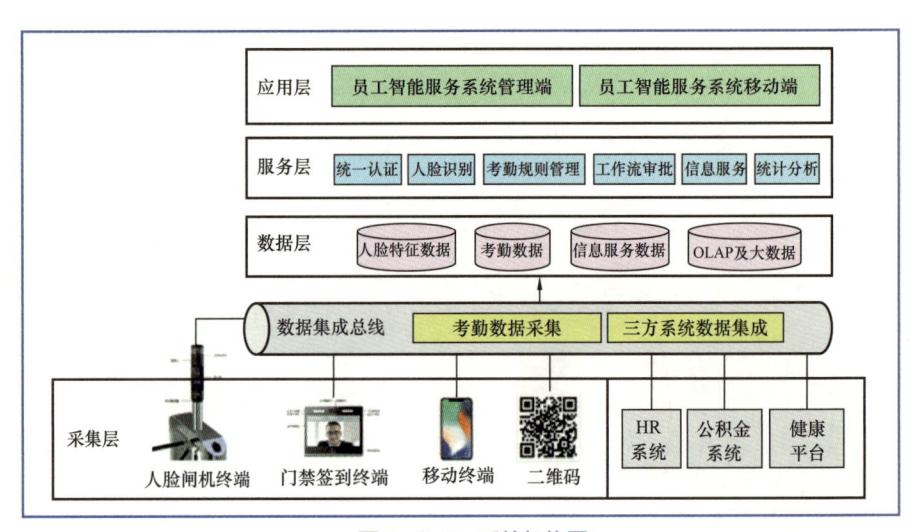

● 图 3-6-1　系统架构图

2. 主要功能

人脸识别打卡：利用 HR 系统中员工照片，建成人脸照片底库，员工通过闸机时视频系统捕捉人脸照片，并与人脸照片底库对比，完成人脸识别考勤。

员工考勤管理：高级系统管理员配置考勤规则，考勤规则由工作日、考勤时段、打卡时段、排除重复打卡和节假日、请销假等多种要素结合。

考勤异常提醒：员工考勤签到出现异常状态，系统自动提醒，员工及时查看处置异常；对于员工因出差或异地开会缺勤情况，可以及时通过系统向主管领导申诉。

领导审批提醒：员工提交了考勤异常申诉、请销假、出差、轮休、补贴、加班等申请后，系统自动给主管领导审核处置。

员工健康服务：与员工医疗体检数据对接，通过员工智能服务模块可以直接查看体检报告，及时掌握监控动态。

大数据分析：按组织机构进行员工在岗管理。以可视化图形、列表等方式展示员工在岗状态，包含签到位置、请销假、缺勤、迟到、早退等信息，便于管理。

3. 取得成效

目前已长庆油田公司机关及直附属单位、勘探开发研究院、采油一厂、采气二厂、技术监测中心等13个二级单位应用，安装人脸识别设备200余，管理10700余人。

（1）利用智能服务APP，实现智能化请销假管理，提高人事管理效率。员工请假、销假、外出等事务在线申请及审批，能够准确高效地管理内部人员的请销假信息。各级领导及人事管理人员可以掌握员工目前所在的办公区域、出差或者请假，及时掌握员工动态，提高了人事管理效率。对于长期考勤异常的人员，人力资源部门及时掌握情况并处置（图3-6-2）。

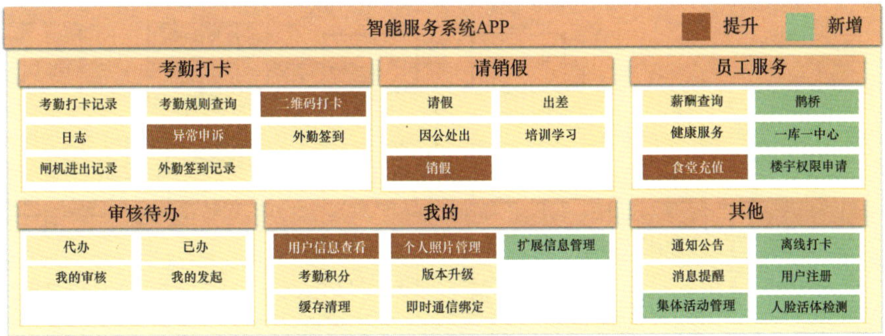

● 图3-6-2 智能服务APP功能

（2）实时展示员工在岗状态，提升精细化管理水平。利用"员工智能化服务"，各级领导能够及时了解员工在岗状态，是否存在缺勤、迟到、早退等异常情况。助力人力资源管理，将严细的工作作风贯彻到企业生产的所有管理环节，达到企业管理效益的提升（图3-6-3、图3-6-4）。

图3-6-3　人脸识别设备

图3-6-4　智能服务APP应用

（3）进行大数据分析，自动采集员工考勤数据，提高员工考勤精准度。系统自动收集员工刷卡、人脸识别、指纹识别、移动终端等考勤数据；自动识别分析考勤结果，准确判定员工的在岗状态和加班等信息，有效减轻了人工考勤的工作压力，提高员工的考勤的精准度。按月对每个用户进行考勤统计，并将考勤结果及时推送到人力资源管理部门（图3-6-5）。

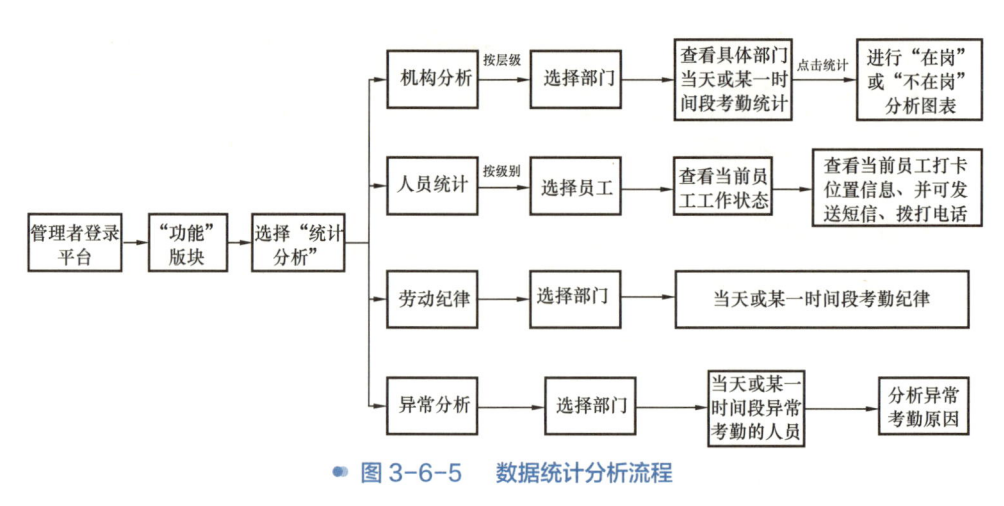

图3-6-5　数据统计分析流程

二 两册管理

以智能油田"大数据、云平台、微服务"的创新管理理念为引领，以覆盖油气田及输油生产全过程的"两册"管理系统构建为抓手，建设包含管理手册和操作手册的两册管理系统（图3-6-6）。将传统两册成书、"上墙"管理转变为互动式管理。将传统定时、定式、定量的低效培训模式转变为实时、实地、灵活的高效模式。改变传统"靠习惯"的日常操作为"依步骤"的规范操作模式，改变了以往"打钩确认式"巡回检查模式为现场拍照实时上传可视化巡检模式。

管理手册是以基层基础单元架构为管理目标，内容覆盖所辖站库基本信息、员工岗位职责、管理制度等；操作手册是以基层基础单元作业为管理目标，内容覆盖岗位操作规范、设备管理、应急管理等。

目前"两册"管理系统共有8个模块41项功能，包括主页、系统管理、系统监控、两册信息管理、现场管理、考核管理、考试培训管理、数据录入8个模块，涵盖了交接班、巡检、派工、隐患上报、考核等，现已完成了在输油单位的试点建设。

● 图3-6-6 两册管理系统界面

（1）实现关键指标的实施展示。对外输量、耗水、耗电、耗天然气量月度累计，关键指标分析能够应用折线图、柱状图、数据视图等模式直观反映月度指标变化情况（图3-6-7）。

关键指标			
外输（万吨）	耗水（百吨）	耗电（万度）	耗气（万立方米）
73.99	13.77	27.74	44.02

关键指标分析

外输 耗水 耗电 耗气

● 图3-6-7　关键运行指标展示

（2）实时展示重点工作落实情况。站库月度重点工作规划以甘特图形式展示，通过限定完成期限，监控工作进度，管理人员能够掌握站库重点工作落实情况（图3-6-8）。

重点工作

重点工作内容	截止完成时间	工作进度
开展消防泵房内2台柴油机的整体维护保养	2021-02-28	15%
认真做好2月份储罐安全附件检查工作	2021-02-28	50%
完善及实施资料存放管理规范性作业文件	2021-01-31	60%
开展储备库智能化升级改造物资上报	2021-03-31	80%
做好近期各路节前安全检查问题的整改	2021-02-10	90%
做好各路节前安全检查问题整改回执	2021-02-10	90%
岗位QHSE履职能力评估应知应会试卷编制	2021-02-28	90%
开展导热油用量监控工作；	2020-11-30	100%
开展全员记分管理细则宣贯；	2020-11-30	100%
做好"两册"试点应用工作；	2020-11-30	100%

● 图3-6-8　重点工作跟踪

（3）实现管理人员派工管理。派工分常规作业和非常规作业两种，常规作业主要是对日常安全阀更换、过滤器清洗等标准作业程序工作部署安排；非常规作业主要是对日常其他工作的部署安排，如大罐安全附件检查、监督检查问题整改等；值班干部每日交完班后将当天工作任务下达至班组长手持终端，班组长将任务分配到各岗位，完成任务后岗位员工上传现场工作照片，由值班干部现场核实验证，闭环销项。

（4）岗位人员能够使用手持终端将本岗位的隐患问题在线上报。自动生成包括上报人所属部门、上报人、上报时间、限期整改时间等内容，班组长通过接单指派问题整改岗位及人员，整改完毕后，岗位人员将现场整改照片等信息提交，值班干部现场审核，实施闭环销项（图3-6-9）。

| 故障上报 | 信息获取 | 接单整改 | 信息填报 | 整改确认 |

● 图3-6-9　工作闭环管理

三　业财融合

油气田企业在发展壮大过程中，日益增长的价值管理需求与传统分工协作理论缺陷之间的矛盾逐渐突显，"三缺三弱"现象突出，"三缺"主要体现在会计信息完整性、精确性和实时性缺乏；业务财务脱节，生产经营一体化实现纽带缺乏；效益评价数据基础缺乏。"三弱"主要表现在现有各类信息系统间关联性弱；财务仅能起到事后监督作用，且事后监督效果弱；业务合规性较弱。因此探索建设了一套将业务、财务有效融合的业财融合管理模块，以解决当前油气田企业生产经营管理中存在的问题，提升企业效益、优化资源配置、生产经营协同共享（图3-6-10）。

业财融合管理模块共下设五个子模块，分别为预算管理模块、结算管理模块、项目管理模块、物资辅助模块以及决策分析模块。目前已完成总进度的98%，部分基础功能完成了试点应用。

● 图 3-6-10　业财融合管理模块

1. 提升会计信息质量

通过搭建基础数据字典，建立标准造价定额库，纳入业务管理过程，实现"五单"核算，数据质量更加精细准确完整，解决 FMIS 成本不能核算至单井的弊端。信息观想、线上审签，结算效率大幅提高，2020 上半年结算到位率同比增加 4%，会计信息及时性得到加强（图 3-6-11）。

● 图 3-6-11　业财融合数据字典

2. 提升合规管控水平

模块将全业务、全过程纳入预算管控，改变过去只能事后分析的弊端，形成事前有管控、事中有监督、事后有评价的全过程监管方式。业务均以预算为龙头进行开展，杜绝预算外项目和超预算项目发生。业务单条审核，杜绝重复结算、超标结算现象；通过及时反馈的业务数据，财务人员能及时判断业务发生是否合规，提前预防风险（图3-6-12）。

● 图3-6-12 成本核算管理

将财务核算的重心前移至最基础业务活动，财务管控贯穿业务发生全过程，实现了财务管理向业务前端延伸（图3-6-13）。业务部门通过财务信息反馈，主动选择效益最优的实施方案，为控投降本、生产组织高效平稳运行奠定基础，促进业务与财务相互融合。财务人员由核算型会计向管理型会计转变，实现由"管账"到"管家"的转型。

● 图3-6-13 业财融合成本过程管控

四 设备管理

以"实用性、先进性、经济性、开放性"为原则，以设备全生命周期管理业务为主线，开发了集数字化交付、状态监测、设备再制造、设备调剂等30个功能模块于一体的设备管理模块，全面推进设备管理向"自动化、可视化、智能化、一体化管理"发展（图3-6-14）。

图 3-6-14　设备管理模块主界面

该模块取得了以下6项成效：

（1）结合设备分级分类管理原则，探索建立压缩机组、输油泵、注水泵、加热炉、抽油机共五大类关键设备的状态监测模型，应用于不同工况、不同类型的设备状态分析，使设备运行状况和故障状况实时可见，为油气田设备智能管理提供决策支持（图3-6-15，图3-6-16）。

（2）员工可扫描设备二维码在现场进行各类设备故障上报，依据故障和业务流程派发维修工单。设备维修商通过模块接收维修工单后可依据多种形式的故障描述进行故障判断，做好相应的备料后赶赴现场进行维修，并在维修后通过终端进行维修信息上传。员工负责审核，对维修商工作量和服务质量进行确认评价（图3-6-17）。

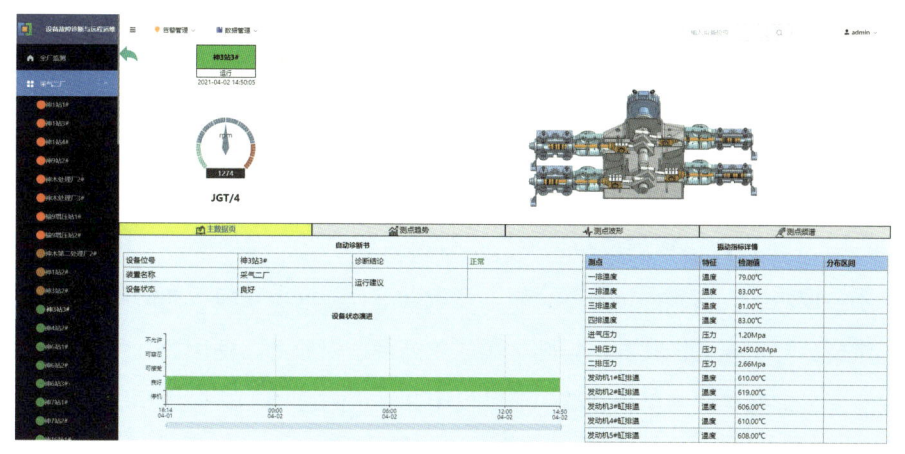

● 图 3-6-15　压缩机状态监测

● 图 3-6-16　注水泵状态监测

● 图 3-6-17　设备维修过程

— 231 —

（3）借鉴共享经济模式，紧扣生产集约化理念，开发了调剂淘宝模块如图 3-6-18 所示。可自动发现闲置设备，并对其进行全信息展示，让有需要的用户对设备情况做到一目了然。同时简化调拨流程，缩短调拨周期，充分盘活闲置设备，提高设备利用率，最大程度节约油田公司生产成本。

（4）构建供应链管理体系，依托二级解析节点统一设备标识，构建数字化交付体系，按照"一物一码、数字交付"建设理念，打通设备供应商协同录入、用户扫码生成台账、查看档案数据链路，串联生产商、供应商、使用者、服务商，形成互联互通、信息共享、互利共赢的新型供用体系（图 3-6-19）。

图 3-6-18　调剂淘宝界面

图 3-6-19　设备数字化交付流程

（5）以业务为主线从设备生产、数字化交付、设备运维保养、设备状态监测、调剂淘宝、设备再制造直到报废，通过唯一标识，可以追溯到设备全生命周期的各个阶段，实现设备全生命周期管理（图3-6-20）。

● 图3-6-20 标识串联设备全生命周期管理

（6）设备发生故障或者需要保养时，系统自动报警，管理人员确认后，由系统将维护保养信息自动推送至服务商，服务商通过标识进行设备信息检索，查询设备位置、历史故障及保养信息，初步判断故障原因，就近调动维修资源。通过建立新型维保服务模式，有效提高维修人员的工作效率，减少了设备的故障停运时间。（图3-6-21）。

● 图3-6-21 扫码维保服务

长庆智能油气田

五　物资共享

长庆油田确定了物资管理"三步走"发展规划，于2019年启动建设了长庆物资共享系统（图3-6-22）。集成ERP系统业务数据，应用二维码技术，建设物资管理流程信息化、业务协同化和库存共享化物资共享管理系统，实现供应商VMI管理、质检管理、监造管理、二级单位库存管理、生产调度等功能，配套推进区域物流中心建设，促进物资集中储备和仓储扁平化管理，为采供管一体化提供技术支撑。

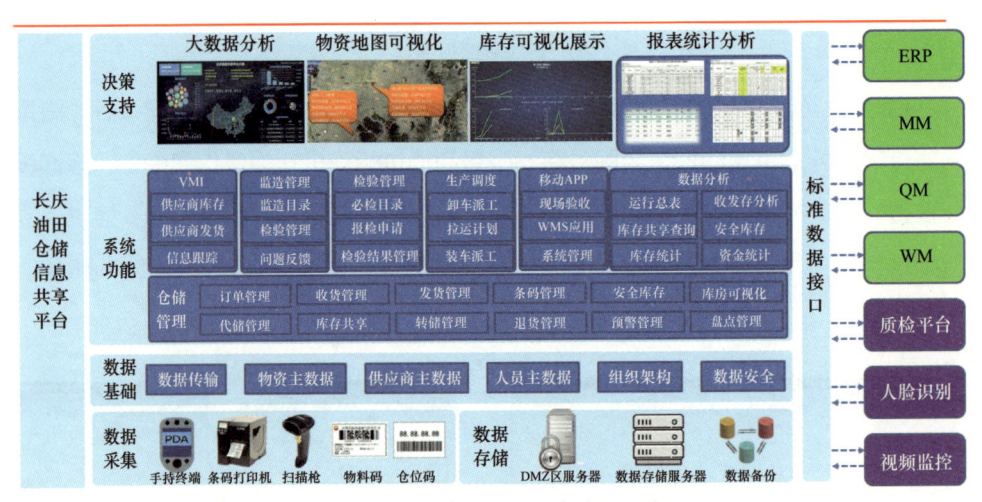

● 图3-6-22　物资共享管理系统

目前已在22家主要油气生产和输油单位全面推广应用。系统有油田内部用户2151个；供应商1079家，用户1749个；检验及监造单位23家，用户101个。重点实现了以下功能。

（1）实现了与供应商之间的订单数据实时交互。实时掌握供应商库存、实时跟踪供应商的发货出库、到货情况，实现"工厂到现场"的精益化管理（图3-6-23）。

（2）将油田公司一级库、各单位二级库及供应商代储代销库存全部纳入系统管理。实现了库存信息全面共享，为下一步区域物流中心的业务运行打下了坚实的信息化基础。对二级单位库房采用库房可视化形式，实现了库房平面可视化、与视频监控的联动、库存数据图形化分析、四号定位可视化、安全库存预警、需求计划提报等功能（图 3-6-24）。

● 图 3-6-23　物资跟踪管理

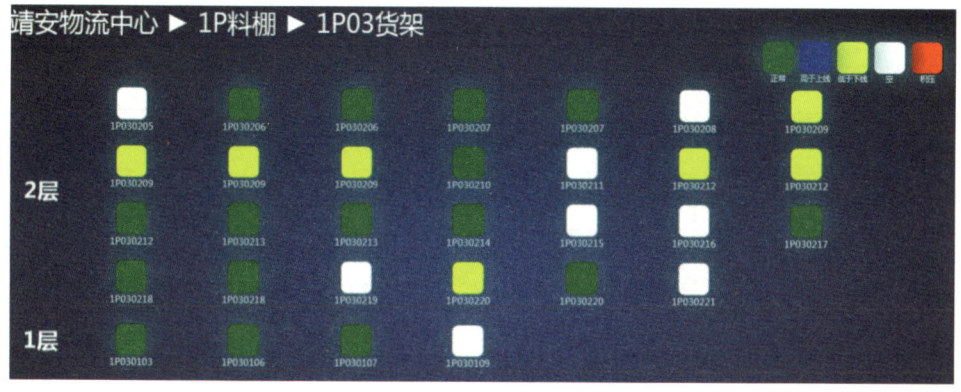

● 图 3-6-24　物资库存管理

（3）固化了检验、监造流程。实现了采、供、检、监、用五方的线上业务协同与信息共享，提高了业务协同效率，实现了质量信息的可追溯性。通过手持移动终端 APP，实现了对物资的现场验收、出库、盘点、查询等业务操作，同时应用条码技术，大大提高了数据采集效率。对验收过程的异常情况，可通过拍照进行验收记录，验收结果实时共享（图 3-6-25）。

— 235 —

● 图 3-6-25　物资管理手持移动终端 APP

（4）对直达物资质量、监造动态进行全过程信息化监控。实时共享质量信息至采购单位、供货单位和各二级单位，结合"条码"技术和"四号定位"管理贯穿于物资入库、出库、转储、盘点等各业务流程，搭载二维码与质量信息的高度集成，有效实现了物资从计划订单、供应商生产、物资监造、质量检验等"工厂到现场"物资直达各环节的质量管控，全面强化了物资质量的溯源和监管（图 3-6-26）。

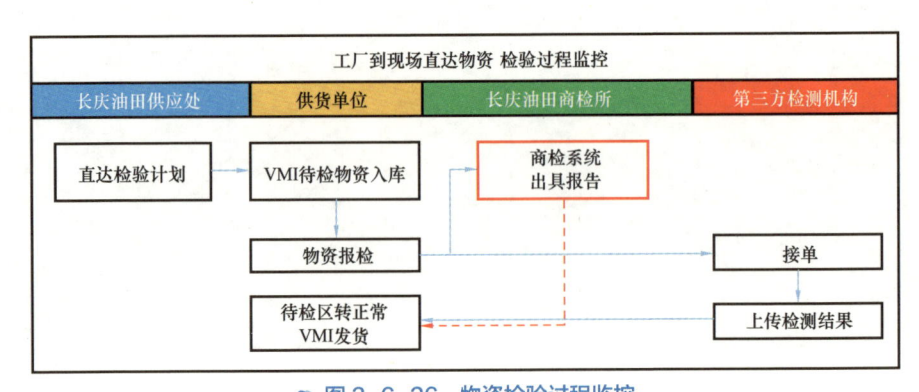

● 图 3-6-26　物资检验过程监控

六　车辆共享

长庆油田以"合规、共赢、节约、共享"作为运输业务高质量发展的目标，与中国石油运输有限公司共同建设交通运输管理共享中心，中国石油运输有限公司

— 236 —

成立西安、陇东、吴起、苏里格、定边、靖边六个区域运输共享中心，开发了车辆共享系统，实现了车辆共享管理（图 3-6-27）。

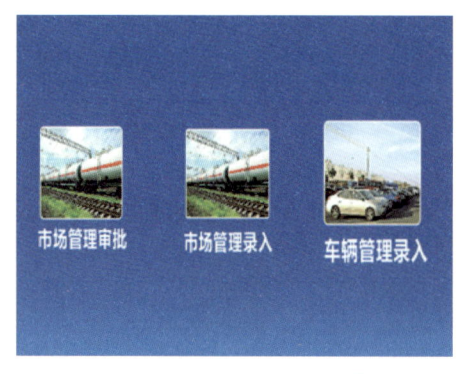

● 图 3-6-27　车辆共享系统

（1）油田各单位车辆（自有、外雇车辆）由区域运输共享中心通过系统进行统一管控，全面实现区域共享用车，司机抢单、系统确认。任务执行完毕后，由用车单位在系统对任务执行情况及结算费用进行审核后关闭运单。无人抢单的任务由区域运输共享中心派单执行。通过应用，2019 年较 2018 年减少用车 1063 台，2020 年较 2019 年减少 1115 台；2020 年载人车辆 GPS 月均行驶千米数从 2018 年度 1800 千米提升至 2500 千米左右，车辆数量大幅减少，用车效率明显提升（图 3-6-28）。

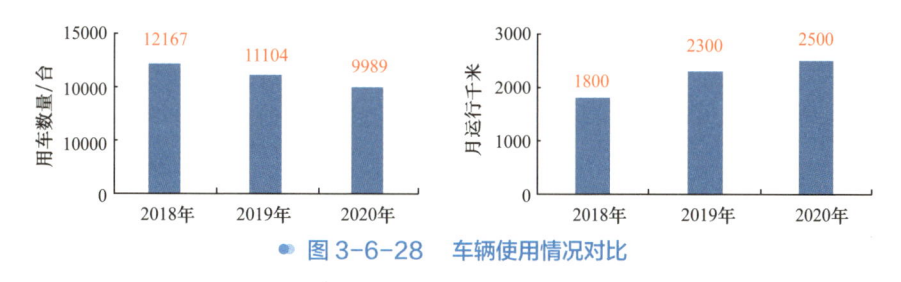

● 图 3-6-28　车辆使用情况对比

（2）实现了车辆分级实时监控。建立了区域运输共享中心、用车单位及承包商三级监控管理机制，实行"分级管理、各负其责、有效监控"的管理原则。执行各单位任务期间的车辆监控由各单位承担主体责任。车辆所有人对车辆安全管理承担主体责任，各用车单位及区域共享中心对运输过程负有监管责任。车辆的归检与保养由承包商录入系统，各区域管理人员能够及时掌握车辆运行状况。

（3）自共享实施以来，2018 年控降运费 2.19 亿元，2019 年控降运费 0.7 亿元，

2020年控降2.3亿元，2020年全年运输费用共计18.13亿元。2018—2020年累计减少运输费5.2亿元（图3-6-29）。

图3-6-29　车辆使用费用控降情况对比

第四章
智能油田展望

  基于勘探开发梦想云，围绕精益生产、整合运营、人财物精准管理、全局优化，配套"油公司"运行模式改革，突出全域数据管理、全面一体化管理、全生命周期管理、全面闭环管理，建成大科研、大运营、大监督体系，形成新的智能化业务场景，建成实时感知、透明可视、智能分析、自动操控的智能油田。

第一节　一体化运营体系

按照梦想云统一架构，建成区域数据湖、云计算平台，全域数据汇聚、应用整合上云，构建油田企业级大科研、大运营、大监督体系。

一　大科研体系

以 RDMS V2.0 为基础，搭建开放式大科研平台，实现油田所有科研生产单位、中国石油工程技术服务单位基于同一地质模型开展工作；研发地质工艺一体化平台，推进集地面以下的地质、油藏、勘探、开发；地面上的油气田设计、建设、运行、管理的研究，实现井筒完整性管理，提升井筒治理水平；开展地面协同设计、智能工厂与数字交付平台建设，提升地面建设与管理水平（图 4-1-1）。

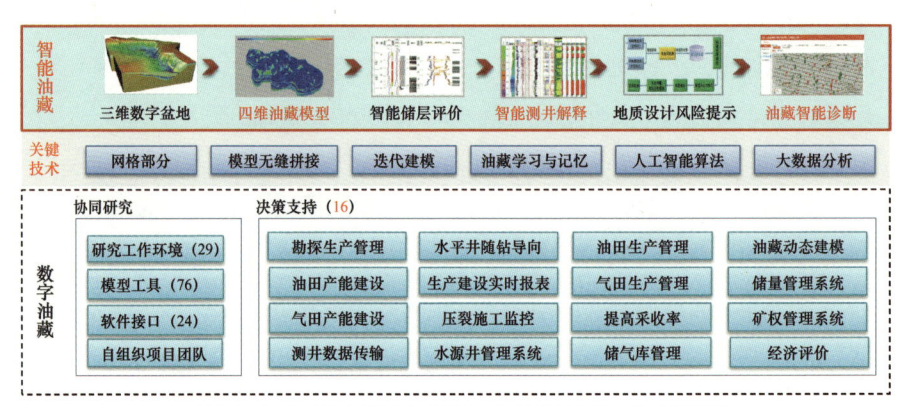

图 4-1-1　数字化油气藏研究与决策支持系统功能架构

二　大运营体系

以 OCEM、ERP 为基础，打通生产经营业务数据，推进生产经营一体化、智能仓储、设备全生命周期管理、水电气消耗监测与大数据分析，实现区域整合运营、资源统一调度、人财物精准管理（图 4-1-2）。

第四章 智能油田展望

图 4-1-2 生产运行与应急指挥系统功能架构

三 大监督体系

面向油气场站作业、井筒工程质量、安全环保、油气集输巡检，通过全流程可视化监控、标准作业程序、图像化溯源、安全大数据分析，及时预警报警，提升一体化管控能力（图 4-1-3）。

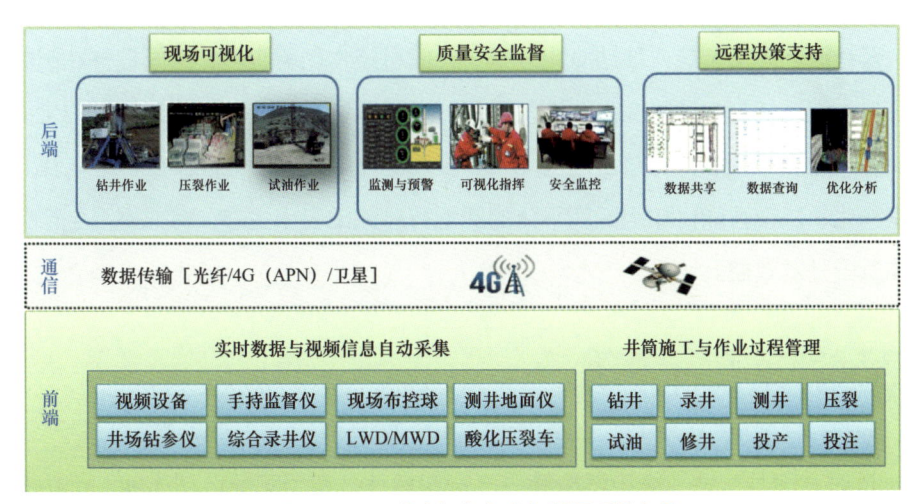

图 4-1-3 生产运行与应急指挥系统架构

— 241 —

第二节　协同化应用场景

智能油田在数字油田基础之上，借助先进信息技术和专业技术，全面感知油田动态，自动操控油田行为，预测油田变化趋势，持续优化油田管理，科学辅助油田决策，使用计算机信息系统智能地管理油田（图4-2-1）。

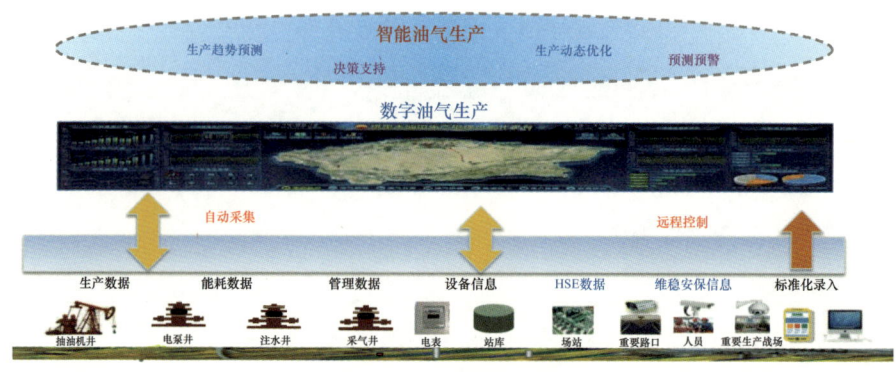

图 4-2-1　智能油气生产

网络化、智能化、精准化是现代化油气田企业管理新模式。长庆油田在数字化油田建设基础上，以企业价值为核心，以用户体验为关键，通过物联网、大数据、云计算、人工智能、移动应用等新一代信息技术创新应用，全面提升油田数字神经与大脑系统，大幅度提升对油气勘探开发过程、管理对象和企业资源的全面感知能力、敏捷反馈能力、整合运营能力和全局优化能力，形成油田生产无人化、运营集约化、决策智能化和组织扁平化的新型智能油田应用生态，有效提高生产效率和油气田开发效益。

一　生产运行自动化

针对油田井、站、线和设备等生产管理特征，利用工况自动诊断、示功图计产、抽油机远程启停、注水量自动调节、管线运行监控、视频分析等技术，形成"电子巡井、远程监控、预警报警、精准制导"的生产运行新模式（图4-2-2）。

通过油气井智能间开、注水系统源供配注一体化、工况智能诊断、智能排水采气等智能化技术，以及场站生产设备自动运行、故障在线诊断、智能预警等技术应用，实现设备故障集中分析会诊、远程维护。

变频自动连续输油、自动排液、加热炉熄火保护与自动点火、流程远程切换与集中控制、视频监控、预警报警等系列技术攻关应用和站内设备、工艺自动化改造，按照流程归属对上游无人值守站场远程集中监控，紧急情况"一键关停"，建立了场站"无人值守、集中监控、定期巡检、应急联动"的智能化生产组织方式。

创新研发系列一体化集成装置，规模应用数字化增压橇、数字化注水橇、数字化高/低压集气装置等一体化集成装置，实现智能化自动运行、设备故障自动保护、紧急情况自动停车，变革地面建设模式。

● 图 4-2-2　场站自动生产

二　协同一体化管理

形成公司—厂处—作业区"三级"架构，建设数字化生产指挥/调控中心，推进生产经营一体化，实现区域整合运营、统一资源调度；实时监控油气生产，精准把控运行态势，实时推送信息指令，实现全过程闭环管理；建立供水、供电、道路、通信在线监控系统，推动重点生产区域、规模建产区域的保障措施落实。

面向油气田井筒工程、场站作业、油气集输巡检、管道泄漏检测、交通运输等场景，集成视频监控、GIS、系统业务数据等统一管理平台，实现全流程可视化监控、标准作业程序在线指导、图像化溯源、安全大数据分析，提升质量安全环保一体化管控能力。建立流程化的应急管理体系，按照资源共享、重点突出、节约高效的原则，统筹优化各类应急抢险资源，实现应急现场可视化、应急资源协同化、应急救援专业化、应急处置规范化（图4-2-3）。

图4-2-3 安全环保检测

通过一体化协同平台，区域共享、抢单用车，实现车辆使用共享化、业务监督常态化，车辆运营效率大幅提升。仓储管理及条码系统，实现"工厂到现场"物流业务跟踪，取消二级库存，有效减少物资积压；重大设备运行实现状态监测、全景可视化、故障诊断和预知性检维修，长周期稳定运行，降低了运行风险（图4-2-4）。

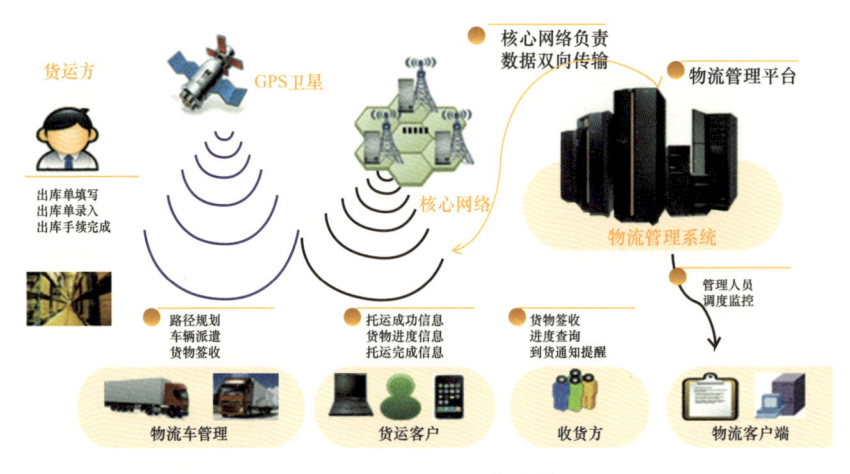

图4-2-4 物流管理

三 智能化科学研究

为克服传统科研工作方式下数据资料收集整理费时费力、多学科协同难度大、成果转化周期长、科研生产结合不紧密等问题，构建企业级大科研平台，成功研发了一体化、协同化、实时化、可视化的 RDMS V2.0、地质工程一体化平台（GEDS），促进资源整合、团队协同、知识共享，以及研究、决策、管理与执行的一体化，科研决策的质量和效率大幅提高。

形成盆地级数据资源池，对油田公司地震、钻井、录井、测井、试井、分析实验、油气生产、动态监测、地质图件、研究成果等各类动静态数据成果，集中统一管理，共享应用。面向研究岗位、地质单元、专业软件、应用场景主动提供数据服务，实现了从"找数据"向"推送数据"的转变，通过一站式服务，科研人员用于数据收集的效率提高了数十倍。

融合 ArcGIS 图元定位、数据导航、空间分析与智能成图等技术，自主研发地质信息与图面作业系统（CQGIS）。将点、线、面、体数据有机结合，实现平面、剖面、柱状地质图件快速可视化集成展现与在线交互分析（图4-2-5）。面向油气预探、油藏评价、地震测井、油气田开发、钻采工艺等专业领域，提供数据关联分析、在线分析工具、专题图快速绘制、三维可视化等技术服务，有效提升了油藏研究分析的自动化、智能化水平。

围绕水平井监控与导向、油气藏动态分析、矿权储量管理等业务场景，实现多专业协同决策。通过自组织项目团队创建、成果授权共享等方式，克服了传统职能管理模式和项目管理模式的不足，构建了新型数字化科研管理模式，打破部门、地域、学科壁垒，促进甲乙方、前后方、地面地下、油气的协同对接，改变了过去"单兵作战、小项目团队"工作方式，促进了科研生产良性互动与成果快速转化（图4-2-6）。

长庆智能油气田

图 4-2-5 四维油藏模型平台

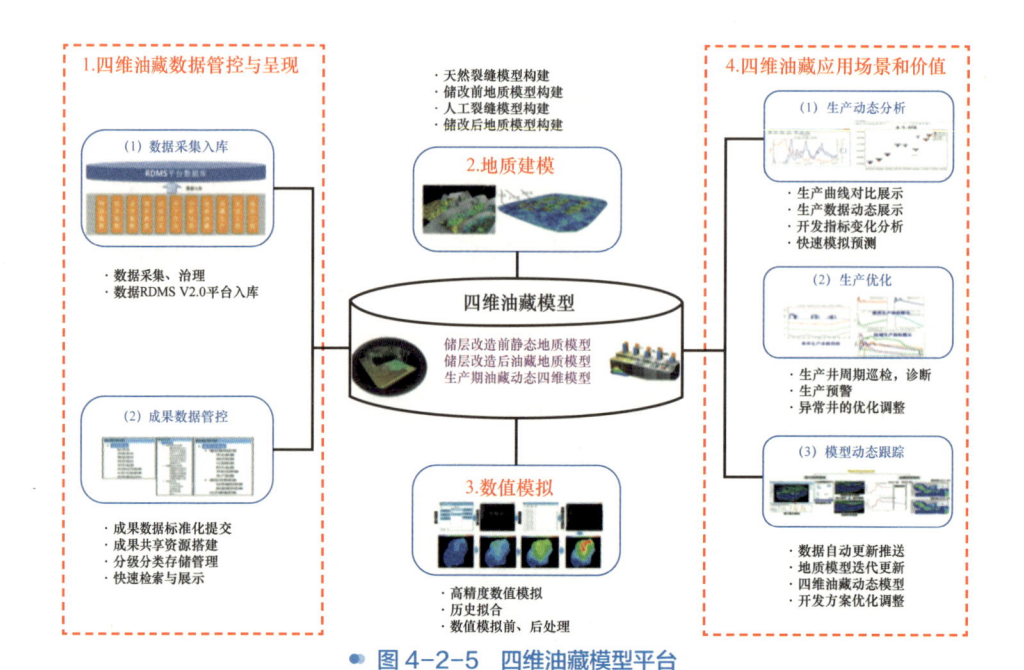

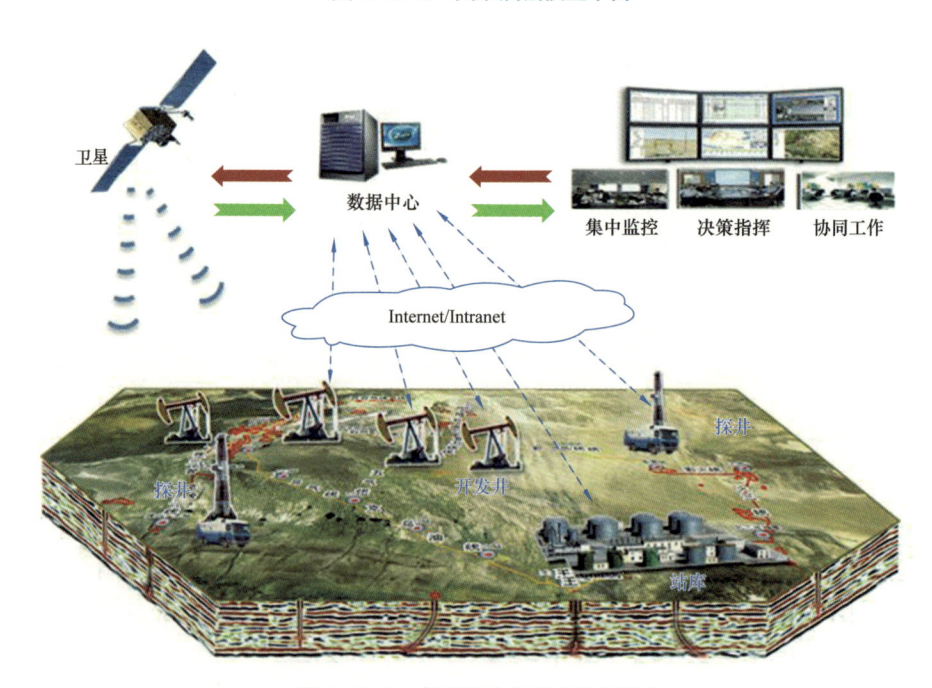

图 4-2-6 新型数字化科研组织模式

— 246 —

以三维数字盆地、四维油藏模型为核心，形成油藏数字孪生体。油气藏动态建模、数模技术取得重要突破，改变了大型建模数模软件依赖国外的现状。基于大数据的测井智能化解释成功落地，开发解释样本库、智能算法库和解释模型库，嵌入多井分析环境，使测井解释摆脱对技术人员地区经验和专家知识的依赖，有效提高解释精度和符合率。新一代互联网技术标准，研发三维地震成果数据智能化应用系统，通过云计算提供瞬时地震属性分析功能，实现了地震信息的云存储、数据共享、网页浏览和在线智能化应用。

四 扁平化劳动组织架构

企业组织架构变革是更深层次的变革，必须与技术变革、流程变革相适配才称得上转型。数字化、网络化、智能化为企业组织扁平化提供了技术支撑。组织扁平化意味着消减中间层，转变传统的科层制、金字塔型组织结构，使组织从过去的层级关系走向网络化协同关系（图4-2-7）。

"大部制、扁平化、大工种"的组织模式和适应数字化、智能化发展的新型劳动组织架构，将传统四级管理模式压缩为两级，形成"集中监控+区域巡护的井站"运行模式。

优化组织构架
以场站无人值守为基础，优化完善中心站模式下的采油采气作业区组织架构，推行"作业区（中心站）—无人值守站/井场"新型劳动组织架构，进一步缩减管理单元，形成集中监控+区域巡护的井站运行模式，降低员工劳动强度，减少基层岗位用工

推行自主运维
合理划分运维层级和界面，将日常保养维护、仪器仪表故障诊断纳入"大工种"范畴，对维修、编程等专业性较强的岗位通过引进培养，形成专业化自主维护队伍；探索"建设+运维""产品+服务"的一体化运维模式，确保数字化、智能化系统稳定运行

构建新型劳动组织架构

建立新型岗位责任制
以基层采油采气操作、技术岗位员工日常应用能力提升为核心，将数字化智能化内容纳入生产一线专业操作、技术岗位应知应会内容，着力打造一批既懂油气生产技术、又懂数字化技术的"复合型""大工种"操作、技术岗位人才

健全信息化支撑体系
以数字化与信息管理部为依托，成立油田数据中心和信息技术服务中心，形成"一部两中心"的信息化支撑模式。加强公司、厂处两级数字科技人才培养，提高油田信息技术人员比例，提高全员信息素养，营造企业数字化转型文化

● 图4-2-7 扁平化劳动组织架构

第三节　智能化生产管控

建立油气工业互联网云平台是实现智能油田的必由之路，工业互联网是 IT（信息技术）、OT（生产过程控制管理技术）、CT（通信技术）技术的融合，有望转变油气田上游企业生产经营管理模式。工业互联网本质是 IT、CT、OT 技术的三重融合，通过 CT 连接企业内外各类数据，实现油气行业全要素、全产业链、全价值链的数据打通，依托 IT 针对海量数据进行挖掘和分析，并与 OT 结合，使得过去生产管理过程中隐形的工艺和经验能够显性化、数字化、可复用、可预测，最终形成专业领域经验和机理模型的沉淀，赋能和改造传统的油气行业体系。近年来，党中央、国务院的高度重视工业互联网发展，我国工业互联网发展形成了中央顶层部署、全国系统推进、产业积极引领、多方协同努力的良好局面，是新基建的重要组成部分。工业互联网作为互联网、大数据、人工智能和实体经济深度融合的关键支撑，为推动工业经济高质量发展提供了重要基础（图 4-3-1）。

工业互联网正在推动工业基础设施、生产方式、创新模式持续变革，关乎数字经济时代中国制造业发展的主动权和话语权。从全球工业互联网发展的阶段来看，有三个判断：当前正处于格局未定的关键期、规模化扩张的窗口期、抢占主导权的机遇期。机遇非常难得，同时窗口期也非常短，所以需要紧紧抓住这个契机，加快发展工业互联网平台。

工业互联网平台发展总体还处于起步阶段，技术体系、应用场景、商业模式、产业生态仍处于快速迭代、持续探索中，需要结合国际国内发展形势和应用实践，持续开展调查研究、总结经验、提炼规律、深化认识，打造中国多层次、系统性工业互联网平台体系（图 4-3-2）。对于工业互联网平台的战略要义，可以概括为三句话：工业互联网平台是领军企业竞争的新赛道，全球产业布局的新方向，制造大国竞争的新焦点。

工业互联网是互联网和新一代信息技术与全球工业系统全方位深度融合集成所形成的产业和应用生态，是工业智能化发展的关键综合信息基础设施。工业互

● 图 4-3-1　工业互联网架构

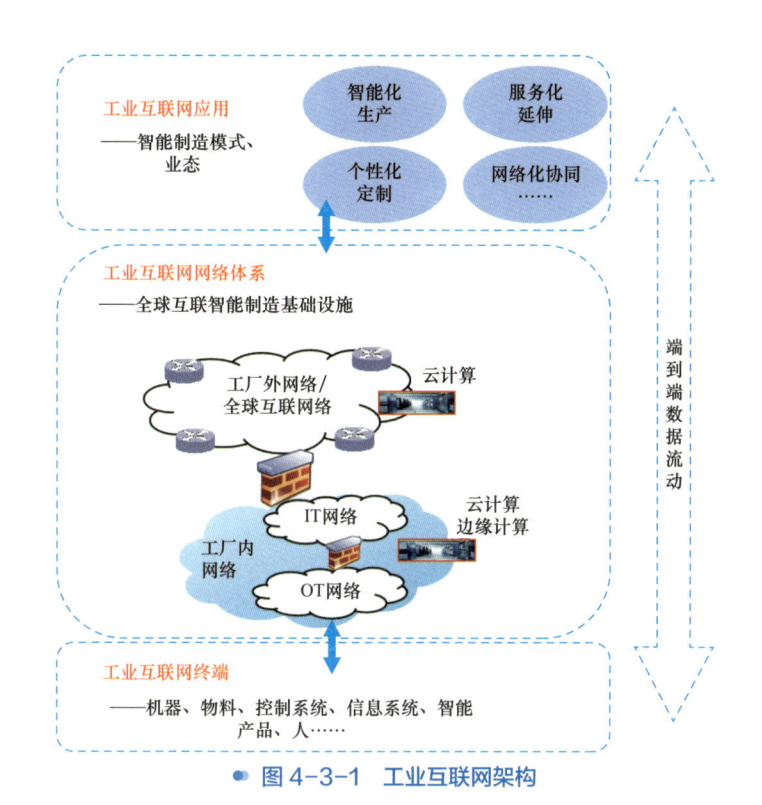

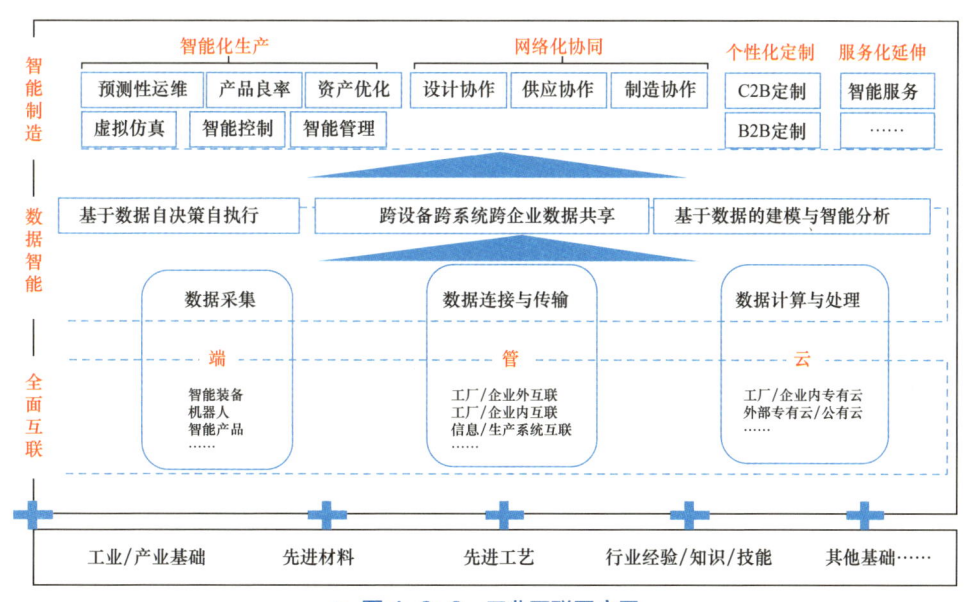

● 图 4-3-2　工业互联网应用

联网是网络，实现机器、物品、控制系统、信息系统、人之间的泛在联接；工业互联网是平台，通过工业云和工业大数据实现海量工业数据的集成、处理与分析；工业互联网是新模式新业态，实现智能化生产、网络化协同、个性化定制和服务化延伸；在企业内部，要实现工业设备（生产设备、物流装备、能源计量、质量检验和车辆等）、信息系统、业务流程、企业的产品与服务、人员之间的互联，实现企业 IT 网络与工控网络的互联，实现从车间到决策层的纵向互联；在企业间，要实现上下游企业（供应商、经销商、客户和合作伙伴）之间的横向互联；从设备、产品生命周期的维度，要实现设备、装置、产品从设计、制造到服役，再到报废回收再利用整个生命周期的互联。核心是基于全面互联而形成数据驱动的智能。

油气田领域内已广泛存在各种网络连接技术，这些技术分别针对工业领域的特场景进行设计，并在特定场景下发挥了巨大作用和性能优势，但在数据的互操作和无缝集成方面，往往不能满足工业互联网日益发展的需求。IT 网络由管理业务数据、支撑管理流程的技术、系统和应用程序组成。这些管理的应用程序包括 ERP、MES、EAM、WMS 等。OT 网络是由管理生产资产、保持顺畅运营的技术、系统和应用程序组成。这些管理的应用程序包括 PLC、PCD、SCADA、SIS、数据历史和网关等等。IT 网络和 OT 网络，在工业互联网之前是分属不同的管理者管理，IT 通常报告给 CIO（Chief Information Officer，首席信息官），而 OT 通常报告给 COO（Chief Operating Officer，首席运营官），这样 IT 和 OT 在一个企业内就成了两张皮。工厂内网络呈现"两层三级"，"两层"是就是指以上所述的"IT 网络"和"OT 网络"两层技术异构的网络；"三级"是指根据目前工厂管理层级的划分，网络也被分为"现场级""车间级""工厂级/企业级"三个层次，每层之间的网络配置和管理策略相互独立（图 4-3-3）。

传统工控网络存在三个问题，一是"两层三级"网络架构严重影响着信息互通的效率：随着大数据分析和边缘计算业务对现场级实时数据的采集需求，OT 网络中的车间级和现场级将逐步融合（尤其在流程行业），同时 MES 等信息系统向车间和现场延伸的需求，推动了 IT 网络与 OT 网络的融合趋势；二是传统工

图 4-3-3　工业互联网控制

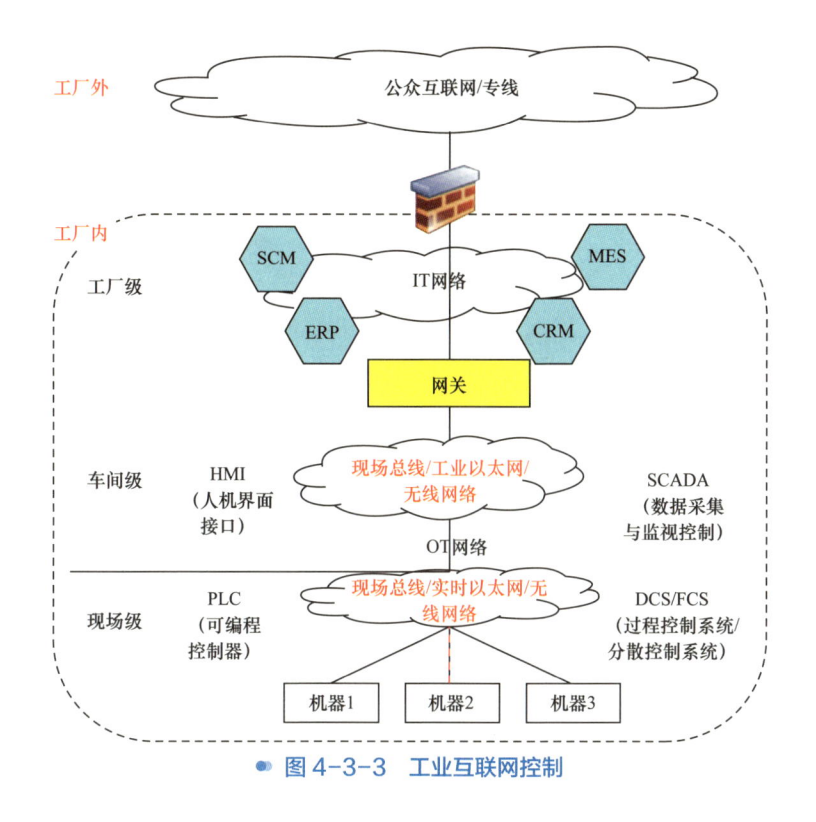

业网络依附于控制系统：传统工业网络基本上依附于控制系统，主要实现控制闭环的信息传输，而新业务对工业生产全流程数据的采集需求，促使工厂内网络将控制信息和过程数据的传输并重；三是三层两级架构中间仍是隔离的：为了信息安全，IT 和 OT 两层之间会采用物理防火墙隔离，甚至在 OT 内部即现场和车间还采用一层物理割裂，这导致现在工厂中互联网仅用于商业信息交互，企业信息网络难以延伸到生产系统，大量的生产数据沉淀、消失在工业控制网络；四是数据传输链路长，维护难度大：由于长庆油田规模大、体量大、层级多，实时数据从传感器到各级管理人员链路达到八级，每一级都存在点名对应、量程对应、流程画面对应的要求，通信协议和软件接口非常稳定的需求，只要有一个环节出问题，数据就不能正确显示。再加上每年产建规模大、油维改造频繁，整个系统维护工作量就更大。采用工业互联网架构可以减少五层，大大降低维护工作量（图 4-3-4）。

— 251 —

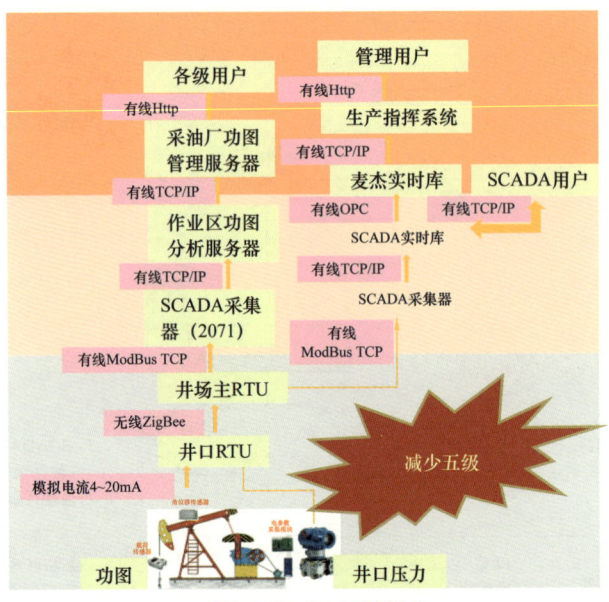

● 图4-3-4 网络传输

  随着物联网、传感技术、云计算、大数据等技术的发展，OT技术与IT技术的融合正在不断深入。传统模式下，出于安全性考虑，工厂自动化设备是被隔离保护起来的。而IT技术的发展，使得对自动化设备的数据采集、分析、存储开始向外部转移，如转移到各种工业互联网平台。近几年，工业互联网平台逐渐向云端发展，也被更多的工业企业接受，通过工业物联网平台，IT与OT在工业领域的边界变得模糊，逐步走向深入融合。工业互联网把整个工业系统连接起来，实现数据在这些设备及系统之间流动，实现为人、机、物全面互联，促进各种工业数据的充分流动和无缝集成，通过网络化，围绕生产经营，形成一个系统化的智能体系。

  工业互联网平台是面向生产企业数字化、网络化、智能化需求，构建基于海量数据采集、汇聚、分析的服务体系，支撑资源泛在连接、弹性供给、高效配置的载体（图4-3-5）。从构成来看，工业互联网平台包含三大要素：数据采集（边缘层）、工业PaaS（平台层）和工业APP（应用层）。这个架构非常复杂，可以概括成四句话。第一句数据采集（边缘层）是基础（要构建一个精准、实时、高效的数据采集体系，把数据采集上来，通过协议转换和边缘计算，一部分在边缘侧进行处理并直接返回到机器设备，一部分传到云端进行综合利用分析，进一步优化形成决策）；第二句工业PaaS（平台层）是核心（要构建一个可扩展的操作系统，为工业APP应用开发提供一个基础平台）；第三句工业APP（应用层）是关键（要形成满足不同行业、不同场景的应用服务，并以工业APP的形式呈现出来）；第四句IaaS是支撑（通过虚拟化技术将计算、存储、网络等资源池化，向用户提供可计量、弹性化的资源服务）。

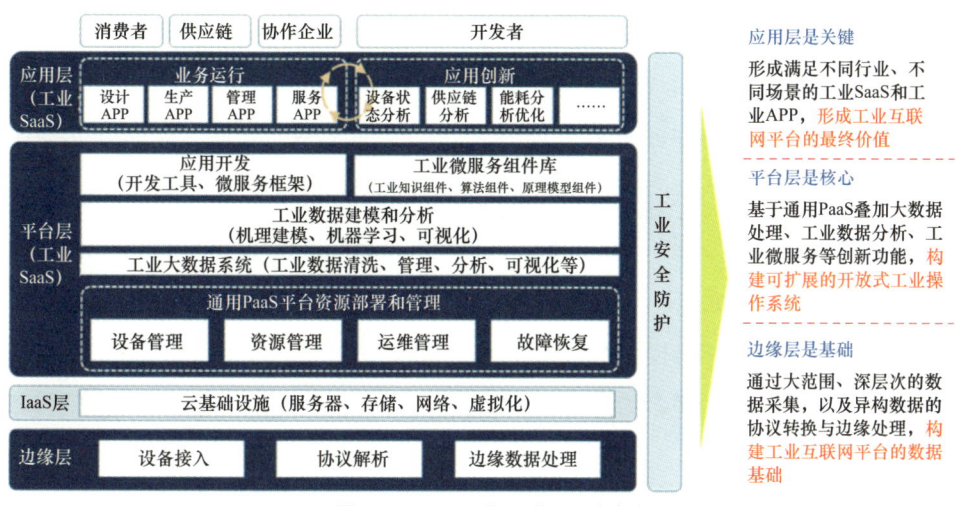

● 图4-3-5 工业互联网平台架构

对于工业互联网而言，工业互联网平台是核心，而对于工业互联网平台而言，工业PaaS（平台层）是核心（图4-3-6）。从架构来看，工业PaaS中包含很多内容，如果把工业PaaS（平台层）打开，将其中最核心的一个要素组件概括为是基于微服务架构的数字化模型。这个数字化模型是将大量工业技术原理、行业知识、基础工艺、模型工具等规则化、软件化、模块化，并封装为可重复使用的组件。围绕数字化模型有五个基本问题。

数字化模型可以分为两种，一种是机理模型，包括基础理论模型（如飞机、汽车、高铁等制造过程涉及的流体力学、热力学、空气动力学方程等模型）；另一种是流程逻辑模型（如ERP、供应链管理等业务流程中蕴含的逻辑关系）、部件模型（如飞机、汽车、工程机械等涉及的零部件三维模型）、工艺模型（如集成电路、钢铁、石化等生产过程中涉及的多种工艺、配方、参数模型）、故障模型（如设备

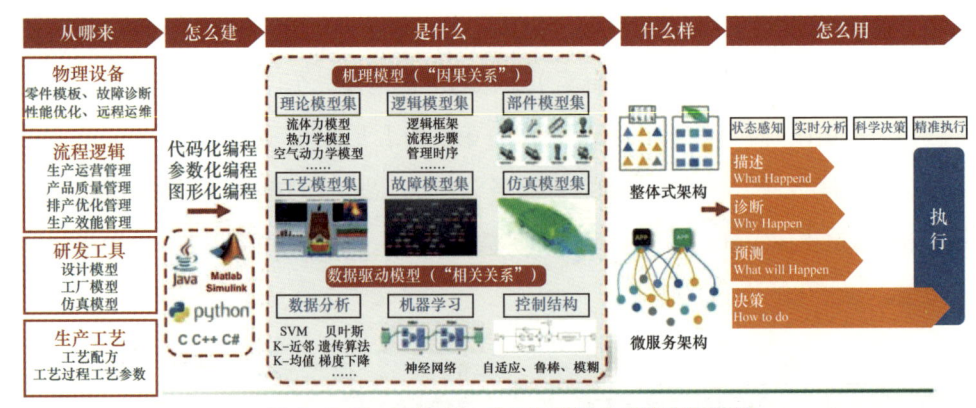

● 图 4-3-6　工业 PaaS 平台的核心是数字化模型

故障关联、故障诊断模型等）、仿真模型（如风洞、温度场模型等）。机理模型本质上是各种经验知识和方法的固化，它更多是从业务逻辑原理出发，强调的是因果关系。随着大数据技术发展，一些大数据分析模型也被广泛使用，包括基本的数据分析模型（如对数据做回归、聚类、分类、降维等基本处理的算法模型）、机器学习模型（如利用神经网络等模型对数据进行进一步辨识、预测等）以及智能控制结构模型，大数据分析模型更多的是从数据本身出发，不过分考虑机理原理，更加强调相关关系。

　　数字化模型一部分来源于物理设备，包括飞机、汽车、高铁制造过程的零件模板，设备故障诊断、性能优化和远程运维等背后的原理、知识、经验及方法；一部分来源于业务流程逻辑，包括 ERP、供应链管理、客户关系管理和生产效能优化等这些业务系统中蕴含着的流程逻辑框架；此外还来源于研发工具，包括 CAD、CAE、MBD 等设计、仿真工具中的三维数字化模型、仿真环境模型等；以及生产工艺中的工艺配方、工艺流程、工艺参数等模型。

　　通过不同的编程语言、编程方式固化形成一个个数字化模型。这些模型一部分是由具备一定开发能力的编程人员，通过代码化、参数化的编程方式直接将数字化模型以源代码的形式表示出来，但对模型背后所蕴含的知识、经验了解相对较少；另一部分是由具有深厚工业知识沉淀但不具备直接编程能力的行业专家，将长期积累的知识、经验、方法通过"拖拉拽"等形象、低门槛的图形化编程方式，简易、便捷、高效的固化成一个个数字化模型。

把这些技术、知识、经验、方法等固化成一个个数字化模型沉淀在工业 PaaS 平台上时，主要以两种方式存在：一种是整体式架构，即把一个复杂大型的软件系统直接迁移至平台上；另一种是微服务架构，传统的软件架构不断碎片化成一个个功能单元，并以微服务架构形式呈现在工业 PaaS 平台上，构成一个微服务池。目前两种架构并存于平台之上，但随着时间的推移，整体式架构会不断地向微服务架构迁移，当工业 PaaS 平台上拥有大量蕴含着工业技术、知识、经验和方法的微服务架构模型时，应用层的工业 APP 可以快速、灵活的调用多种碎片化的微服务，实现工业 APP 快速开发部署和应用。

所有的数据都汇聚到工业 PaaS 平台之上，所有的工业技术、知识、经验和方法也都以数字化模型的形式沉淀在 PaaS 平台上，当把海量数据加入数字化模型中，进行反复迭代、学习、分析、计算之后，可以解决物理世界四个基本问题：首先是描述物理世界发生了什么；其次是诊断为什么会发生；第三是预测下一步会发生什么；第四是决策该怎么办。决策完成之后就可以驱动物理世界执行，概括起来讲，就是状态感知、实时分析、科学决策、精准执行。

如果用一句话将工业互联网平台的本质抽象出来，那就是"数据 + 模型 = 服务"。对两化融合、智能制造而言，"数据 + 模型 = 服务"也是信息技术与制造技术融合创造价值的内在逻辑（图 4-3-7）。

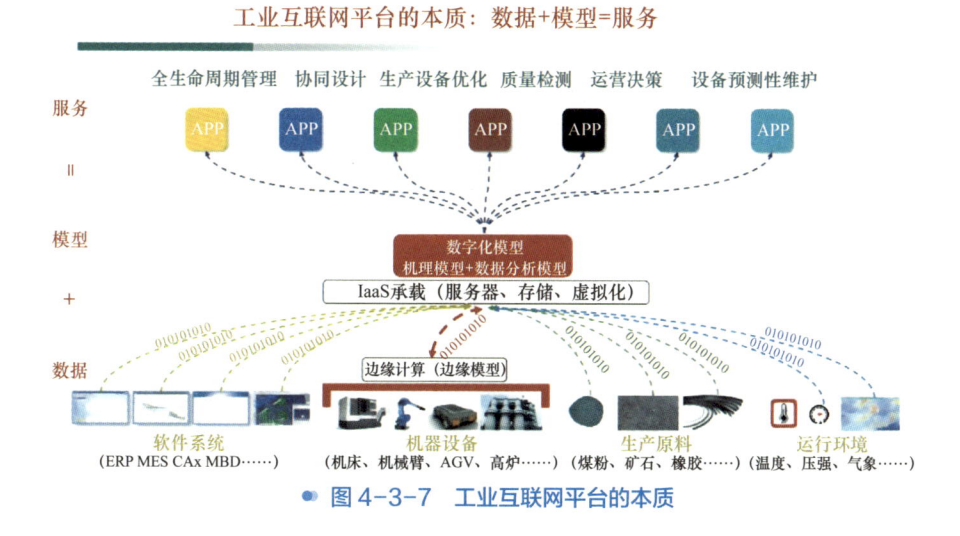

● 图 4-3-7　工业互联网平台的本质

长庆油田按照"边云端"架构，分三步建设油气生产工业互联网，第一步调整井口/井场 RTU 协议为 MQTT，将油水气井直接接入工业云平台；第二步规范站点 PLC/ESD 程序，全部调整为就地控制模式，试点云组态代替传统 SCADA 系统，双规运行一段时间后进行评价，然后停运 SCADA 系统；第三步规模推广。最终将传统工业架构调整为工业互联网架构，实现平稳过渡，跨越式发展（图 4-3-8）。

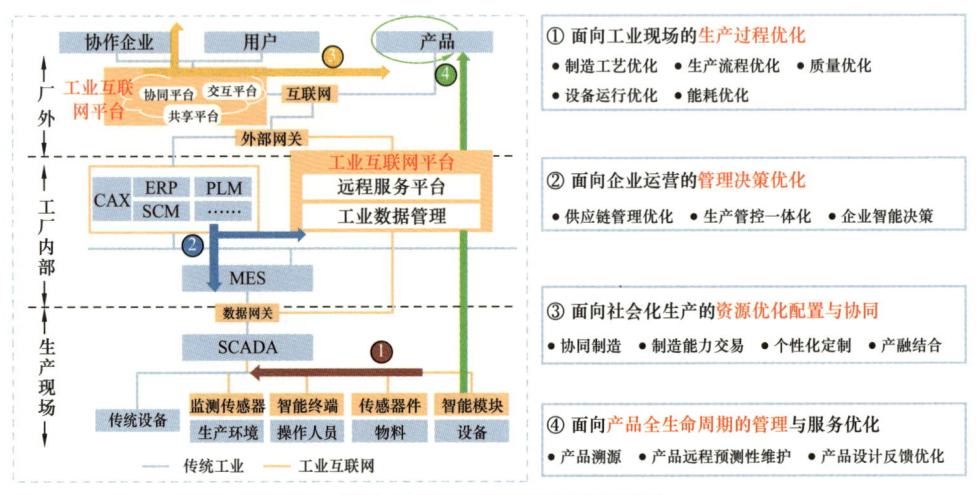

● 图 4-3-8　油气生产工业互联网

第四节　流程化管理机制

以提高发展质量和效益效率为目标，加快数字化转型和智能化发展、优化生产组织方式、建立市场化运行机制，实现业务流程优化、管理层级压减、用工大幅减少、效益效率提升，建成与"油公司"模式相适应的新型采油气管理区和作业区（图 4-4-1）。

"十四五"期间，通过理论创新、技术创新和管理创新，实现庆城油田规模效益开发。打造可复制、可推广的绿色智能高效开发样板工程，在方案设计水平、经济技术指标、管理模式创新、社会效益等方面，努力做到示范引领作用，助推国内页岩油开创规模效益开发新局面。高质量建成陇东 300 万吨国家级页岩油新型采油管理示范区。

图 4-4-1　"油公司"模式业务布局

按照"大平台、大井丛、工厂化施工"开发管理新要求,构建一体化、扁平化页岩油项目组(部)管理架构。以"全生命周期开发的整体效益最大化"为核心,突出采油、地面、运行管理等各环节信息采集与智能管理技术运用。持续优化整合"研究、建设、生产、评价"工作界面,形成新型"油公司"管理模式(图4-4-2)。

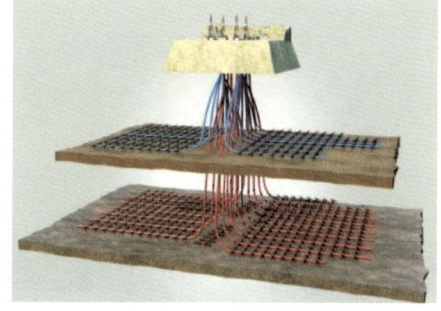

图 4-4-2　丛式井模拟钻井平台

构建"中心站—平台"新型劳动组织架构,远程集中监控、数据自动采集、后台智能分析、指令实时发布、工况动态匹配,实现地面智能化采油(图4-4-3,图4-4-4)。百万吨用工控制在300人以内。人均劳动效率提高400%,实现了站场橇装化率100%、水资源利用率100%、无人值守站覆盖率100%。

新型采油管理区机关机构数量控制在8个以内,基本模式为"四办四中心",即:综合办公室、经营财务办公室、党群办公室、安全生产办公室、生产指挥中心、协同研究和信息中心、运行维护中心、监督中心。

针对完成数字化转型智能化发展的老油田作业区,建立与数字化智能化条件相适应的新型劳动岗位责任制,大力提升员工数字化岗位技能和自主运行维护

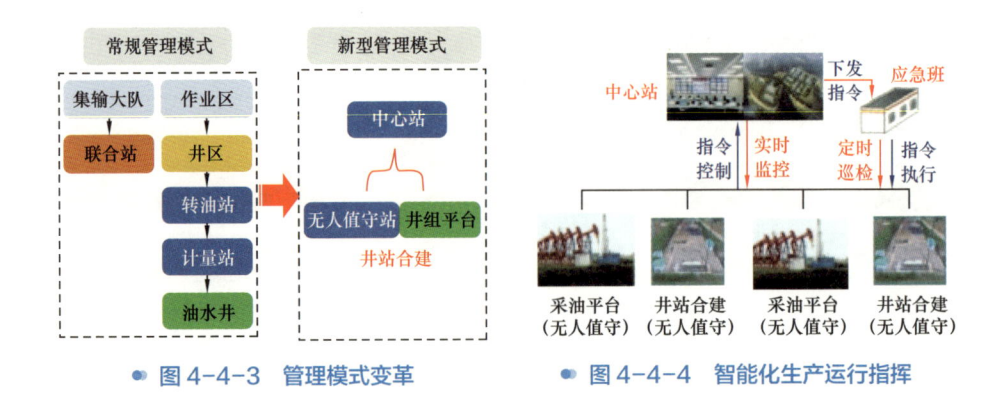

● 图 4-4-3　管理模式变革　　　　● 图 4-4-4　智能化生产运行指挥

能力，促进油气田生产方式和管理模式由传统的人工作业、现场值守向无人化生产、无人值守转变，驱动公司数字化转型智能化发展，大幅度降低企业运营成本，提高全员劳动生产效率和整体竞争实力。逐步分阶段进行整合，压减管理层级（图 4-4-5）。

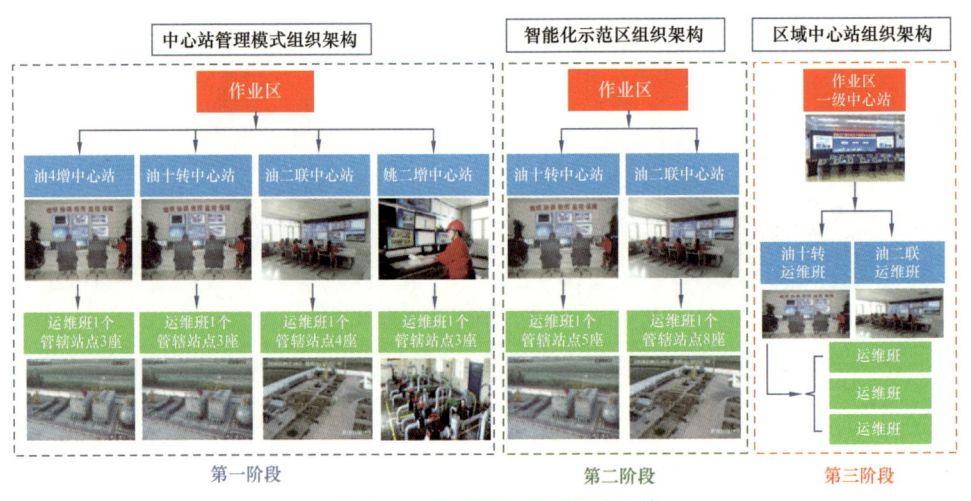

● 图 4-4-5　作业区管理模式变革

企业组织变革是更深层次的变革，必须与技术变革、流程变革相适配。数字化、网络化、智能化为企业组织扁平化提供了技术支撑。组织扁平化意味着消减中间层，转变传统的科层制、金字塔型组织结构，使组织从过去的层级关系走向网络化协同关系。

推进地面工程数字化建设。推广新工艺、新技术，促进地面工程持续优化简化，强力推进地面工程数字化建设，生产数据和视频自动采集、实时传输，井站电子巡检、远程监视和自动控制，实现中小型站场无人值守、大型站场少人集中监控的现代化管理模式。

建立生产调度指挥平台。建设集生产调度指挥和应急响应、作业远程监督管控、安保维稳三位一体的调度指挥平台，实现对生产运行、维稳安防以及地面工程施工、井下作业、机采井维护等作业现场的实时监视和异常报警，形成一体化联动、高效协同的生产调度指挥新模式。

建立生产决策支持平台。实现生产管理、运行操作和生产保障人员精准掌握采油气、注入、集输处理等生产动态和设备运行状况，支撑生产动态分析、生产方案优化、运行异常预警、生产参数调整，建立科学、高效的生产决策新模式。

建立智能协同研究平台。基于勘探开发梦想云建立涵盖勘探、开发、工程等全业务领域的研究体系，促进跨学科、跨部门、跨地域研究协同和成果共享，实现科研与生产紧密结合、相互促进、共同提高。

对标世界一流，推进归核化布局。推动"大部制、扁平化、大工种"的组织模式改革，建立适应数字化、智能化发展的新型劳动组织架构。加快构建"油公司"模式，突出主营业务发展，精干生产辅助业务，退出低端服务业务，逐步形成"721"业务格局，2025 年将达到"820"格局。做大、做强、做优油气主营业务，探索"大部制"机关机构，推动多业务复合型岗位设置，公司机关机构编制总体压缩 25%。试点新型采油气单位管理，建立"1+2+2+*N*"机构设置框架，形成更加高效的劳动组织架构，力争"十四五"末建成行业领先的智能油气田。

结 束 语

回过头来看，梦想云以一个变革者的身份进入我们的视野，云计算的到来让我们的习惯发生了翻天覆地的变化，依靠梦想云服务来获取数据、协调业务，组织决策的业务变得信手拈来，而获益最大的则是企业各个层级不同业务、不同类型的用户。

企业效率和运行成本的对立矛盾被梦想云服务轻而易举地解决，各级用户在享受高效信息服务的同时，仅需付出低廉的信息服务成本！梦想云在改造传统能源企业发展，并重新优化企业生产运行成本，打破了技术、资金、运营壁垒，让企业信息服务全面云化成为可能，并且在逐渐改写能源行业发展和企业运行模式，并会全面改写未来能源市场格局。

这是人类为什么要花很多资源去做梦想云的原因所在，因为人类的思考本身是有局限性的，如果使用集体智能，用深度学习的方法来找出人都提不出的假设，然后通过人机协作找出未来的新世界、新智慧，这就是智能化油田未来的方向。

信息科学每天都在进步，每天不满于今天的状态去挑战以前的理论，每天都在突破一线的理论，因为以前的理论只能解决某个点，以前的顶层设计只适合于以前的情况，未来的顶层设计怎么样，需要我们不断去探索，而科学就是探索。

参考文献

戴厚良，2014. 把握技术发展趋势加快两化深度融合［J］. 当代石油石化，22（8）：1-7.

杜金虎，时付更，杨剑锋，等，2020. 中国石油上游业务信息化建设总体蓝图［J］. 中国石油勘探，25（5）：1-8.

杜金虎，时付更，张仲宏，等，2020. 中国石油勘探开发梦想云研究与实践［J］. 中国石油勘探，25（1）：58-66.

杜金虎，张仲宏，章木英，等，2017. 中国石油上游信息共享平台建设方案及应用展望［J］. 信息技术与标准化，（8）：66-70.

方鹏，杨世海，孟繁平，2018. 替代高压集气站的一体化集成装置研发［J］. 石油规划设计，29（1）：12-14.

付锁堂，2019. 三个创新方向助力实现更快更优更强发展［J］. 国资报告，（11）：58-59.

付锁堂，石玉江，丑世龙，等，2020. 长庆油田数字化转型智能化发展成效与认识［J］. 石油科技论坛，39（5）：9-15.

高志亮，石玉江，王娟，2015. 数字油田在中国及其发展［J］. 石油科技论坛，（3）：33-38.

古学进，2014. 把脉企业信息化［J］. 数字化工，（2）：11-14.

国际能源署（IEA），2019. 世界能源展望2019［R］. 国际能源署.

国际能源署（IEA），2019. 数字化与能源［M］. 北京：科学出版社.

何毅，夏政，张箭啸，2014. 油气田地面工程数字化建设标准探索［J］. 石油和化工设备，（1）：42-45.

侯珂，李亚菲，王驰，2018. 石油大数据技术发展及应用［J］. 现代企业（12）：84-85.

霍国庆，杨英，2001. 企业信息资源的集成管理［J］. 情报学报（1）：2-9.

计秉玉，2020. 对油气藏工程研究方法发展趋势的几点认识［J］. 石油学报，41（12）：1774-1778.

贾承造，2020. 中国石油工业上游发展面临的挑战与未来科技攻关方向［J］. 石油学报，41（12）：1445-1464.

贾益刚，2010. 物联网技术在环境监测和预警中的应用研究［J］. 上海建设科技，（6）：65-67.

刘陈，景兴红，董钢，2011. 浅谈物联网的技术特点及其广泛应用［J］. 科学咨询，（25）：86.

刘多，2019. 全球数字经济新图景（2019年）［R］. 北京：中国信息通信研究院.

罗晓慧，2019. 浅谈云计算的发展［J］. 电子世界，（8）：104.

牛金辉，2014. 基于企业流程再造的内部控制再造［J］. 科学与财富，（2）：205-206.

汤林，班兴安，徐英俊，等，2020. 数字化油气田精益生产研究［J］. 天然气与石油，38（1）：1-6.

滕文志，2004. 基于流程再造的企业能力分析——海尔流程再造解析［D］. 北京：对外经济贸易大学.

王保宁，2019. 云计算在中石油信息化服务平台建设中的应用研究［J］. 电脑知识与技术，15（34）：80-81.

王敏生，光新军，2020. 智能钻井技术现状与发展方向［J］. 石油学报，41（4）：505-512.

王同良，2020. 油气行业数字化转型实践与思考［J］. 石油科技论坛，39（1）：29-33.

徐天宝，2020. 工业互联网："验证"已通过拐点已来临——国务院国资委国资监管信息化专家组副组长朱卫列谈深化工业互联网认识［J］. 山东国资，（9）：59-60.

徐旭光，2013. 胜利油田A公司业务流程再造研究［D］. 青岛：中国石油大学（华东）.

杨剑锋，杜金虎，杨勇，等，2021. 油气行业数字化转型研究与实践［J］. 石油学报，42（2）：248-258.

杨金华，邱茂鑫，郝宏娜，等，2016. 智能化——油气工业发展大趋势［J］. 石油科技论坛，35（6）：36-42.

余少华，2019. 工业互联网联网后的高级阶段：企业智能体［J］. 光通信研究，（1）：1-8.

周宏仁，2013. 中国信息化形势分析与预测［M］. 北京：社会科学文献出版社.

周倩，2018. 工业互联网的企业实践——GE工业互联网五年历程［J］. 中国工业和信息化，(3)：30-38.

周涛，2020. 工业互联网的下个十年数字化工业如何"蝶变"［J］. 互联网经济，(7)：54-57.